产业生态系统视角下的建筑工业化转型路径

毛 超 著

科 学 出 版 社
北 京

内容简介

本书以建筑工业化产业生态系统为研究对象，从产业链、价值链与物流链视角出发，探究建筑工业化生态系统构成要素、产业与生物关联性以及系统环境要素，寻找关键影响因素的关联性，研究其内在机理，确定适合我国企业发展的关键路径和建筑工业化转型升级的合适路径，从而进行合理的政策建议，为我国展开建筑工业化的转型升级提供战略和决策支持。

本书面向从事建筑工业化建造方式的企业，包括施工单位、建设单位、设计单位，详细分析了不同企业类型的转型模式，能有效地指引相关企业进行战略选择；面向政府及相关管理部门，本书提出了成体系的政策建议，为行业管理部门的政策制定提供了可靠的理论依据；面向高校和科研机构人员，本书的研究视角能够更好地启迪科研人员思路，并且本书的研究方法可为行业转型类的研究提供一种逻辑参考。

图书在版编目(CIP)数据

产业生态系统视角下的建筑工业化转型路径 / 毛超著. —北京：科学出版社，2020.4

ISBN 978-7-03-061887-0

Ⅰ. ①产…　Ⅱ. ①毛…　Ⅲ. ①建筑工业化-产业发展-研究　Ⅳ. ①TU

中国版本图书馆 CIP 数据核字（2019）第 150783 号

责任编辑：莫永国　陈　杰 / 责任校对：彭　映

责任印制：罗　科 / 封面设计：墨创文化

科学出版社出版

北京东黄城根北街16号

邮政编码：100717

http://www.sciencep.com

成都锦瑞印刷有限责任公司印刷

科学出版社发行　各地新华书店经销

*

2020年4月第　一　版　　开本：787×1092　1/16

2020年4月第一次印刷　　印张：13 1/2

字数：318 000

定价：119.00 元

（如有印装质量问题，我社负责调换）

前　言

当前建筑业面临着劳动生产效率偏低、技术效率落后以及劳动力成本不断攀升等问题和挑战，中国建筑业的转型升级迫在眉睫。在此背景下，建筑工业化以其具有提高生产率、节约成本、缩短工期、节约劳动力、环境友好等优势受到了政府及学术界的重视。2016年国务院中央政府工作报告已经将建筑工业化和装配式建筑提到了行业转型的重要战略位置。

本书正是将自己多年来的思考，从系统的角度呈现出来。这才发现，自己在建筑工业化这个主题上执着地追逐和探索了十余年，从工业化建筑生产方式的可持续性能表现、工业化建筑推进的障碍、动力机制和机理、工业化建筑的经济成本、推进建筑工业化的政策，到相关企业的组织模式和工程采购模式，再到产业链整体企业和行业的转型路径等，均有涉猎。在过去的一系列问题中，我一直在思考为什么建筑工业化的产业转型速度缓慢，从整个建筑产业链条上来看，产业发展及参与主体尚停留在低水平、低层次、低规模的建设上，粗放型生产、标准化水平低、成套技术缺乏等问题依然存在，远未形成一个良性的、同生共进的生态圈和高效的产业价值链，建筑产业链上设计、生产、施工等各相关参与方之间相互脱离等问题仍阻碍着建筑业的转型升级历程。

为加快建筑业转型，实现转型后建筑工业化的长期可持续发展，本书不仅关注当前由传统建筑业向建筑工业化的状态转变，还更进一步探寻建筑工业化产业形成、成长、成熟的生命周期演化过程。自然生态系统是自然界中自我创生、自我发展、自我更新能力最强的系统之一，对产业发展具有高度的借鉴作用。本书借鉴了自然生态系统的思想，提出“建筑工业化生态系统”的构想，将建筑业各相关参与方及其所在的政策、经济、技术等外部环境视为一个协同发展的生态系统，旨在解决几个核心问题：①建筑工业化生态系统如何形成？②建筑工业化生态系统形成、成长、成熟等演化发生的驱动因素是什么？③在驱动因素的作用下，建筑工业化各相关参与方如何协同发展，带动建筑工业化生态系统的整体演化？④在这样的机制下，存在哪些典型的发展路径，我国应该采取什么样的路径？政府应该在其中扮演怎样的角色，采取何种政策进行引导？

本书提出建筑产业具有自然生态系统的基本属性，参与方生态位的演变与生态系统中种群的选择机制、环境作用等方面存在相似性，借鉴生物群落的进化现象、产业生态学和产业生态系统的逻辑推理范式，揭示建筑工业化转型升级的本质规律，从行业、企业、政府等几个层面明确产业链生态系统的关联关系，并在“企业个体-企业种群-企业群落-生态系统”4个层次上构建了具有一定结构的有机功能整体和动态演化系统，以此为基础系统性分析产业转型驱动因素、内在演化机理、总体形态构架，并通过情景模拟与仿真，确定适合我国企业进行建筑工业化转型升级的合适路径，提出行业转型推进的合理政策、建议与对策。

从学术意义上来看，本书深入揭示了我国建筑工业化转型的形成机理和演化规律，从多角度、多层次探寻关键影响因素源和关键路径，涉及产业生态学、演化经济学多学科交叉理论，是对现有我国建筑工业化转型相关研究的理论补充。从应用价值看，建筑工业化作为有效促进我国建筑转型升级的方式，一直未取得长足的发展，其根本原因在于没有从系统整体的角度去思考我国政府层面、产业层面以及企业层面如何有效地推动建筑工业化的发展。因而，本书通过借鉴产业生态系统、演化理论以及协同发展理论，结合我国社会经济发展和建筑业行业特色，对我国建筑工业化转型所涉及的关键因素进行具体化，对发展路径进行情景模拟和实证研究，研究成果将有助于相关决策部门进行前端决策和规划。

本书是国家社科基金青年项目“产业生态视角下传统建筑业向建筑工业化转型升级研究”（项目批准号：15CJY030）的主要成果之一。在项目的申报、研究、结题过程中得到了全国哲学社会科学规划办公室、重庆大学、澳大利亚科廷大学、香港理工大学等单位的大力支持。在本书撰写过程中，谢芳芸、蒋锐、谭家娟、刘悦丹承担了部分重要工作，在此对他们的辛勤工作表示衷心的感谢。

由于笔者理论水平有限，本书难免有不足之处，敬请读者批评指正。

毛　超

2019 年 1 月于重庆大学

目　　录

第一章　绪　　论

随着全球关注可持续发展，实现经济的绿色增长成为各国追逐的政治目标，中央经济工作会议明确，在经济发展新常态和生态文明建设框架下，生产能力智能化、专业化、绿色经济化将成为产业组织的新特征。传统建筑产业以占全球40%能耗和30%碳排放成为影响环境的重要因素，建筑工业化是建筑生产方式从传统粗放型、劳动密集型向集约型的根本转变。国家发展改革委和住房城乡建设部制定的《绿色建筑行动方案》(国办发〔2013〕1号)文件将推动新型建筑工业化作为一项重要内容。我国提出建筑工业化已有30余年，但在劳动生产效率和可持续建造上仍滞后于欧美国家水平，如丹麦、瑞典、美国等国家的预制装配率可达70%以上，这意味着CO_2减排20%、节能30%、节材10%、扬尘减少80%、垃圾减少50%。这些国家通过政策、技术、市场、法律等手段，完成了建筑行业工业化、规模化和产业化的结构调整，现已进入自动化、智能化的成熟阶段。我国目前仅有北京、上海、深圳、沈阳等城市在实践，在项目建设、建材生产、行业标准等方面取得了一定成效，但从整个建筑产业链条上来看，产业发展参与主体尚停留在低水平、低层次、低规模的建设上，粗放型生产、标准化水平低、成套技术缺乏等问题依然存在，远未形成一个良性的、同生共进的生态圈和高效的产业价值链，不足以推动建筑行业的转型升级。因此，挖掘问题背后的成因，推进建筑工业化的升级和转型是建筑业一项具有战略意义的话题。

目前，国外政府、学术界和产业界都非常关注建筑工业化的推进、新生产方式对传统建筑业的革新。从各国建筑工业化发展历程看，欧美国家早期多由市场需求驱动，而后多探究其在生产方式和技术上的进步。Bergdoll和Christensen(1988)所著的*Home Delivery: Fabricating the Modern Dwelling*一书中，开篇就以“现代主义的黏性点——从秦勒制到虚拟建造”为题，深入地分析了社会生产方式演变与建筑工业化发展的联系，并将此归结为现代主义思想的延续。日本学者对各国建筑工业化发展历程进行了研究：一类是对国外生产技术、住宅产业化政策等方面进行了调查研究与对比分析；另一类是日本工业化住宅施工法历史变迁研究。在我国，这方面的研究多侧重于对国外建筑工业化发展现状描述。少数学者初步探究了我国建筑工业化的发展阶段，李忠富等(2000)初步建立了我国建筑工业化潜在的5个发展阶段以及各阶段的发展目标、技术、组织结构、产品与市场等的定位；王蒲生等(2010)学者从生产方式的转变，总结了发达国家和地区的经验，并构建了住宅产业生产方式演变趋势概念图。各个国家在践行建筑工业化过程中也看到了建筑工业化显著的可持续优势。为进一步给市场和企业足够信心，部分学者从能源消耗、建材消耗、劳动力需求、碳排放、产品质量、健康与安全等方面进行了验证，测度它们能带来的经济和环境效益。然而，每个国家在初期推进中受到了诸多因素的影响，一系列的障碍是不可避免的，如产业链分散、市场不成熟、成本增加、技术人员的获得、标准缺失、政策配套不足等问题。这些问题并不是孤立存在的，而是系统地存在于整个工业化全产业链条中。建筑工业化是一个系统工程，其中涉及众多企业、部门及利益相关者。建筑工业化的发展是重塑传统建筑业流程的过程，通过整合并形成完整产业链，才能够使整个建筑产业蓬勃发展。

笔者观察到当前由传统建筑业向建筑工业化的状态转变是一个系统化的过程，建筑工业化产业形成、成长、成熟的生命周期演化过程有着动态性、系统性、协同性、多元主体参与性。这一过程与自然生态系统的演化异曲同工，自然生态系统是自然界中自我创生、自我发展、自我更新能力最强的系统之一，对产业发展具有高度的借鉴作用。因此，本书提出从自然生态系统的隐喻出发，搭建“建筑工业化生态系统”构架，将建筑业各相关参与方及其所在的政策、经济、技术等外部环境视为一个协同发展的生态系统，希望能回答“建筑工业化生态系统如何形成？”“建筑工业化生态系统形成、成长、成熟等演化发生的驱动因素是什么？”“在驱动因素的作用下，建筑工业化各相关参与方如何协同发展，带动建筑工业化生态系统的整体演化？”“在这样的机制下，存在哪些典型的发展路径，我国应该采取什么样的路径？”“政府应该在其中扮演怎样的角色，采取何种政策进行引导？”等问题。

本书站在一个新的研究视角，把建筑产业看成一个生态系统，它具有一个生态系统的基本属性，参与方的生态位的演进与生态系统中种群的选择机制、环境作用等方面存在相似性，借鉴生物群落的进化现象以及产业生态学等理论，为建筑工业化生态创新体系的演化过程提供一种系统分析的思路。

因此，本书以建筑工业化产业生态圈为研究对象，从产业生态链、价值链、物流链视角出发，探究建筑工业化生态圈形成中建筑产业转型升级的发生机制和其实现条件，寻找关键影响因素的关联性，研究其内在机理，确定适合我国发展的关键路径和决定性因素、建筑工业化转型升级的合适模式和路径，从而进行合理的制度和政策设计，为我国展开建筑工业化的转型升级提供战略和决策支持。全书内容主要包括以下几个部分：

第一部分，背景介绍，包括第一章、第二章和第三章。该部分阐明研究背景和研究意义，从传统建筑业的内在需求、外部刺激、政策导向等方面提出了建筑工业化的转型必要性；对国内外的研究动态和全球建筑工业化发展进行整体透视，旨在通过全球建筑工业化的发展总结出一般性发展规律，为第七章及第八章建筑工业化生态系统的阶段性提供一定的佐证，以及为第九章提出政策建议提供一定的参考。

第二部分，理论介绍，包括第四章和第五章。该部分首先对传统建筑业到建筑工业化的转型进行界定，对生态学相关理论、系统影响因素的相关理论、系统演化的相关理论、基于智能体建模的相关理论及其应用进行介绍；其次，进行建筑工业化生态系统的界定、形成与结构分析，对建筑工业化生态系统进行科学定义，并对其系统要素、内在关联、功能、结构等进行剖析，呈现建筑工业化生态系统的形成过程及其总体形态架构。

第三部分，机理推演，包括第六章、第七章和第八章。该部分对建筑工业化生态系统外部环境驱动因素以及系统内部各构成层次的演化机理进行分析，共同呈现建筑工业化生态系统形成、演化的动因和状态变化。介绍建筑工业化生态系统形成、演化的机理及其理论模型，对建筑工业化生态系统各圈层的演化机理进行实证研究，对其政策作用下的形成、演化过程进行模拟仿真，分析在不同政策情景下的系统阶段性及企业发展结果，为第九章提出政策建议提供支持。

第四部分，政策介绍，本书第九章就是在第三部分各个章节的理论基础构架上，立足于产业属性和异质性企业禀赋，提出我国建筑工业化发展的路径设计及发展模式，并针对不同城市提出推进我国传统建筑业向建筑工业化转型的政策供给、标准体系、外围策略和辅助措施等建议。

第二章　当前建筑业转型升级的特殊背景

第一节　传统建筑业转型升级的内在需求

随着中国城镇化进程的加速，中国的国民经济水平得到了很大程度的提升。在此过程中，各行各业均做出了巨大的贡献。其中，建筑业作为国民经济的支柱产业，对全国 GDP 的增长也有着不可磨灭的贡献。就资产规模而言，截至 2014 年，中国建筑业的资产规模达到 47.6 万亿美元，位居全球第一，超过第二名美国的 36.8 亿美元。2015 年，牛津经济研究院(2015)预测，在未来的十几年内，中国的建筑业市场将始终保持全球第一的水平。就建筑业 GDP 的增长趋势而言，近年来中国建筑业 GDP 稳步增长，在 2016 年全国建筑业总产值达到了 19.4 万亿元人民币，同比增长 7.1%，大幅扭转了前几年连续下滑的走势(国家统计局，2016)。此外，建筑业的发展还带动了冶金、化工、机械、电子、纺织等 50 多个物质生产部门的发展和繁荣，根据统计，仅房屋工程所需要的建筑材料和产品就有 76 大类，2500 多个规格，1800 多个品种(周萍，2006)。

但是，在建筑业高速发展的过程中，一系列的问题和挑战也暴露了出来，如劳动生产效率偏低、建筑业利润低、技术效率落后以及劳动力人口不断下降和劳动力成本不断攀升等。

一、劳动生产效率偏低

根据麦肯锡 2016 年的报告 *Imagining construction's digital future* 中的数据，德国和英国建筑业的劳动生产力明显落后于社会总生产力，而这一情况在中国也一样(Gao and Low，2014)。中国统计年鉴的数据显示，基于建筑业企业的建筑业增加值计算出的我国建筑业劳动生产率近 10 年总体呈增长趋势。但随着我国工业经济进入新常态，劳动生产率增速也在逐步进入平稳状态；另外，相较于基于第二产业增加值计算的第二产业全员劳动生产率而言，建筑业的劳动生产率也仅为第二产业劳动生产率的 50%(国家统计局，2016)。因此，有必要对建筑业进行一定的变革，提升中国建筑业的劳动生产效率。

二、建筑业利润偏低

我国建筑业的产值利润率处于较低水平，长期在 3.5%左右的水平浮动，仅相当于工业产值利润率的一半；与此同时，对世界 500 强中的建筑企业的利润水平统计发现，国外企业利润率大多处在 3%～4%的水平，而国内企业的同期企业利润率仅为 1%～2%(Gao and Low，2014)，因此主观上对提升建筑业产值利润率的需求十分迫切。

三、技术效率落后

建筑业是一个传统行业，长期忽视了对先进技术、先进设备的利用，大量的现场工作主要由人工完成，机械作业、先进设备仅被用于一些大型的或重要的施工项目(Tiong et al., 2005)。由于技术创新、技术及设备的应用、施工机械化以及预制技术等相对较弱，对比汽车、IT 和航天等高新技术行业的技术效率，建筑行业相对落后。此外，比起发达国家而言，中国的技术和设备使用水平约低 1/4。例如，钢筋、混凝土等的使用等级比发达国家低 1～2 个等级，每平方米建筑面积的钢筋用量也比发达国家高 10%～25%。因此，建筑行业技术效率低下的现状亟须改变。

四、劳动力成本不断攀升

2005 年以来我国建筑业人力成本呈现出持续上升趋势，中国社科院发布的《社会蓝皮书：2015 年中国社会形势分析与预测》指出，我国劳动年龄人口的增幅将于 2020 年前相对放缓，平均每年减少 155 万人；在这之后一个时期内其减幅将加快，2020～2040 年将平均每年减少 790 万人，而 2030～2050 年将平均每年减少 835 万人。建筑业作为典型的劳动密集型行业，其劳动力人口的下降与人工成本的不断攀升使我国面临成本控制问题，倒逼企业进行技术改革，降低生产成本，提高生产效率。

五、环境压力增大

由于传统建造方式现场作业、湿作业多，管理方式较为粗放，其所带来的高能耗、高排放、低效率、环境污染严重等问题受到了广泛的诟病(缪壮壮，2015)。据统计，全球有 50%的能源被消耗在建筑物的建造和使用过程中，世界约 1/6 的净水、1/4 的木材和 2/5 的材料被建筑业使用(姜连馥和孙改涛，2009)。我国建筑业每年消耗的能源占全国总能源的 30%～40%。若照此情况发展下去，到 2020 年，我国建筑业能耗将达到 10.89 亿 t 标准煤，能耗强度将大大高于发达国家及世界平均的能耗水平，约为美国的三倍(周萍，2006)。传统建筑施工所产生的噪声和建筑垃圾分别占城市噪声和城市垃圾总量的 30%及 30%～40%(姜连馥和孙改涛，2009)。此外，建筑物所产生的二氧化碳排放量，也已经占到了全国二氧化碳排放总量的 30%左右(周萍，2006)。环境压力的增大迫使建筑业不得不寻求一条可持续的发展道路。

以上系列问题体现出中国建筑业转型升级的内在需求，由此可见，中国建筑业的转型升级迫在眉睫，已成必然趋势。

第二节　传统建筑业转型升级的路径选择

为解决建筑业劳动生产效率低下、技术水平落后、高污染、高能耗等多个方面的问题，绿色建筑、可持续建造、可再生能源建筑、建筑工业化、BIM、3D 打印、AR/VR 等能够有效提高建筑业生产效率的技术，以及促进建筑业可持续发展的新概念、新技术受到了业界及学界的广泛关注。无论是哪一种新技术、新方法、新理念，都是为了促进建筑业向可持续、高效的方向发展。其中绿色建筑、可再生能源建筑主要强调最终的建筑产品，建筑工业化、BIM、3D 打印、AR/VR 等更强调建筑生产过程中新的生产技术或生产方式，最终实现建筑业绿色可持续。实现建筑业绿色可持续必须坚持绿色建筑设计、绿色建材使用、绿色建造施工、绿色建筑运营等四个方面的内在统一，在众多的方式方法中，建筑工业化因能够有效整合新技术、新材料、新方法，且对我国建筑业传统建造方式具有突破作用，因此成为我国建筑业转型升级的重要抓手。王冬(2015)认为建筑工业化以提高生产率、节约成本、缩短工期、节约劳动力、环境友好、促进建筑业生产方式的转变、改善建筑质量及品质、促进建筑业整体技术进步等优势为特征，成为目前传统建筑业所有转型方向中最快、最容易实现、最行之有效的方式，对建筑业的发展具有重要的意义。

2013 年 1 月 1 日，国务院办公厅以国办发〔2013〕1 号文转发了国家发展改革委、住房城乡建设部制定的《绿色建筑行动方案》，强调了建筑工业化在发展绿色建筑中的重要作用。该方案明确了十项重点任务：切实做好新建建筑节能工作；大力推进既有建筑节能改造；开展城镇供热系统改造；推进可再生能源建筑规模化应用；加强公共建筑节能管理；加快绿色建筑相关技术研发推广；大力发展绿色建材；推动建筑工业化；严格建筑拆除管理；推进建筑物资源化利用。张良珂(2013)指出，集中生产建筑部(构)件、现场机械化安装、减少湿作业、降低建造过程的综合能耗。纪颖波等(2013)指出，BIM 自身的技术特点能够有效地促进建筑工业化设计的标准化、生产经营的信息化。姜腾腾(2015)认为建筑工业化是实现绿色建筑节能减排目标的有效途径之一，而 BIM 技术则有助于在建筑工业化生产方式中有效地实现绿色建筑理念。

随着城市化率的提升，住宅用地的紧缺决定城市必须向空间发展，高层永久性绿色建筑由此凸显出其优势性，而实现这一发展目标的最佳途径正是建筑工业化。另外，对于既有建筑的绿色化改造和节能改造，也可由建筑工业化的途径实现(Jaillon and Poon，2008；曾令荣等，2012)。面对传统建筑业转型升级的迫切需求，研究建筑工业化的相关问题，对进一步实现建筑业绿色可持续，进一步融入新技术、新理念、新方法，最终实现建筑业转型升级，具有重要的意义。

第三节　政策体系完善的外在刺激

建筑业受政策环境影响较大，为推进建筑工业化的发展，国家及地方政府出台了多项政策，助力实现“力争用 10 年左右时间，使装配式建筑占新建建筑的比例达到 30%”。2014 年 3 月，中共中央、国务院发布了《国家新型城镇化规划(2014—2020 年)》，明确提出要“强力推进建筑工业化”。同年 5 月，国务院办公厅印发了《2014—2015 年节能减排低碳发展行动方案》，指出要着眼于住房，并把建筑产业化作为核心，加大对建筑产品生产的支持力度，推进建筑行业现代化建设。同年 7 月，住房城乡建设部以建市〔2014〕92 号印发《住房城乡建设部关于推进建筑业发展和改革的若干意见》，提出“转变建筑业发展方式，推进建筑产业现代化”。2016 年 3 月，李克强总理在政府工作报告中明确提出“大力发展钢结构和装配式建筑”。同年 9 月，国务院办公厅发布了《国务院办公厅关于大力发展装配式建筑的指导意见》（国办发〔2016〕71 号），提出了“力争用 10 年左右的时间，使装配式建筑占新建建筑面积的比例达到 30%”的发展目标。2017 年 3 月，住房和城乡建设部发布的《“十三五”装配式建筑行动方案》进一步明确了“到 2020 年，全国装配式建筑占新建建筑的比例达到 15%以上，其中重点推进地区达到 20%以上，积极推进地区达到 15%以上，鼓励推进地区达到 10%以上”的工作目标。

为保障建筑工业化的切实推进，各地区纷纷发布相关细则以响应国家出台的相关政策。政策内容方面，各地政府着力在装配式建筑占比、单体预制/装配率、装修装配化率、土地出让条件等方面提出要求，主要是基于容积率奖励、建筑补贴、成本补贴、税费优惠、购房贷款优惠等政策。例如，上海市对于符合条件的装配式住宅项目，每平方米补贴 100 元，单个项目最高补贴 1000 万元；湖南省对于采用工业化方式建设的项目，预制装配率达到 50%以上的，给予 3%～5%的容积率奖励；江苏扬州对于预制装配率达到 40%以上的建筑单体项目，可先办理 50%城市建设配套费缓交手续，待审核确认后，再办理 50%减免核准手续。

尽管如此，中国的建筑工业化发展仍然非常缓慢。目前，建筑工业化在日本、英国、瑞典、美国等国家和地区已经得到广泛的应用，而中国仍处于起步阶段。根据 Steinhardt 等(2013)的报告，英国、瑞典、日本、新加坡的工业化建筑占新建建筑的比例分别达到了 30%、90%、40%、65%，而在中国这一比例仅为 5%。究其原因，虽然我国中央及地方政府相继出台了大量的政策以推动建筑工业化的发展，但是政策的作用效果并不明显。近年来，虽然建筑工业化受到了广泛的关注，但其发展仍处于探索阶段，而针对促进建筑工业化发展的政策亦是如此。未来，为了能够更好地推进建筑工业化的快速进步，了解现行政策存在的问题与不足，了解现行建筑工业化发展存在的问题与症结，了解建筑工业化发展的内在动力及切实需求，建立完善的建筑工业化政策尤为重要。

第四节　产业发展动态变化的要求

建筑工业化作为建筑业转型升级的重要方式，其不仅改变了传统建筑业的生产方式，同时对传统建筑业企业间的生产关系产生了重要影响，在促进建筑业转型的过程中，除了关注转型对新技术、新方法的要求，也需要关注其生产关系变化产生的新要求。

在建筑工业化发展的过程中，政府依旧是推动建筑工业化发展的核心主体，而企业是推动建筑工业化发展的实践主体。政府和企业都属于建筑工业化产业链上的利益相关者。目前，对于建筑工业化产业链上各利益相关者的关系及未来发展的方向变化，未有清晰的定义。建筑工业化的发展涉及建设单位、施工单位、设计单位、制造单位等多个利益相关者，涉及不同组织之间的协调与集成应用，科学合理地开展建筑工业化利益相关者关系的研究对推动建筑工业化发展研究具有重要的意义(李晓桐，2015)。

随着建筑工业化的推进，传统建筑产业链条上的企业类型及企业关系不能完全沿用至建筑工业化产业链条，也需要向新型建筑工业化产业链转型。国外部分国家开展一个建筑项目，往往是集设计、生产、施工于一体，而我国大多数建筑项目则是设计、生产、施工相互分离。建筑工业化相较于传统建筑行业，其各个环节之间的沟通协调、组织安排的紧密度更高，对各个企业之间的配合也提出了更多的要求。而我国目前实施的建筑工业化，设计单位与构件加工厂、施工单位常常也是相互脱离，沟通上存在较大的障碍。构件厂商与施工单位之间也存在一定程度的脱节及沟通问题，最终导致工程延期、成本增加等问题。在我国建筑业产业链条上，各类企业对转型升级的响应积极程度不尽相同。由于工业化建筑的建造成本的制约，房地产开发商并未大量地自发进行业务转型。施工单位的工业化转型是最多的，这是由于施工单位的转型关键在于工业化的建筑施工技术，而受建筑成本的制约较小。建筑材料供应商倾向于转型为预制构件厂商，这是工业化生产模式逐渐取代传统建筑产业生产关系的缘故。而设计单位、研发单位及投资单位因为受产业转型影响因素较少，所以转型意识较弱，几乎很少存在转型单位(Jaillon and Poon，2008；谢芳芸，2017)。同时，一些大型、经济实力雄厚的国有企业更愿意响应号召，加大了产业化投入力度，推动了新型建筑工业化的发展。而对于中小型企业来说，因为要耗费大量的人力财力物力等资源，推广装配式建筑难度依然较大。

除了各类企业自身的转型，企业与企业之间的关系也面临着不断地调整。构件生产商及部品供应商的产生，改变了原有的企业之间交流交易的链条，使得企业不得不面对新的交易对象及交易模式。且建筑工业化对于企业之间的协同合作程度要求较高，产业链条需要不断进行重新整合。因而认识企业及企业关系的变化，对于促进产业发展具有重要的意义。

我国正处在建筑业迫切需求转型升级的阶段，且在过去的发展中，已经逐步在进行传统建筑业转型。现有的研究多从静态的视角考虑传统建筑业向建筑工业化转型的条件、方法、需求等，而面对多变的环境，以动态的视角分析传统建筑业向建筑工业化转型的各方面问题的研究还比较欠缺。因此，本书意在从传统的静态视角转向动态视角来研究传统建筑业向建筑工业化转型升级的过程，以期提出完善现行政策体系的建议，使其与我国的建筑工业化体系结构相匹配。

第三章　全球建筑工业化发展的整体透视

第一节　全球建筑工业化发展总览

纵观建筑工业化的发展历程，最早的建筑工业化建筑可以追溯到17世纪美洲移民时期使用的木构架拼装房屋。1851年，在伦敦水晶宫采用了钢铁和玻璃预制装配式结构，让建筑工业化从思想逐渐过渡到行业实践和理论层。西方国家首先进行的工业革命是人类发展历史上里程碑式的科学技术进步，其带来的生产建造技术革新运动势不可挡。工业革命带来了技术的进步和革新，但同时带来了城市化运动的快速发展，人员向城市集中，城市住房需求不断扩张。工业革命不仅引起了社会生产方式和社会生活大变革，也带来了空前的建筑革命。

建筑工业化的快速发展开始于第二次世界大战之后，主要原因包括两点：一是为了快速恢复被战争损毁的房屋，满足人们的居住需求；二是战后导致的劳动力短缺，带来人们对建造过程的重新思考，即建造方式需要更加高效。正是由于大规模的城市破坏和住宅危机，欧洲多国和日本等国家开始寻找方法以快速满足住房需求。欧洲首先掀起建筑工业化高潮，并在20世纪60年代遍及欧洲各国，进一步扩展到加拿大、美国和日本等发达国家。随后，建筑工业化因其在建筑质量、建设速度、经济与环境等综合方面的突出表现而得到广泛应用。1989年，在国际建筑研究与文献委员会第11届大会上，建筑工业化的发展被定义为当前建筑技术的八大发展趋势之一。在不同国家应用的过程中，关于“建筑工业化”的术语在国内外的文献中有着不同的记载，主要的表达方式为：off-site construction、off-site fabrication、off-site production、off-site manufacture、prefabrication、industrialized building。国内文献中主要采用建筑产业化、建筑工业化、住宅产业化、住宅工业化、装配式建筑等(毛超，2013)。为了避免这些定义混杂产生歧义，本书暂时规避不同表达方式之间的差异，统一采用“建筑工业化”进行行文。

目前建筑工业化已经是一个全球性的话题，但根据各个国家和地区的实际情况，其发展建筑工业化的原因和历程存在差异。20世纪50年代，英国和法国等国家建筑工程多数采用装配式大板结构体系；到了20世纪60年代，西方国家提出了建筑工业化的目标，并有组织、有计划地推行建筑工业化项目，建筑工业化的应用呈现了稳定的增长，尤其是在日本、马来西亚、美国、英国和澳大利亚；在20世纪70年代初，美国在私人住宅产品的设计中应用了多种预制建筑系统；到20世纪80年代，随着城市化的快速发展，中国香港地区和新加坡引进了先进国家的工业化技术，并试图推动建筑工业化的实际应用。但目前各个国家和地区建筑工业化的程度悬殊较大。

在欧洲地区，英国工业化建筑占到新建建筑的6%(Taylor，2010)，这部分工业化建筑创造的价值占到整个建筑行业(包括土建工程)的2%；德国工业化建筑占到新建建筑的 9%；瑞典工业化建筑占到新建建筑的 90%。在北美地区，美国工业化建筑占到新建建筑的 20%。在澳大利亚，工业化建筑的市场规模占到新建建筑的 5%。在亚洲地区，日本政府采用工业生产住宅的方法进行大规模的住宅建造，目前工业化建筑占新建建筑的比例可以达到 40%。作为对住房问题解决得最成功的国家之一，新加坡通过组屋制度使“居者有其屋”成为社会现实，其建筑工业化也在组屋建设中得到发展，目前新建建筑中，有 65%采用预制装配式。而相比于其他国家和地区，中国建筑工业化建筑面积仅占新建建筑面积的 5%左右，严重滞后于国际先进水平。

根据工业化建筑占新建建筑比例的情况可以看出，各发达国家和地区的建筑工业化发展水平相对较高，但由于各个国家和地区的政策环境不同，其工业化发展道路也不尽相同。在住宅类型方面，不同国家和地区也呈现出不同的特征：瑞典、丹麦和美国主要发展低层建筑、中低层建筑和独立式住宅的工业化建筑技术；新加坡主要使用工业化技术设计和建造高层住宅建筑；日本和德国等则是无论低层或高层住宅建筑，均采用多种政策，共同推动其工业化发展。

在结构体系方面，各个国家和地区的资源状况、经济水平、生活习俗、技术标准差异很大。不同的国家和地区呈现出不同的结构体系：欧洲以多层预制混凝土结构体系为主；美国、日本的普通住宅多为独栋别墅，一般以轻钢结构或木结构为主，城市高层住宅以钢结构或预制框架+预制外墙挂板体系为主，并且注重私人住宅的个性化与多样化表达；新加坡、中国香港的住宅多数为高层混凝土建筑，其保障性住房（公屋、居屋、组屋）一般采用预制剪力墙结构体系。

在建筑工业化实践中，各个国家和地区工业化建筑的建筑类型、建筑形态以及新建与既有建筑改造项目的具体情况如下。

(1) 工业化建筑类型。根据工业化建筑类型的不同，在此将其划分为预制社会保障住房建筑、预制私有住宅建筑、预制公共或商业建筑三类（图 3.1）。在亚洲国家（日本、新加坡、中国），工业化建筑以预制社会保障住房建筑为主，其中在新加坡和中国，预制社会保障住房建筑占工业化建筑的比重均高达 90%以上。同样在英国和瑞典，这一比例分别高达 80%和 50%，在澳大利亚和德国这一比例较小。而美国和澳大利亚的工业化建筑主要以私有建筑为主，其中美国的私有建筑占到全部工业化建筑的 98%，而公共或商业建筑仅占到 2%。

(2) 工业化建筑形态类型。根据工业化建筑形态分布的不同，在此将其划分为独立别墅、多层建筑、联排别墅、高层建筑四类（图 3.2）。在盛行工业化建筑作为保障性住房的亚洲国家，同样在建筑形态上，中国、新加坡的工业化建筑均有八成以上是高层建筑。而在欧美国家和澳大利亚，工业化建筑有半数以上在形态上属于独立别墅，其余部分则大多为多层建筑和联排别墅，在日本这三种建筑形态的分布更加均匀。

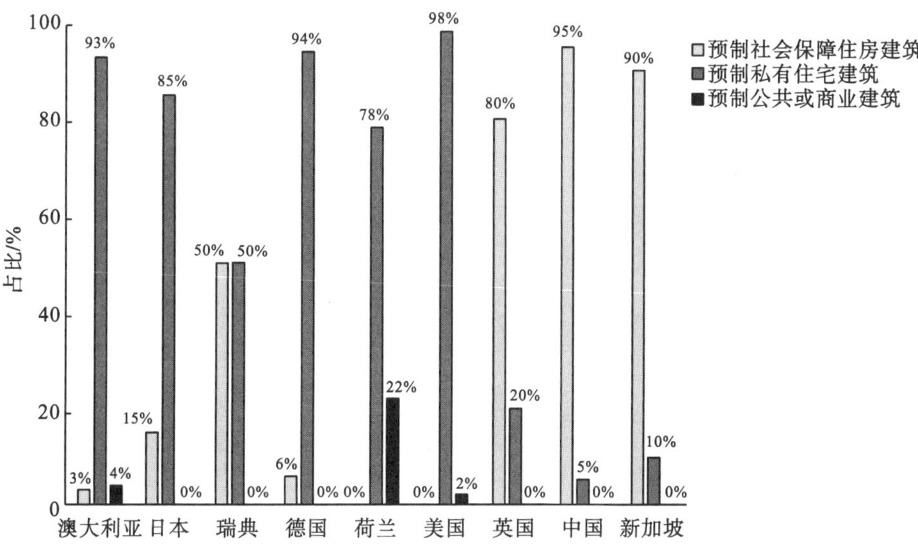

图 3.1　各个国家预制建筑类型比例

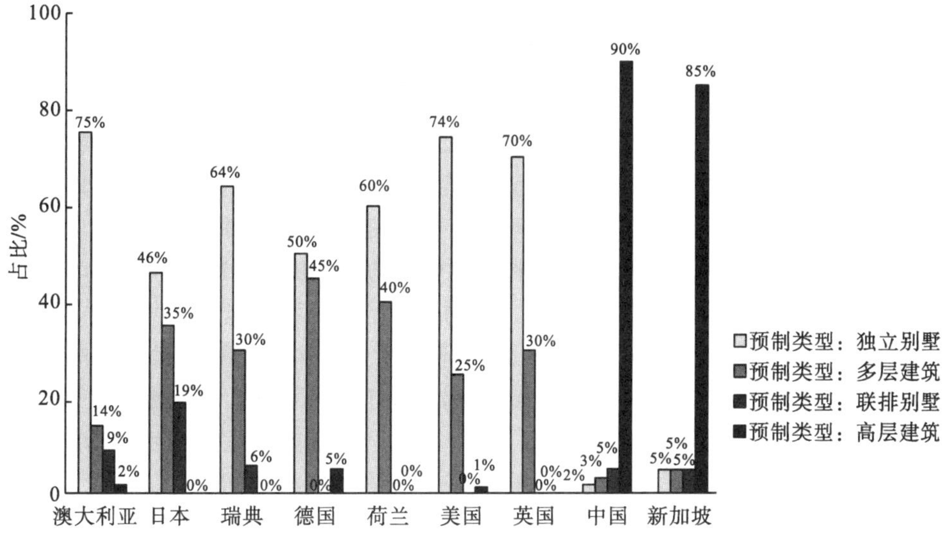

图 3.2　各个国家预制建筑形态类型比例

(3) 新建与既有建筑改造情况。根据工业化建筑隶属于新建还是改造项目，在此针对部分国家的情况进行了统计(图 3.3)。在亚洲国家(中国、新加坡、日本)，几乎所有的工业化建筑均为新建建筑，其中在中国，这一比例高达 100%。相比之下，英国、德国、荷兰和瑞典等国家的预制建筑是以改造建筑为主。发达国家和地区增加了对旧建筑的修理、更新和维护，逐步实现现代化，建筑工业化进入成熟阶段。

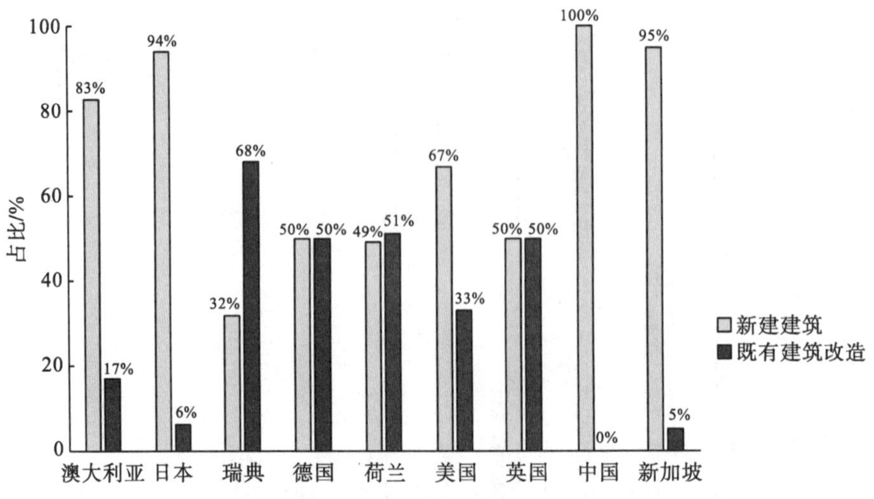

图 3.3　各个国家新建与既有建筑改造预制项目情况

从建筑工业化发展及应用情况可以看出，各个国家和地区的发展模式都存在差异，建筑工业化的发展与时代背景、社会经济环境等存在关联。为了深入了解建筑工业化的发展情况，将各个国家和地区建筑工业化发展情况和其社会环境变动、经济环境变动、重大事件等情况相对应，如表 3.1 所示。

在发达国家和地区，建筑工业化的发展经过了仅追求数量到提高劳动效率的阶段。随着住房短缺问题的缓解，市场提出了新的需求，人们开始注重居住质量和住宅性能。近年来，国际上频繁地提及可持续发展理念，同时随着信息化时代的发展，建筑工业化也开始关注可持续、节能环保、人性化和智能化等方面。Richard(2005)认为建筑工业化应该经历五个阶段，即预制化、机械化、自动化、智能化和复制化，其阐述了建筑工业化的本质，即传统住宅生产方式向流水线生产转化，实现从“预制”到“复制”的转变。随着第四次工业革命(以智能化为主题)的兴起，“工业 4.0”和“中国制造 2025”等概念的提出，“人机交互”“机器自组织”“智能生产”等的诞生正逐步重新定义现有的规则。在当前的时代背景下，建筑工业化迎来了新的发展机遇和拐点，同时也将面临更大的挑战和更多的难题。

表 3.1　建筑工业化在各国(地区)的发展及应用总览(Steinhardt et al.，2013)

预制情况	2012 年住房竣工量/套	公有或私有	房屋类型	新建或翻新	法规	重要事件	环境因素
澳大利亚							
•至少 5%的新建住宅采用预制 •预制的方法多样，其中以全屋预制为主	144,336	•仅 3%不是私人住宅 •所有房屋的 4%是从州或国土房管局租来的	新建住宅： −75%独栋房屋 −14%多层公寓 −9%半独立房屋	•改建、扩建及功能改造占澳大利亚住宅建筑价值的 17%	•施工守则都强调“现场要求”，很少提及非现场工作 •有对能源效率的要求	•与历史平均水平相比，目前住房市场发展放缓	•以高收入企业为核心，同时存在很多小型运营商 •投机性购房和房屋购买力低的情况并存 •技术含量低，劳动力市场不稳定
日本							

续表

预制情况	2012 年住房竣工量/套	公有或私有	房屋类型	新建或翻新	法规	重要事件	环境因素
•新建建筑的12%～15%采用预制 •全屋及组件的预制都有 •预制的方法及材料多种多样	882,797	•新建住宅中80%～85%是私有的	•新建预制房屋单元： −46%独栋房屋 −35%多层公寓 −19%联排别墅	•建造成本分布： −94%新建住宅 −6%扩建或重建 •报废和重建的比例高	•地震后采用的高层住宅性能标准 •10 年房屋保修	•20 世纪 90 年代预制比例达到峰值 •20世纪90年代房地产泡沫破裂，导致房地产市场下滑	•劳动力成本高 •研发水平高 •私有土地占有率高 •对于现代化、具有新鲜感住房的偏好
瑞典							
•累计 50%～90%的房屋采用了预制 •在私人、独立房屋中应用最多	25,993	•公共建筑占新的租住房屋的50% •在新建住宅中，独栋住宅私有化程度：95% 公寓的私有化程度：24%	•新建房屋单元 −64%多层住宅 −30%独栋房屋 −6%联排别墅	•房屋投资总额的 68%用于翻新和扩建	•政府提供的补贴鼓励了卡特尔这样的主导企业，但限制了创新	•混凝土预制房屋曾被应用在“社会住房计划”中	•建筑联盟成员多 •欧洲建造成本相对较高
德国							
•新建住宅建筑许可 9%必须是预制建筑 •15%的预制建筑是 1～2 人住房，2%是 3 人以上住房	161,186	•6%的新建建筑是公共住房，并享有补贴 •公共住房存量下降	•新建房屋单元： −50%是 1～2 人住房 −45%是 3 人以上住房 −5%其他	•约 50%的建造支出用于修理、维护、扩建和其他改进	•对节能住宅建筑提供经济激励	•二战后对预制混凝土板的大量应用 •20 世纪 90 年代后房屋建造量下降	•熟练的劳动力 •长期的研发 •住房所有权低，但自有率高
美国							
•4%的独栋住宅是异地建造的 •工业化方式的应用减少 •7%的住宅是预制建筑或房车	638,000	•公共住房占所有住宅的 1%～2%	•新建房屋单元： −74%的独栋住宅 −25%的多户住宅 −1%的排屋	•33%新建住宅的价值用于扩建、翻新和整修	•现场建造和工业化建造采用不同的州级法规 •工业化住宅或房车适用于不同的 HUD 法规	•次贷危机引起新建房屋建筑的减少	•研发投入少 •劳动力技能相对较低
英国							
•整个建筑行业（包括土建工程）价值的 2%用于非现场建造	143,580	•永久性住房建设： −由私人企业完成 75%～80% −由社会住房部门完成20%～25%	•现有库存中独栋房屋占少数 •60%～70%的新建建筑是独栋房屋，公寓相对更少	•约 50%的住宅建筑产值用于维护、扩建和其他提升	•建筑法规的“L”部分对能耗做了规定 •新的建筑产品或体系需要认证	•2007 年后房屋建造大幅减少 •战后重建大量运用了预制	•投机土地收购和建设的比例高 •劳动力技能相对较低
新加坡							
•组屋项目采用强制装配化的形式，装配率70%。大多为板式或塔式混凝土多高层建筑		•永久性住房建设： −80%的住宅由政府建造，20 年快速建设	•大部分为塔式或板式混凝土多高层建筑。装配式施工技术主要应用于组屋的建设	•新加坡开发出 15 层到 30 层的单元化的装配式住宅，占全国总住宅数量的 80%以上			•住宅建筑大多采用建筑工业化技术建造。住宅政策和预制住宅的开发理念促使工业化的建造方法得到广泛采用

续表

预制情况	2012 年住房竣工量/套	公有或私有	房屋类型	新建或翻新	法规	重要事件	环境因素
中国香港							
•2007 年，已有 65% 的住宅采用了预制技术		•香港政府在公屋租赁市场上仍处于主导地位，从房屋增量分析，香港政府建设的公屋为年竣工住宅的 35%~50%	•香港政府提供的公屋和享有补贴的居屋出售份额已经低于私人商品房。香港形成了公私企业共存，共同发展租赁和销售的双轨市场格局		自 2000 年起，香港房屋署实施了一套适合当地情况的设计方法，并建立了新的模块化标准单元设计图集，使用标准化的尺寸和空间配置，并使用标准化的配件使单元组合更灵活		

第二节 中国建筑工业化发展历程与现状分析

一、中国建筑工业化发展历程

20 世纪 50 年代，依据苏联和南斯拉夫的经验，中国开始在全国建筑行业推广标准化、机械化和工厂化，大力发展预制构件和预制装配建筑。在随后的三十几年中，我国大力发展以“大板建筑”和新型墙体改革为代表的建筑工业化，但因为国际形势和技术水平等的限制，并未实现建筑工业化(刘东卫等，2012；张少伟，2013)。进入 20 世纪 90 年代，房地产的疯狂发展使得长期处在粗放型阶段的建筑业出现畸形发展，直至 1994 年后，我国通过反思重新提出发展建筑工业化，此后，我国陆续出台了一系列的政策、法规文件以促进住宅产业化的发展进程。

1995 年，原建设部发布的《建筑工业化发展纲要》(建建字第 188 号)再一次提出“建筑工业化是今后建筑业的发展方向”，1998 年，原建设部成立了专门的管理机构——住宅产业化促进中心。对建筑工业化新一轮的尝试是在 2000 年，可以说 2000 年是我国工厂化建造的新起点(毛超，2013)。但因为 20 世纪末和 21 世纪初我国建筑业市场快速扩张，开发商等利益主体凭借传统的施工方式即可获利，仅少数大型企业开始探索建筑工业化生产方式，如万科企业股份有限公司(后文简称“万科”)和长沙远大住宅工业集团股份有限公司(后文简称“远大”)。总体来说，在 21 世纪的前十年，建筑工业化发展相对缓慢。随着我国城镇化速度放缓和 2008 年金融危机冲击，建筑需求不再满足企业粗放生产、快速销售的盈利模式，同时消费者对建筑提出了新的质量要求。我国建筑工业化进入全面推进的关键时期，政府政策的出台和实施成为重要手段。

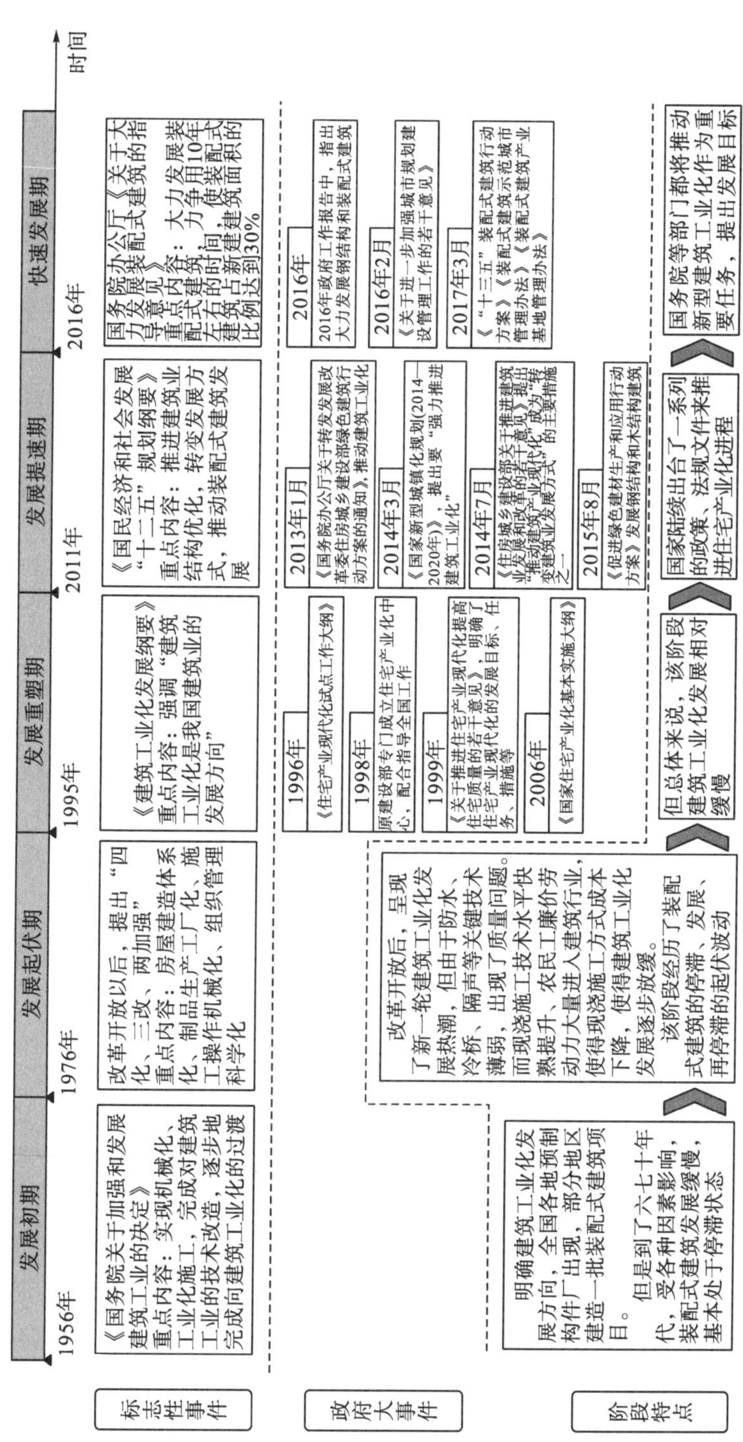

图3.4　中国建筑工业化发展阶段

“十二五”期间，各级政府及有关部门也陆续出台产业化发展的相关政策予以扶持鼓励，包括税收优惠、建筑面积豁免等金融政策。根据纪颖波(2011a)对发达国家建筑工业化发展划分的“从追求量到质再到可持续发展”的演化路径，因为没有像二战后欧洲出现的住房短缺问题，我国将跳过追求数量直接进入追求建筑品质和可持续发展阶段。因此，我国建筑工业化发展不仅要借鉴发达国家的发展经验，制定推进新型建筑工业化发展的法律、法规和制度等政策措施和标准认定政策，完善我国建筑工业化体系，同时实现建筑业的可持续发展。

2016 年 9 月 27 日，国务院办公厅发布了《国务院办公厅关于大力发展装配式建筑的指导意见》，这是继 1999 年的《关于推进住宅产业现代化提高住宅质量的若干意见》(国办发〔1999〕72 号)之后，建筑工业化最高级别的文件，也标志着我国建筑工业化进入快速发展阶段。

结合对国内相关文献的研究，本书从我国建筑工业化生产方式和发展思路出发，将我国建筑工业化发展过程分为 5 个阶段，详见图 3.4。

二、中国建筑工业化发展现状

随着发展环境的变化，我国经济发展进入新常态，建筑业对提高劳动生产率的需求不断提升。同时，我国城镇化进程中提出了生态高效、可持续发展等原则及要求，建筑业亟须以先进的科学技术改进传统产业和提升工程质量。建筑工业化是使传统粗放型、劳动密集型的建筑生产方式向集约型转变，这也是建筑业转型升级的必由之路。我国建筑工业化迎来发展机遇，也面临新的挑战。近十年来，随着我国政府的大力推动，各地建筑工业化项目陆续落地，市场开始规模扩张，技术体系逐步完善，我国建筑工业化呈快速发展的态势。

(一)政策

从“十二五”规划开始，我国制定了相关政策以加大对建筑工业化发展的引导和支持，相关部门陆续出台产业化发展的相关扶持鼓励政策。《我国国民经济和社会发展十二五规划纲要》和《绿色建筑行动方案》都提出了转变发展方式，推进建筑业的结构优化，推动建筑工业化发展(表 3.2)。

表 3.2　2016～2017 年中国政府推动建筑工业化的大事件

颁布时间	发布单位	政策	相关内容(节选)
2016 年 2 月	中共中央、国务院	《中共中央国务院关于进一步加强城市规划建设管理工作的若干意见》	(十一)发展新型建造方式。大力推广装配式建筑，减少建筑垃圾和扬尘污染，缩短建造工期，提升工程质量。
2016 年 9 月	国务院办公厅	《国务院办公厅关于大力发展装配式建筑的指导意见》	力争用 10 年左右的时间，使装配式建筑占新建建筑面积的比例达到 30%。
2017 年 2 月	国务院办公厅	《国务院办公厅关于促进建筑业持续健康发展的意见》	(十四)推广智能和装配式建筑。

续表

颁布时间	发布单位	政策	相关内容(节选)
2017年3月	住房和城乡建设部	《"十三五"装配式建筑行动方案》《装配式建筑示范城市管理办法》《装配式建筑产业基地管理办法》	到2020年，全国装配式建筑占新建建筑的比例达到15%以上，培育五十个以上装配式建筑示范城市，两百个以上装配式建筑产业基地，五百个以上装配式建筑示范工程，建设三十个以上装配式建筑科技创新基地。
2017年5月	住房和城乡建设部	《建筑业发展"十三五"规划》	到2020年，装配式建筑面积占新建建筑面积比例达到15%。
2017年5月	国务院	《"十三五"节能减排综合工作方案》	推广节能绿色建材、装配式和钢结构建筑。
2017年11月	住房和城乡建设部办公厅	《住房城乡建设部办公厅关于认定第一批装配式建筑示范城市和产业基地的函》	认定30个城市为第一批装配式建筑示范城市和195个企业为第一批装配式建筑产业基地。

北京、上海、沈阳、深圳、河北、浙江等30多个省(市)陆续出台了推动建筑工业化发展的政策文件。截止到2017年4月，全国共有26个省(区、市)，以及52个地级市共计出台144份与装配式建筑相关的政策文件，其中《关于大力发展装配式建筑的指导意见》(国办发〔2016〕71号)发布后共有8个省(区、市)，以及7个地级市出台了21份文件(表3.3、表3.4)。

表3.3　国办发〔2016〕71号文之后省(自治区、直辖市)出台的相关文件

省(自治区、直辖市)	政策文件	发布单位	发布时间
河北省	《河北省人民政府办公厅关于大力发展装配式建筑的实施意见》	河北省人民政府办公厅	2017年1月
江苏省	《江苏省装配式建筑预制装配率计算细则(试行)》	江苏省住房和城乡建设厅	2017年1月
	《省住房城乡建设厅省发展改革委省经信委省环保厅省质监局关于在新建建筑中加快推广应用预制内外墙板预制楼梯板预制楼板的通知》	江苏省住房和城乡建设厅 江苏省发展和改革委员会 江苏省经济和信息化委员会 江苏省环境保护厅 江苏省质量技术监督局	2017年2月
	《江苏省"十三五"建筑产业现代化发展规划》	江苏省住房和城乡建设厅	2017年3月
浙江省	《浙江省建筑产业现代化"十三五"规划》	浙江省人民政府办公厅	2016年12月
安徽省	《关于加快推进钢结构建筑发展的指导意见》	安徽省住房和城乡建设厅办公室	2016年10月
	《安徽省人民政府办公厅关于大力发展装配式建筑的通知》	安徽省人民政府办公厅	2016年12月
	《2017年全省建筑节能与科技工作要点》	安徽省住房和城乡建设厅	2017年3月
山东省	《山东省人民政府办公厅关于贯彻国办发〔2016〕71号文件大力发展装配式建筑的实施意见》	山东省人民政府办公厅	2017年1月
陕西省	《陕西省装配式建筑发展"十三五"规划》	陕西省住房和城乡建设厅	2017年2月
	《陕西省人民政府办公厅关于大力发展装配式建筑的实施意见》	陕西省人民政府办公厅	2017年3月
北京市	《北京市人民政府办公厅关于加快发展装配式建筑的实施意见》	北京市人民政府办公厅	2017年2月
吉林省	《吉林省人民政府办公厅关于推进木结构建筑产业化发展的指导意见》	吉林省人民政府办公厅	2017年1月

表 3.4 国办发〔2016〕71 号文之后地级市出台的相关文件

城市	政策文件	发布单位	发布时间
石家庄市（河北省）	《石家庄市人民政府关于加快推进钢结构建筑发展的意见》	石家庄市人民政府	2016 年 11 月
海门市（江苏省）	《市政府办公室关于印〈发海门市建筑产业现代化推进工作方案〉的通知》	海门市人民政府办公室	2016 年 11 月
泰安市（山东省）	《泰安市人民政府关于加快推进建筑产业化的实施意见》	泰安市人民政府	2016 年 12 月
成都市（四川省）	《成都市城乡建设委员会关于进一步明确土地出让阶段绿色建筑和装配式建筑建设要求的通知》	成都市城乡建设委员会	2017 年 1 月
深圳市（广东省）	《深圳市住房和建设局关于加快推进装配式建筑的通知》	深圳市住房和建设局	2017 年 1 月
	《深圳市装配式住宅项目建筑面积奖励实施细则》	深圳市住房和建设局 深圳市规划和国土资源委员会	2017 年 1 月
郑州市（河南省）	《郑州市人民政府关于大力推进装配式建筑发展的实施意见》	郑州市人民政府	2017 年 2 月
武汉市（湖北省）	《武汉市人民政府关于进一步加快发展装配式建筑的通知》	武汉市人民政府	2017 年 3 月

（二）市场

2016 年 9 月，《国务院办公厅关于大力发展装配式建筑的指导意见》（国办发〔2016〕71 号）提出，力争在十年内，装配式建筑占新建建筑面积的比例达到 30%。2017 年 3 月，《“十三五”装配式建筑行动方案》提出到 2020 年，重点推进地区（京津冀、长三角、珠三角三大城市群）装配式建筑占新建建筑面积的比例达到 20%以上，积极推进地区（常住人口超过 300 万的其他城市）达到 15%以上，鼓励推进地区达到 10%以上。经过“十二五”“十三五”的大力推动，截至 2017 年 11 月 9 日，住房和城乡建设部办公厅共公布 195 个装配式建筑产业基地，30 个装配式建筑示范城市（建办科函〔2017〕771 号），其中表 3.5 为部分装配式建筑试点城市目录。

据不完全统计，目前国内共有 PC 工厂约 300 座，其主要分布在沿海城市（如山东、福建、浙江、江苏、上海等地），以及北京，内陆地区分布较少。整个行业呈现出兴盛发展的态势。2014 年，共有 111 家国产零部件制造企业，生产线 281 条，年生产能力 2590 万 m^3。2015 年，有 16 家新的 PC 工厂，主要分布在四川、上海和湖南。截至 2015 年底，山东省是中国 PC 工厂数量最多的省份，其次是以北京为中心的京津冀地区，以及沈阳、长春和大连，以此为中心的东北工业区也是中国建筑业现代化快速发展的地区。2015 年构配件生产企业数量达到 130 家，构配件年生产能力提升至 3160 万 m^3。2016 年我国构配件生产企业数量达到了 156 家，构配件年生产能力接近 4000 万 m^3。随着我国工业化建设步伐的加快，构配件生产企业将继续保持高速增长的生产能力。另外，为促进装配式建筑的发展和部品部件的生产发展，装配式建筑科技示范项目将由住房和城乡建设部进行组织申报和评审。2016 年批准列入计划的项目共 119 项，全国 31 个省（区、市）中有 22 个省级行政区的工业化建筑项目入选。表 3.6 为目前住宅产业化基地分布的情况。

表 3.5 中国装配式建筑试点城市目录

序号	试点城市	序号	试点城市
1	北京市	16	上海市
2	天津市	17	石家庄市
3	唐山市	18	邯郸市
4	包头市	19	满洲里市
5	沈阳市	20	南京市
6	海门市	21	杭州市
7	宁波市	22	绍兴市
8	合肥市	23	济南市
9	青岛市	24	潍坊市
10	济宁市	25	烟台市
11	郑州市	26	新乡市
12	荆门市	27	长沙市
13	深圳市	28	玉林市
14	成都市	29	广安市
15	合肥经济技术开发区	30	常州市武进区

表 3.6 中国住宅产业化基地分布情况统计表

省份	基地数量/个	省份	基地数量/个
安徽	5	江苏	20
北京	18	江西	3
福建	9	辽宁	5
甘肃	1	内蒙古	2
广东	15	山东	27
广西	2	山西	1
贵州	3	陕西	2
海南	1	上海	6
河北	14	四川	8
河南	7	天津	6
黑龙江	3	新疆	1
湖北	3	云南	5
湖南	9	浙江	17
吉林	2		

我国住房和城乡建设部统计数据表明，2012年以前全国工业化建筑累计开工3000万m^2，2013年约1500万m^2，2014年约3500万m^2，截至2015年底，全国累计建设装配式建筑面积约8000万m^2，2015年，中国新建装配施工面积在3500万～4500万m^2。在过去的三年里，大约有100个新的预制构件工厂。据国家统计局统计，2015年全国新建装配建筑总面积为7260万m^2，占城镇新建建筑面积的2.7%。2016年，中国新建装配建筑面积1.14亿m^2，占城市新建建筑面积的4.9%，同比增长57%。2017年1月至10月，全国共实施新建项目约1.27亿m^2。截至2016年，全国31个省(区、市)已出台相关政策文件推动装配式建筑的发展，整体发展态势已形成。

从需求角度来看，假设接下来10年建筑业新开工面积基本与2015年的46.84亿m^2持平，那么2020年和2025年装配式建筑的开工面积将分别达到9.87亿m^2和14.06亿m^2。但从供给角度看，虽然我国建筑工业化供应在逐年上升，但供需之间仍存在明显的差距，市场发展空间较大。未来十年，建筑工业化将逐渐成为市场中不可或缺的一部分，建设需求与供给都将不断扩大，并逐步趋于平衡，同时建筑工业化的主导力将从政府引导向市场主导方向转移。

(三)技术体系

中国建筑工业化的发展不能重复大板建筑时期“快赶上马”的方式，而应该是保证建筑的质量和安全。因此，在国家层面近年来出台了一系列相关标准规范及设计图集(表3.7)。各地也陆续出台了相应技术指导，例如2016年江苏省发布了《关于组织申报2016年度省级建筑产业现代化(抗震)专项引导资金项目的通知》。这些技术标准的颁布表明，我国已基本建立了装配式建筑标准体系，装配式建筑的发展有了坚实的技术保证。

表3.7 国内装配式混凝土结构部分标准及标准图集

名称	编号	发布部门	实施日期
《建筑模数协调统一标准》	GB/T 50002—2013	住房和城乡建设部	2014年3月1日
《装配式混凝土建筑技术标准》	GB/T 51231—2016	住房和城乡建设部	2017年6月1日
《工业化建筑评价标准》	GB/T 51129—2015	住房和城乡建设部	2016年1月1日
《装配式混凝土结构技术规程》	JGJ 1—2014	住房和城乡建设部	2014年10月1日
《钢筋套筒灌浆连接应用技术规程》	JGJ 355—2015	住房和城乡建设部	2015年9月1日
《预制混凝土剪力墙外墙板》	GJBT-15G365-1	住房和城乡建设部	2015年3月1日
《预制混凝土剪力墙内墙》	GJBT-15G365-2	住房和城乡建设部	2015年3月1日
《桁架钢筋混凝土叠合板(60mm厚底板)》	GJBT-15G366-1	住房和城乡建设部	2015年3月1日
《预制钢筋混凝土板式楼梯》	GJBT-15G367-1	住房和城乡建设部	2015年3月1日
《预制钢筋混凝土阳台板、空调板及女儿墙》	GJBT-15G368-1	住房和城乡建设部	2015年3月1日
《装配式混凝土结构住宅建筑设计示例(剪力墙结构)》	GJBT-15J939-1	住房和城乡建设部	2015年3月1日
《装配式混凝土结构表示方法及示例(剪力墙结构)》	GJBT-15G107-1	住房和城乡建设部	2015年3月1日
《装配式混凝土结构连接节点构造(楼盖结构和楼梯)》	GJBT-15G310-1	住房和城乡建设部	2015年3月1日
《装配式混凝土结构连接节点构造(剪力墙结构)》	GJBT-15G310-2	住房和城乡建设部	2015年3月1日

随着各地装配式建筑项目陆续落地，装配式混凝土结构体系、钢结构住宅体系等都得到了开发和应用。我国装配式混凝土技术体系主要包括剪力墙结构、框架结构、框架-剪力墙结构、框架-核心筒结构等。其中，剪力墙结构在我国建筑市场占据重要位置，近年来装配式剪力墙结构不断涌现，在北京、上海、深圳等诸多大城市中得到广泛应用。同时，近期装配式钢结构和现代木结构建筑的相关技术和建筑、结构体系等也成为研究重点，中国将积极推进装配式混凝土结构、钢结构、木结构建筑的有序发展。

在我国建筑工业化市场中，部分龙头企业已具备专有技术体系，并在实际项目中得到应用。例如万科的装配整体式结构体系，龙信集团拥有的预制装配整体式框架结构体系和预制装配整体式剪力墙结构体系，以东南网架、中建钢构等为代表的钢结构预制装配式建筑，以及以远大工厂化可持续建筑等为代表的全钢结构预制装配式建筑。然而，许多现有专业人员对装配式建筑设计及工程实施方面的经验相对缺乏，没有理解和应用标准的整体概念。因此需要加强装配式建筑技术交流、专业人员培训，以及引入有经验的专业咨询机构，保证工程质量。

三、中国建筑工业化发展存在问题

当前，中国进入了建筑工业化发展的“快车道”。但因为前几十年发展的限制，当前中国建筑工业化的发展受成本、人才等方面因素的影响，存在初始成本高、市场失灵、规模化不足和产业链不完整等问题。一方面，中国建筑工业化顶层政策设计基本完成，但由于各地区建筑业发展情况不同，在建筑工业化推广中政策措施和标准体系也应因地制宜，因此目前只有部分地区出台了较为完善的政策和标准，其他地区存在一定的滞后性。另一方面，我国建筑工业化市场尚不成熟，项目主要以公共项目和保障房项目为主，而开发商建设项目较少，市场规模效益还未突出。同时，建筑工业化的专业人员数量不足，相关企业对自身定位不清晰，部分仍持观望态度，这也是目前中国建筑工业化发展的主要问题。

(一)建筑工业化政策和标准不完善

建筑工业化是新的建造方式，中国各地存在缺资金、缺人才、缺技术的问题，如针对现阶段装配式建造方式提高成本的问题，虽然一些地方出台了政策，但还有部分城市动作慢一些，出台的部分地方政策操作性不强，执行效率有待提高。有的政策实质性吸引力不足，开发企业应用装配式建筑的积极性不高，不利于装配式建筑规模化推广。同时，建筑工业化标准体系有待进一步完善，实施机制有待健全。目前，我国有多种装配式结构技术体系，但已纳入国家标准规范的、被公认的安全可靠的技术体系，尚未形成专业化、社会化、规模化推广的能力。

(二)建筑工业化市场接受度较低

建筑工业化市场发展不成熟主要表现在两个方面：一是市场对政府的依赖；二是建筑工业化产业链不完整。近年来，在保障性住房、公共租赁住房和学校等公共项目中，建筑工业化已被广泛采用，但这些项目是由政府推动的，而不是市场本身。同时，工程示范效应不明显，缺少相关宣传和普及，消费者对建筑工业化的优势了解有限，接受度低，使得建筑工业化市场需求不足。

(三)建筑工业化专业人才缺乏

目前，从设计、开发、生产、施工、运输到运营维护，都存在技术人员能力不足的突出问题，业界普遍在呼吁加强建筑工业化的培训力度，解决人才瓶颈问题。目前，全国绝大多数设计院和施工企业从未做过建筑工业化项目。以设计为例，全国上千家建筑设计单位，会做建筑工业化项目设计的很少，建筑工业化产业工人队伍较小。传统建筑工人的受教育程度较低，大多数建筑知识都是在他们熟悉的工作中学到的，或者是特殊的培训和学徒制。目前，具有专业实践所需的知识和技能的从业者只占所有建筑参与者的少数。

(四)建筑工业化各企业定位不清晰

近年来为了抑制飞涨的房价和投机取巧的购房，政府出台了一系列房产购买/贷款限制措施，使房地产行业出现了降温趋势。总体上，我国建筑行业仍以传统现浇建造方式为主，建筑工业化项目较少，尚未形成市场规模效益。此外，建筑相关参与方缺乏对建筑工业化成本、工期优势的认识，以及对市场环境变化的不确定，使得大部分企业仍保持观望态度，无法找准自身定位。在我国建筑工业化发展现阶段，亟须梳理产业链条上各类企业及其特征，完善建筑工业化产业链才能进一步发挥市场规模效益，推动其发展。

我国建筑工业化发展相对于发达国家而言，还存在较大的差距。各发达国家通过政策、标准、技术、法律、市场等多种手段，已完成了建筑行业的工业化、产业化和规模化的结构调整，现已进入注重可持续、节能环保、自动化和智能化的阶段(郭戈，2009；毛超，2013；张少伟，2013)。因此，我们可以通过分析发达国家和地区建筑工业化发展的历程和特点，为我国建筑工业化的发展提供有利的建议和参考。

第三节　发达国家和地区建筑工业化发展历程

一、欧美国家——瑞典、美国、德国、英国

(一)瑞典

瑞典建筑工业化经历了“从数量到质量再到可持续”的发展。最初瑞典为了解决战后的房荒问题，于20世纪50年代和60年代进行了大规模的住宅建设，其政府在1967年制定了“百万套建房计划”，即在10年时间内建成100万套新居。为了达到这一目标，瑞典必须尝试新的建造方式，使建筑工业化成为合理化。瑞典建筑在20世纪70年代达到顶峰，住宅建设量从1958年的5套/(千人·年)增加到1973年的12.5套/(千人·年)，其中公寓住宅占比很大(李荣帅和龚剑，2014)。然后，随着住房短缺问题的缓解，大部分居民的基本需要得到了满足，从此人们开始追求质量更高的住宅。瑞典住宅工业化的重点也逐步转移到提高住宅的质量和性能上。同时，瑞典政府逐步使旧住宅实现现代化，更多地对旧住宅进行修理、更新及维护，最后，随着国际对于生态节能的倡导，自1998年起，瑞典政府加大了对生态节能的关注，并专门拨款以用于资助可持续发展项目。同时，政府也

开始鼓励各地市政府主管机构和私人建造商建造高性能住宅，使其与环境相和谐（图 3.5）。

图 3.5　瑞典的工业化建筑

瑞典一直非常重视住宅部件标准化问题。在 20 世纪 40 年代，瑞典政府委托建筑标准协会研究模块的协调。后来，建筑标准协会开展建筑化标准相关工作，制定了《住宅标准法》。20 世纪 50 年代，受法国影响的瑞典开始实施建筑工业化政策，其私营企业开发了大型混凝土预制工业体系，大力发展了基于通用构件的综合体系（郭琰，2007）。瑞典是世界上最先进的住房工业化国家之一，80%的住宅使用普通住房、普通住宅系统；瑞典也是全球最大的轻钢结构住宅生产国，其轻钢结构住宅的预制构件达 95%（郭琰，2007）。

（二）美国

美国的建筑工业化在 20 世纪 30 年代开始起步，当时以可移动的拖车式汽车房屋为主，到 40 年代汽车房屋作为临时住宅被固定下来。20 世纪 50 年代以后，随着二战的结束，军人复原和移民的涌入带来大量的住房需求（李荣帅和龚剑，2014），将汽车房屋变为永久性的住宅形式成为部分住宅生产商的选择。在这个时期，活动住房增长迅速，它是美国最廉价的住房，但在美国人心中普遍认为工业化住宅是低档的、破旧的住宅。

直到 1968 年美国的“突破行动”（Operation Breakthrough），标志着美国政府开始主导与推进住宅工业化进程，意图集中分散的生产资源与市场（李纪华，2012）。同时，人们对住房市场提出了新要求，要求更大的面积、更全的功能、更美观的外形（李纪华，2012）。1976 年，美国住房与城市发展部颁布了工厂预制住宅施工和安全标准（HUD-Code），相比现场施工住宅，这一标准使美国的工厂预制住宅更具安全性。预制框架结构住宅与现场施工住宅从此具有同等地位，成为美国建造住宅的重要手段，并逐渐成为美国住宅市场的主流建造手段。在注重质量的同时，美国现代的工业化住宅也开始提升舒适度和个性化，同时随着新技术的出现，节能也成为住宅关注的重点。1998 年，“节能之星”住宅性能认定制度对已建建筑和新建建筑进行性能评定，将建筑划分为不同的节能等级，提倡环保节能，并成为指导住宅产业化的主导理念。这说明，美国建筑工业化的发展也经历从“数量到质量再到可持续”的过程。

据统计表明，美国 1997 年新建住宅 147.6 万套，其中工业化住宅 113 万套，均为低层住宅并主要为木结构（数量为 99 万套）；2001 年，美国工业化住宅数达量到 1000 万套，占美国住宅总量的 7%；2007 年，美国工业化住宅的总值达到了 118 亿美元(李荣帅和龚剑，2014；李纪华，2012)。

(三)德国

随着 1845 年第一个预制混凝土构件的出现，德国开启了建筑工业化的进程。二战后的德国面临着资源短缺、人力匮乏、住房需求量大等一系列问题，导致传统的建造方式无法满足，从而转向了发展机械制造、以机械取代人工、智能信息管理的建筑工业化发展之路。1972～1990 年，东德地区展开了大规模的住宅建设，并完成了重要的政治目标，即 300 万套住宅。预制混凝土大板体系成为主要的建筑体系(图 3.6)，在改建的 300 万套住宅中混凝土大板建造的有 180 万～190 万套，占比达到 60%以上。1963～1990 年，仅在东柏林地区新建的 273000 套住宅中，大板式住宅占比达到 93%(文林峰，2016)。

图 3.6 德国的大板式住宅

到 1990 年，由于预制混凝土大板技术相比常规现浇加砌体建造方式存在造价高、建筑缺少个性等劣势，难以满足社会要求，基本不再使用。另外，混凝土叠合板体系、预制混凝土外墙体系以及钢结构、木结构、混合结构体系得到应用和推广，各种结构体系反映了德国建筑工业化的发展。同时，德国是全球建筑能耗降幅最快的国家，节能在建筑工业化中得到了充分的考虑和融合。

在 2010 年，随着《德国 2020 高技术战略》的提出，“工业化 4.0”被提到战略高度，在建造过程中，信息数据化、智慧化开始得到关注。2015 年，建筑工业化在德国小住宅建设方面占比达到 16%。其中，2015 年 1 月至 7 月共有 59752 套独栋或双拼式住宅开工，包括预制装配式建筑 8934 套。

(四)英国

英国是全球首个实现工业革命的国家。工业革命促进了经济的发展，但也带来了人口的迅速膨胀，使得英国城市化进程迅速发展，人们的居住条件日益恶化。为了改善居住条件，英国集合住宅得到快速发展(周静敏等，2012)。1918 年到 1939 年期间，英国总共建造了 450 万套房屋，并开发了 20 多种钢结构房屋系统。但由于劳动力和材料充足，绝大多数房屋仍然采用传统方式进行建造，仅有5%左右的房屋采用现场搭建和预制构件相结合的方式完成建造(文林峰，2016)。

二战期间，英国住宅受到大面积破坏，城市面临严峻的灾后重建工作，英国建筑工业化也进入了快速发展时期。英国政府实施了国家津贴“地方当局营造房屋”计划，1945～1950年将33万所毁坏住宅重新修建，建造了80.6万所正式住宅和15.7万所临时住宅(蒋浙安，1999)。住宅建筑的快速发展与建筑工业化的支撑相关。1950～1960年是英国工业化住宅建设的高潮期，建设规模大、数量多，工业化生产程度逐渐提高(程友玲，1989)。20世纪70年代以后，英国多年的住宅集中建设使得住房紧缺问题得到缓解，住宅政策从以政府干预转向以市场主导为主，在这一时期建筑工业化的设计和建造呈现出了多元化趋势，建筑工业化开始向提高建造质量、贯彻智能化和可持续发展的理念迈进。

20世纪50～80年代，英国产生了多种装配式结构，钢结构、木结构以及预制混凝土结构进一步发展，而预制木结构在本时期应用最为广泛，木结构住宅在新建建筑市场中的占比一度达到30%左右。21世纪初期，国家的场外建筑业从2004年的22亿英镑增加到2006年的60亿英镑，2009年英国建筑工业化的建筑、部件和结构每年的产值为20亿～30亿英镑，约占整个建筑行业市场份额的2%，占新建建筑市场的3.6%，并以每年25%的比例持续增长(文林峰，2016)。

二、亚洲国家及地区——日本、新加坡、中国香港

(一)日本

二战后，日本经济受到严重影响，城市三分之一的房屋遭到不同程度的破坏，在这个阶段，日本政府急于恢复国民经济，并未花过多精力开展城市建设。1945～1960年，日本主要是在为住宅建设的发展进行准备。日本于1948年和1949年分别成立通产省(现为经济产业省)和建设省(现为国土交通省)，通产省从调整产业结构角度通过课题形式，以“住宅生产工业化促进补贴制度”等财政补贴来支持企业对新技术的研发，建设省则从住宅工业化与技术方面对产业发展进行引导，并设立住宅研究所、住宅局和整备公团等机构(何芳，2010)。

直达1960年，日本人均国民生产总值(gross national product，GNP)达到475美元，其住宅产业化开始快速发展。从1961年首个“住房建设五年计划”开始，日本政府积极推进住宅产业化政策。从1966年起，政府按照法律法规的要求制定和实施了若干个“住房建设五年计划”，每个阶段都确定1～2个待研究的重点目标(高祥，2007)。到20世纪60年代末，日本住房总数超过了总住户数，这意味着住房不足问题已基本解决。

在20世纪70年代，从数量到质量的过渡期也是部品系统化和集成化发展的时期，市场增加了对工业化住宅多样化的需求。在此期间，日本建立了优良住宅部品认证体系，出现了NPS、SPH等标准化设计体系。到1985年，随着人们对住宅高品质的需求，日本绝大多数住宅中采用了工业化部件，其中工厂化生产的装配式住宅约占20%。到20世纪90年代，工业化方法生产的住宅建筑比例增加到25%～28%(张铁山等，2010)。

20世纪90年代以后，日本进入建筑工业化可持续期，住宅部品生产也发生了新的变

化，成熟的SI住宅体系开始出现。这一阶段，日本《品确法》(1999年)开始实施，对部品质量和所能达到的性能级别都有较严格的要求，在节能、环保、旧房改造、满足高龄人适应性、满足残疾人需要等方面对部品开发提出了新要求；同时，随着数字技术的发展，住宅部品也开始向多功能和智能化方向发展。

(二)新加坡

新加坡建筑工业化发展始于20世纪60年代，动因是解决房荒问题。政府推出了组屋计划，并尝试以建筑工业化生产方式进行建造。新加坡建筑工业化的发展主要通过建屋局的方案实现(纪颖波，2011a)。新加坡政府在1960年成立了建屋发展局，1964年提出“居者有其屋”的组屋计划。

新加坡共经历了三次建筑工业化尝试，引进法国、丹麦和澳大利亚等国的工业化技术和体系，并注重适应本土的体系(纪颖波，2011a；王珊珊，2014；郑方园，2013)。1963年，新加坡建屋发展局引进法国“Barats”大板预制体系进行建造，但由于经验不足，本次尝试以失败告终。1973年，为加快住宅建设速度，减少劳动力的使用数量，新加坡建屋发展局引进了丹麦的“Larsen &Nielsen ”大板预制体系进行工业化建造，但由于建筑工业化初期成本增量大，加上1974年的石油价格上升引起建材价格上升，第二次尝试也以失败告终。直到20世纪80年代初，新加坡建屋发展局进行了第三次尝试，引进了澳洲、法国、日本、韩国等国家的技术和先进经验，对公共住房项目实施了大规模工业化，即组屋建设。在此期间，新加坡政府注重建筑工业化方法的本土化，建立了一套关于工业化建筑结构安全、建筑品质等方面的详细方案，其建筑工业化开始持续稳定发展。在建筑工业化技术成熟且标准成形后，新加坡开始鼓励企业在预制装配式结构领域的设计和施工。预制混凝土组件等在组屋建设中大规模推行并配合使用机械化模板系统(张昕怡和刘晓惠，2012)。

20世纪90年代以后，新加坡进入了全预制阶段，建筑工业化技术体系基本成熟，工业化住宅设计的宜居性、建造过程的安全性成为重点。其中，在新加坡建造的一座50层高的住宅建筑(Daslim组屋，图3.7)的预制组装率为94%。到目前为止，新加坡65%的房屋采用了预制构件，90%新建装配式住宅为政府公租屋。

到21世纪，新加坡政府主导并制定了行业规范，以推动建筑工业化的发展。2001年执行的《易建设计规范》经过多次修订，目前为2011年版，其规定了不同建筑物的易建性计分要求。建屋发展局还出版了《预制混凝土和预制钢筋建筑指导》、《预制钢筋手册》、《结构预制混凝土手册》和《尺寸标准化》。

(三)中国香港

1953年初的“石硖尾大火”开启了香港公屋建设的新时代(Pan et al.，2007)。香港的公共房屋建设不断地发展完善，其类型的演变过程促进了香港住宅设计的标准化，促进了施工机械的装配化，为香港建筑工业化的发展奠定了基础。 从20世纪50年代的“迁置区计划”到20世纪60年代的“临时住房区计划”和“廉租屋计划”，再到20世纪70年代的“十年建屋计划”和“居者有其屋计划”，直到20世纪80年代和90年代，长期住房战略和其他住房发展计划相对应。在“徙置大厦”建设时期，设计标准化得到了极大发展，从最早的 H 型板式住宅到 1970 年兴建的 T 型徙置大厦，共有 6 种典型设计形式(图 3.8)。

图 3.7　新加坡 Daslim 组屋

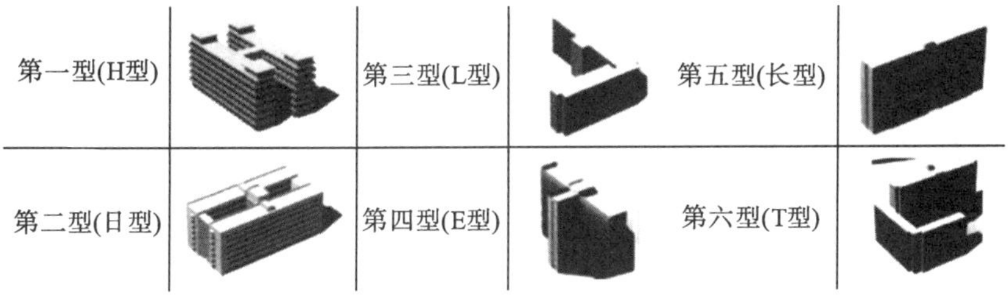

第一型(H型)		第三型(L型)		第五型(长型)	
第二型(日型)		第四型(E型)		第六型(T型)	

图 3.8　徙置大厦时期的 6 种典型设计形式

1972 年后，香港步入了为期十年的建屋计划。该计划的目标是能为 180 万的香港居民提供设备齐全的住宅，目标年限为 1973～1982 年。经过十年的努力，共建成了 22 万个公共住房单元。在此期间，住宅的形式逐渐由板式变为塔式。主要形式有：新 H 型、双塔型、Y 型(图 3.9)、新长型、十字型等(曾赛星和王浣尘，2001)。

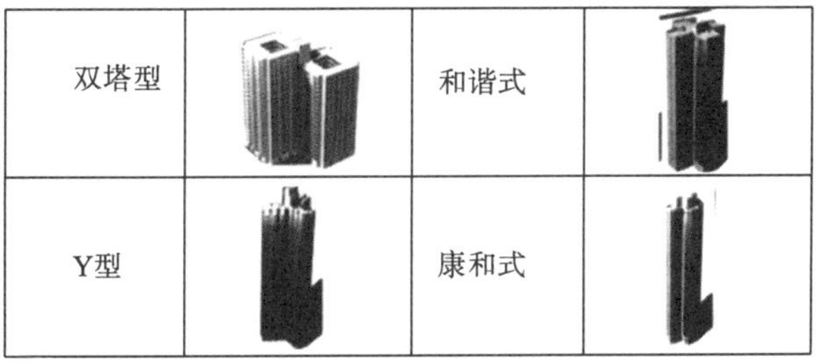

双塔型		和谐式	
Y型		康和式	

图 3.9　十年建屋计划期典型设计形式

20 世纪 80 年代，香港地区在公共住房项目(包括公屋和居屋)中率先使用预制构件装配式施工，从而形成大量持续的有效需求，促进了预制部品构件开发、生产和供应的发展。在此期间，使用的主要是预制洗手盆和厨房的灶台，预制化尝试取得了初步的成功。香港建筑工业化的发展由简单部品逐步发展到立体预制，遵循由易到难的技术发展路线。到了 20 世纪 90 年代，香港公屋需求激增，房屋委员会决定进一步推广预制工业化施工方法，并逐步提出预制化楼梯、预制内墙板，摸索出了不同于日本的“先装工法”(即先吊装预制外墙等预制构件再进行内部主体现浇)，并实行了一系列质量保障制度(文林峰，2016；曾赛星和王浣尘，2001)。

进入 21 世纪后，香港建筑工业逐渐成熟，不仅推行了因地制宜的设计方法和融入了绿色建筑的先进理念，就预制构件的使用而言，整体厕所和厨房也已被预制构件所取代，同时规定在建造公共房屋时必须使用预制构件。目前预制比例达到了 40%。香港在推动装配式建筑发展的过程中，为鼓励发展商采用环保建筑方法和技术创新，香港政府各主管部门联合出台激励政策，包括建筑面积豁免、容积率奖励等。同时，香港政府也通过在 2005 年开征的建筑废物处置费作为限制性政策，建立倒逼机制，调动建筑商的积极性(陈振基等，2006)。

三、大洋洲国家——澳大利亚

有文献记录的澳大利亚预制形式的建筑可以追溯到英国全球殖民统治的扩展时期。当时殖民地迫切需要快速建设，但由于对殖民地建造材料的不熟悉，英国人将在本国建造房屋的构件用船运往世界各地的殖民地进行组装。1830 年，英国在澳大利亚主要建造了一种可移动的木屋，属于预制木构架和填充组件体系，形成了当地最初的预制装配式建筑形式(图 3.10)。

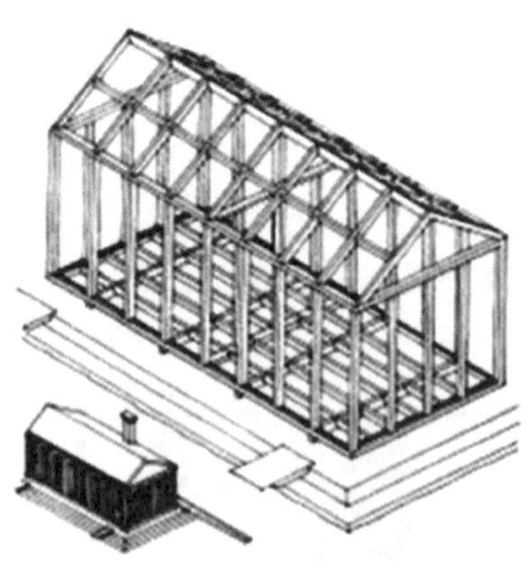

图 3.10 Manning 便携式预制小屋

澳大利亚不存在二战后的灾后重建安置问题，再加上澳大利亚地广人稀，住房的低负担使得以建筑工业化建造方式进行保障性住房建设的需求也不突出。尽管在 20 世纪 60 年代，澳大利亚皇家建筑师协会给出了“快速安装预制房屋”的概念，并以此展开了深层次的研究，但预制装配式建筑技术并未大面积推广应用，其建筑工业化的发展进程滞后于同时期的北美、欧洲和亚洲等部分发达国家。

直到20世纪80年代，随着居民的物质生活水平的进一步改善和轻钢结构住宅生产技术水平的飞跃，工业化住宅在性能及成本方面的优势日益明显，市场已经从传统住宅产业转向了工业化。工业化的建造方式逐渐成为澳大利亚建筑市场的主流方式之一。在澳大利亚，平均每一年筑造12万栋价值约60万美元的轻钢龙骨独立式住宅，大概为澳大利亚所有建筑业务产值的 24%。同时，澳大利亚在住宅施工技术方面取得的另一项重大突破是速成墙，采用建筑速成体系建造的房屋可节省工时50%左右，其建造成本与砖混结构体系相近。

自2010年以来，澳大利亚房地产市场呈现下降趋势。与此同时，随着经营成本的上升和利润的下降，建筑行业整体利润总体下滑(Hampson et al.，2011)。由于澳大利亚地广人稀，住房的低负担性与需求稳定性为引进预制方法、提高住房品质、增强各开发商之间的竞争力提供了机会。

四、发达国家和地区建筑工业化发展经验——从政策、市场、技术角度分析

由于二战后住房的紧缺和劳动力的缺乏，欧洲掀起了建筑工业化高潮，20世纪60年代遍及欧洲各国，并扩展至美国、日本及加拿大等经济发达的国家(李忠富，2000)。各国对建筑工业化的表述不同，但其实质都是建筑生产以劳动力密集、资本密集型的外延式增长转变成知识密集、技术密集的内涵式增长，包含 “工业化”的标准化、集成化、机械化、组织化和连续性等特点(纪颖波，2011a；耿朝辉和王玲，2006)。20世纪90年代以后，节能减排、绿色建筑的设计理念开始出现，各国进入建筑工业化发展的可持续发展期，同时智能化、数字化的技术也开始发展。随着国际上提出可持续发展理念，以及信息化时代的发展，建筑工业化更注重可持续、节能环保、人性化和智能化的发展。

通过政策、技术、市场等手段，发达国家建筑工业化发展经历了从追求数量，到追求质量，再到追求可持续发展三个阶段。而目前中国建筑工业化在追求数量和质量的同时，也关注可持续发展，因此各发达国家建筑工业化的发展历程对中国建筑工业化的发展具有一定的借鉴价值和指导意义。通过前文对各发达国家建筑工业化发展情况的分析和总结，我们对政策、技术和市场三个方面进行了剖析，为进一步提出适合当前中国建筑工业化发展的建议所服务。

(一)政策

政策因素作为推动建筑工业化发展的重要因素之一，在各发达国家的建筑工业化发展中起着不可忽视的作用，它是引导市场和技术发展的重要因素。在建筑工业化发展过程中，发达国家通过专门管理机构和激励政策等方式保障建筑工业化的重要性，通过制定具体组织实施、技术和认证标准等政策法规(表3.8)，保证市场规范和建设质量。

日本于1948年和1949年分别成立通产省(现为经济产业省)和建设省(现为国土交通省)，通产省从调整产业结构角度通过课题形式、“住房生产工业化促进补贴制度”等支持企业开发新技术，从住宅产业化和技术角度指导工业发展，其设立了住宅局、住宅研究

所和整备公团等机构(何芳，2010)。瑞典和丹麦注重建筑模数与标准，瑞典建筑标准协会(Building Standards Institution，BSI)在20世纪60年代初就出台了工业化建筑的设计规格和标准，1967年制定了《住宅标准法》；丹麦成立国立建筑研究所和体系建筑协会来推动通用体系化发展，并于1960年制定《全国建筑法》规定模式标准(李荣帅和龚剑，2014)。1976年，美国国会通过国家工业化住宅建造及安全法案，同年，联邦政府住房和城市发展部(Department of Housing and Urban Development，HUD)开始出台一系列严格的行业规范标准(李荣帅和龚剑，2014)。法国于1977年成立了构建建筑协会(Association des Conseillers Chrétiens，ACC)，负责发展建筑通用体系。并在20世纪80年代对《构件逻辑系统》进行了统一编译；在20世纪90年代，其编制了住宅通用构件G5软件系统，住房部为评选构建体系而委托建筑科技中心(Centre Scientifique et Technique du Bâtiment，CSTB)组成评审委员会(夏秋，2000)。

表3.8 发达国家和地区推动建筑工业化发展的重要政策列表

国家和地区	政策
瑞典	1950～1973年： 瑞典政府制定了“百万套建房计划”，即在10年时间内建成100万套新居 1990年以后： 瑞典政府加大了对生态节能的关注，住宅产业进入平稳发展阶段
美国	1976～1998年： 1976年，美国国会通过了国家工业化住宅建造及安全法案，开始了政府规范市场的进程，HUD发表了国家工业化住宅建造及安全标准 1998年以后： 强制设立工业化住宅安装标准；由美国环保局(Environmental Protection Agency，EPA)与美国能源部(Department of Energy，DOE)设立，将“节能”理念引入住宅产业化，节能之星住宅性能认定制度开始实行
德国	1960～1990年： 以强制性达成建造300万套住宅为要求的重要性政治目标 2000以后： 强制性：《德国2020高技术战略》将“工业化4.0”提到战略高度； 规范性：DIN设计体系、DGNB体系； 引导性：公众宣传政策、组织示范，对123个住宅区的8300座老房屋进行绿色装配式住宅(green prefabricated house，GPH)改造
英国	1940～1950年： 二战结束后，住宅数量短缺，新建住宅问题和已有贫民窟问题共同成了政府的工作重点。英国政府于1945年发布白皮书，重点发展工业化制造能力，以弥补传统建造方式的不足，推进自20世纪30年代开始的清除贫民窟计划。 逐步成为主流建造方式(2000年以后)： 非现场建造方式的建筑、部件和结构每年的产值占整个建筑行业市场份额的比重逐年上升，预制建筑行业市场前景良好。同时，政府出台相关的推进绿色节能住宅的政策和措施，以对建筑品质、性能的严格要求促进行业向新型建造模式转变
日本	1940～1960年： 为了推进住宅工业化，政府建立了专门负责此项工作的通产省和建设省 1960～1973年： 提出“新住宅建设五年计划”，开始大力发展工业化住宅，但其主要推进力量仍为日本住宅工团 1990年以后： 20世纪90年代后期，住宅政策开始重视节能环保，提出了“环境共生住宅”“资源循环住宅”的理念，先后提出了100年寿命和200年长寿命的发展目标； 1999年颁布了《品确法》，对部品质量和性能都提出了严格要求
新加坡	1960～1980年： 引导性：成立新加坡建屋发展局(Housing Development Board，HDB)，组织要求使用法国大板和丹麦大

续表

国家和地区	政策
	板预制体系的示范性项目 1980～1990 年： HDB 与 6 个不同国家、地区的承包商签署了 6.5 万套房的工业化建筑方法示范项目； 鼓励性：对有预制经验的外资承包商进行经济支持； 规范性：注重建筑方法本土化，针对组屋的强度、稳定性和不漏水性进行了要求 1990 年以后： 强制性：出台易建性评分标准体系，要求达到最低评分才能进行建设； 规范性：出台《民用建筑结构工程设计指南》《结构工程指南》《装配式设计指南》； 鼓励性：Mech-C、PIP 计划对高效率的生产方式进行奖励 其他：HDB 设有工人培训计划
中国香港	1970～1987 年： 香港政府推出了“十年建屋计划”，该计划的目标是能为 180 万的香港居民提供设备齐全的住宅，并尝试采用最简单的预制构件，目标年限为 1973～1982 年。 2000 年以后： 引导性：2000 年开始推行因地制宜的设计方法；2004 年引入绿色建筑的设计理念； 鼓励性：规定采用空中花园、露台和非结构外墙等预制构件的项目将能够获得相应的面积豁免，如外墙面积不计入建筑面积等； 惩罚性：2005 年开征建筑废物处置费
澳大利亚	2010 年以后： 将装配式建筑的相关标准、规范(提案)纳入了家庭保修计划

从整体来看，以日本、新加坡、中国香港为代表的亚洲国家及地区对于政策的依赖性比欧美国家强。在其建筑工业化发展前期，政策具有很好的引领市场和发展技术的作用。亚洲国家及地区通过引导型、强制型、鼓励型等多种政策促进了市场对工业化建筑的供给，通过强制规范制定型政策促进技术革新。相比之下，欧美国家普遍对政策的依赖性较弱，在以德国、瑞典、美国等为代表的欧美地区，建筑工业化萌芽往往是因为市场或者技术因素。德国的建筑工业化起源于民间技术的发展，而由市场驱动建筑工业化最初阶段的国家有美国、瑞典、英国等。澳大利亚作为澳洲地区的代表，是所有国家中对政策依赖最弱的。这与澳大利亚本身的国情有关，其地广人稀，住房的低负担让建筑工业化无用武之地。

(二) 市场

在市场方面，各发达国家和地区表现出一定的相似性。建筑工业化的需求往往经历了由“量”到“质”的转变。“量”的需求主要表现在，在特定时期，如战后时期，废墟急需重建，同时建筑行业极度缺乏技术工人和建筑材料，造成住宅严重短缺，需要一种新的建造方式在短时间内建造出大量价格低廉的房屋以供使用。这样的情况普遍发生在经历二战战火的国家，如德国、日本、美国等。当房屋数量满足了人们的基本住房需求，人们对于住宅的需求会向个性化、多样化、品质化发展，也就产生了“质”的需求。例如在日本，自 1973 年日本住宅户数超过家庭户数后，需求形式开始发生转变，大企业也开始联合组建集团参与到建筑工业化来，以此满足市场上对于住宅品质的要求。市场表现为需求与供给两方面，而市场供给主要是由市场中的各参与主体所驱动的。例如在英国，由于其现场施工人员短缺，人工成本上升，私人住宅建筑商自发的开始寻求发展装配式建筑。

值得关注的是，在市场方面，供应和需求对市场的影响往往还与住宅的生产建造模式和土地所有制有关。比如在中国土地公有制的情况下，开发商作为代理人主导拿地、设计、施工等一系列开发过程，同时对用户的需求进行合理预测，这种预测发生在实际交易之前，会受到开发商主观思想的影响，最终用户对于开发商所提供的建筑只能选择接受或不接受（图 3.11）。在这种生产建造模式下，开发商的作用是至关重要的，市场供给对市场的影响程度相对较大，而用户需求往往难以被体现。开发商对市场需求的预测决定着其最终的开发类型，如果开发商预测工业化建筑不被市场所需要，那么即使最终用户对工业化建筑实际上有一定的需求，这种需求也难以被体现和满足。

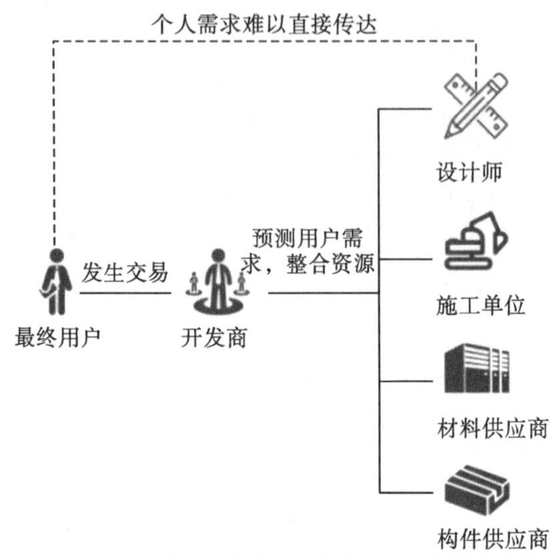

图 3.11　以中国为代表的生产建造模式

而在部分欧美国家，其生产建造模式与开发商主导型具有一定区别，往往是最终用户先确定需求，然后根据自己的需求开始寻求房屋集成建造师，如图 3.12 所示。在这样的生产建造模式中用户可以直接参与房屋的设计和建造，其需求对市场的影响将更加直接。

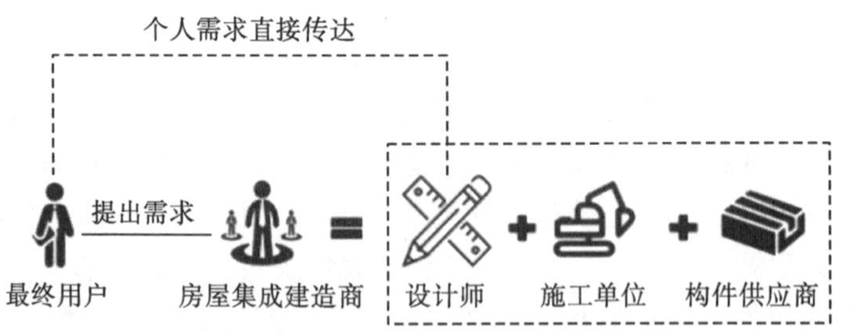

图 3.12　以欧美国家为代表的生产建造模式

（三）技术体系

在各国家和地区建筑工业化发展过程中，市场和政策具有极其重要的推动作用，同时技术的影响也不能忽略。根据各国家和地区建筑工业化的发展历程分析，其技术体系的发展大都经历了从专用体系到通用体系的过渡。例如，法国经历了专用体系全装配大板和工具式模板现浇工艺的“第一代建筑工业化”时期到以通用构件为标志的“第二代建筑工业化”时期；瑞典 80%的住宅建造用的是通用体系的部品构件，其通用住宅产品大量输送至其他欧洲国家。从集团拥有的住宅系统的生产到完全社会化，全行业通用化住宅部品的发展是工业化住宅的必经之路。

同时，各国家和地区的技术发展体系也体现了由低级向高级发展的趋势。欧洲国家早先开发工业化住宅的基本动机是在短时间内大规模建造住宅，并且尽可能降低成本。在此之前，缺乏相关的研究积累。在发展的早期阶段，必然有一些盲目性，导致形式的简化。而以第一次世界石油危机为契机，政府主导的工业化格局经历了巨大转变。住房紧缺问题不再尖锐，许多国家开始减少具有公共性的集体住房数量，转向从高层到低层，外观从单调乏味到复杂多样的设计之路。并且各国的技术都以标准化、模块化为发展趋势，信息技术也逐渐应用到建筑工业化中。

不同的国家和地区由于其地理位置的不同使得其技术重点不同。例如日本和欧洲的地理位置不同，欧洲多数区域位于非地震区域，而日本由于位于太平洋火山地震带，地震频发。两者对于抗震技术的要求存在着很大差异。因此，日本工业化的发展显得十分谨慎，在建筑结构高度限制的发展上也有一个过程，每一步都是基于非常严格的实验研究，部品和施工资质认证体系也更加先进、严格。此外，各个国家社会情况的不同导致结构体系的不同，例如，由于人口密度不同，欧洲工业化住宅项目主要由多层或单户住宅组成。然而，日本自 20 世纪 90 年代以来主要集中在高层 R-PC 房屋的开发上。

由此可见，不同国家和地区在技术体系方面既有共同的特征，也有差异性，形成了有区别的建筑工业化技术体系(表 3.9)。在不同的发展阶段，技术体系、市场因素以及政策激励共同驱动着建筑工业化的发展。

表 3.9　发达国家和地区建筑工业化相关技术体系和特点

国家和地区	建筑工业化相关技术体系和特点
美国	美国住房中常使用的主要结构有木结构、混合结构和轻钢结构三种。建筑业实现了主要结构构件的通用化，各类构件的供应已实现工业化、商业化、社会化。美国目前在预制建筑中使用的最为广泛的结构体系是剪力墙-梁柱结构体系。 模块化技术：美国工业化住宅建设的关键技术。在美国住宅建筑工业化进程中，模块化技术针对用户的不同需求，只需更换工业产品中的一个或几个模块，便可以形成一个不同的工业化住宅。 混凝土技术体系。在混凝土建筑方面，机械化现浇施工、预制混凝土构件和建材的工业化生产都相当发达，但未形成连续大批生产成套住宅的局面。美国混凝土建筑企业的现有生产能力是以现浇为主的。机械化现浇施工有发达的辅助工业和管理体制作为后盾，如预拌混凝土、定型模板、房屋设备配件以及装修材料等均已成套地实行工业化生产。
英国	1918～1939 年： 英国 5%左右的房屋采用现场搭建和预制混凝土构件、木构件以及铸铁构件相结合的方式完成建造。 20 世纪 50～70 年代： 英国建筑行业朝着装配式建筑方向蓬勃发展，既有预制混凝土大板方式，也有通常采用轻钢结构或木结构的盒子模块结构，甚至产生了铝结构框架。 20 世纪 60～80 年代： 建筑设计流程简化、效率提高，钢结构、木结构以及混凝土结构体系等得到进一步发展。其中，以预制装配式木结构为主，采用木结构墙体和楼板作为承重体系，内部围护采用木板，外侧围护采用砖或石头的建造方式得到广泛应用。木结构住宅在新建建筑市场中的占比一度达到 30%左右。

续表

国家和地区	建筑工业化相关技术体系和特点
日本	PCa 结构体系： 基于预制组装工法(PC 工法)，发展出了预应力组装工法(PCa 工法)，该方式仅通过钢索施加的预应力保证建筑的强度和整体性，构件与构件之间没有连接的钢筋或钢材。该工法广泛应用于大型运动场、集合住宅、学校等大型公共建筑。日本 PCa 的结构体系可以分为三种：板式剪力墙结构(W-PC 工法)、框架结构和板式框架剪力墙结构。 SI 体系： 日本 SI 系统将房屋划分为持久的、公共性的支撑体 S(skeleton)和填充物 I(infill)，以反映用户的不同需求。SI 体系将主体结构和内装工业化有机统一起来，除了主体结构工业化外，内装工业化是日本建筑工业化中非常重要的组成部分，内装部品丰富多样，系统集成技术水平很高。
中国香港	香港房屋委员会以不同的技术措施，推动公屋和私人商品房预制组装的工业化发展。 公共房屋： 通过研究和探索，香港房屋委员会运用香港实际的“预安装”方法，所有预制构件进行预留钢筋，主要结构一般为现浇混凝土结构。施工顺序为先安装预制外墙，后进行内部主体结构现浇。香港房屋委员会进一步推广预制工业化施工方法，以预制楼梯及内部隔板。 到目前为止，厨房和浴室已被预制组件所取代，并且在建造公共房屋时必须使用预制组件。目前最大预制比例已达 40%。但同时“香港工法”存在缺陷，如设计未考虑地震、含钢量偏高、预制外墙基本上按非承重结构设计、偏厚偏重又不参与受力等。 私人商品房： 1998 年后，预制外墙技术普及至私人商品房开发项目。早期由于预制外墙的成本较高而使用较少，自 2002 年之后，香港政府出台了相关的鼓励政策，促进了预制外墙技术的进一步发展。目前，外墙预制件已被香港大多数的私人商品房采用。

(四)发达国家和地区建筑工业化发展特点分析

由以上分析可总结出各国家和地区建筑工业化发展的驱动因素及规律特征，如图 3.13 所示。

从整体驱动因素类型来看，以日本、新加坡、中国香港为代表的亚洲国家及地区对于政策驱动的依赖性比欧美国家强。在其建筑工业化发展前期，驱动因素均是政策因素。政策具有很好的引领市场和发展技术的作用，在早期阶段，亚洲国家及地区通过引导型、强制型、鼓励型等多种政策促进了市场对工业化建筑的供给，通过强制规范制定型政策促进技术革新。

相比之下，欧美国家普遍对政策驱动的依赖性较弱，在以德国、瑞典、美国等为代表的欧美地区，建筑工业化萌芽往往是因为市场或者技术因素。德国的建筑工业化起源于民间技术的发展。而由市场驱动建筑工业化最初阶段的国家有美国、瑞典、英国等。澳大利亚作为大洋洲地区的代表，是所有国家中对于政策依赖性最弱的。纵观其建筑工业化发展历程，几乎没有任何一个阶段，政策起着绝对的主导作用。这与澳大利亚本身的国情有关，澳大利亚地广人稀，住房的低负担也让工业化建筑修建保障性住房的专长在澳大利亚无用武之地。

在市场驱动方面，各国家和地区表现出相对的一致性，市场驱动建筑工业化发展往往都会在其发展进程的中后期出现，且大部分都是由于社会及审美需求以及大企业自身对建筑工业化生产方式的采用和大量提供。在社会及审美需求中需求往往经历了由“量”到“质”的改变。建筑工业化发展到后期，几乎所有国家和地区的驱动因素都变为了政策因素，并均向生态节能、智能化、数字化方向发展。

从建筑工业化发展时间轴来看，以日本、新加坡、中国香港为代表的亚洲国家及地区，其建筑工业化发展开始节点明显晚于欧美国家。在 20 世纪 20～60 年代，由于经历了世界大战或战后，房屋需求量大、建筑施工人员短缺、人工成本高，在此时期多个国家及地区都是由市场所驱动的。包括在世界大战中受到战争影响的德国、英国、美国、日本等。

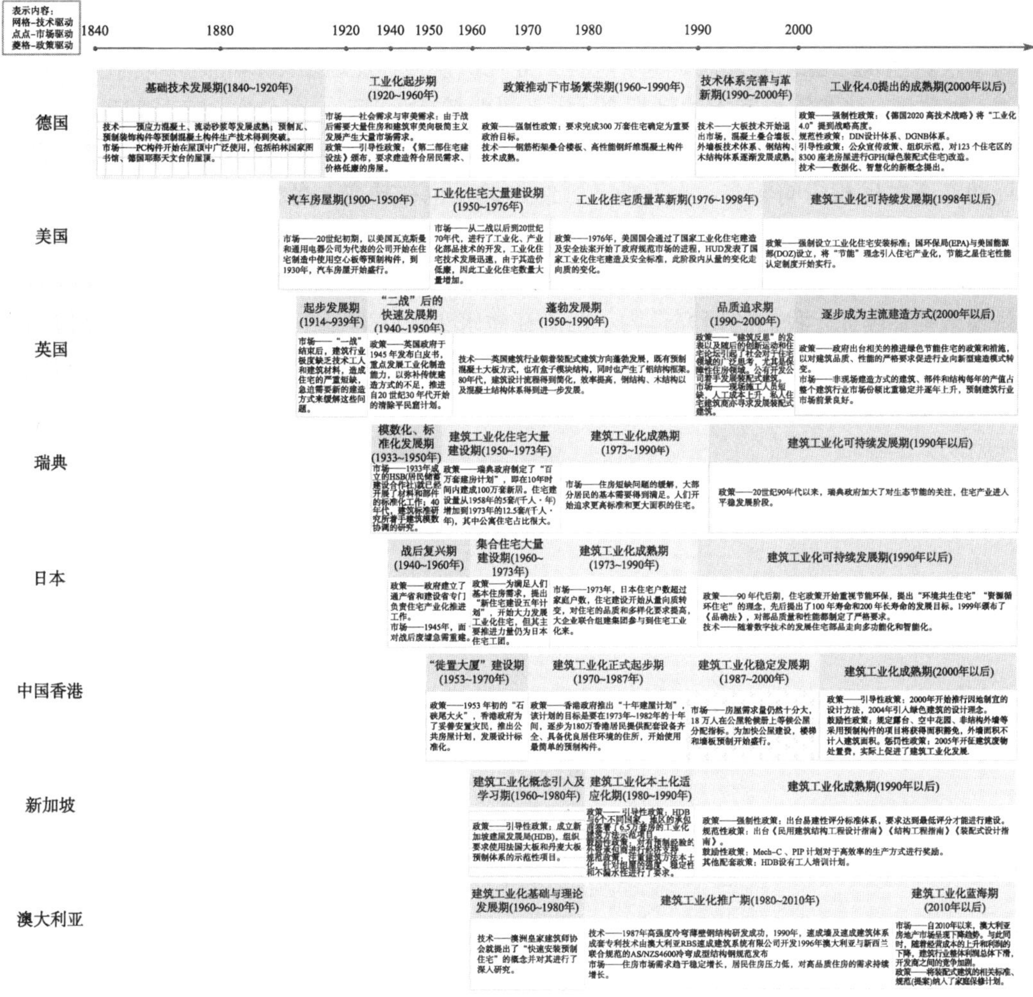

图 3.13　各国家和地区建筑工业化发展各阶段驱动因素

另一个各个国家和地区驱动因素高度一致的时期是 20 世纪 90 年代以后，在此时期，几乎所有国家都进入了建筑工业化发展的可持续发展期，并由政策驱动此阶段的发展。其内在原因在于，这一时期，节能减排、绿色建筑的设计理念开始出现，同时智能化、数字化的技术也开始发展。这些新理念新技术的出现得到了各个国家的一致重视，并纷纷出台了相关政策，促进和引领相关市场和技术的发展。

本 章 小 结

对各个发达国家和地区建筑工业化发展的分析可知，发展初期政府的促进政策和措施有利于推进建筑工业化的发展。随着建筑工业化的发展，发达国家和地区形成了完整的生态链，在政策、技术等维度上达到耦合，依靠消费者市场带动，充分发挥市场机制的作用。事实上，建筑工业化的发展本身就是一个系统问题，相较于传统建筑业，全产业链、全寿命周期都会发生相应的转变，企业业务、组织关系也在转变，各角色之间具有连带作用。然而，中国建筑工业化的发展还存在着企业定位不清晰、政策力度不到位、市场供需不平衡等问题，同时中国建筑工业化市场处于散乱的状态，并未形成有机整体，无法发挥市场的规模效益。因此，我们的研究是为了明确在建筑工业化背景下，如何形成一个完整的生态系统，梳理出相关企业及其角色的定位，并结合政策等外部环境变化，分析企业与企业、企业与市场环境间的相互关系变化。

第四章　传统建筑业转型的理论构建

本章首先介绍转型和建筑工业化的相关理论，对传统建筑业向建筑工业化的转型进行界定，这是本书重要的理论基础。然后介绍相关的生态学及生态系统相关理论、系统影响因素的相关理论、生态系统演化的相关理论以及基于智能体建模的相关理论，作为后续相关研究的方法论基础(图 4.1)。通过对每一个理论与建筑工业化的对应特点分析，论证将这些理论引入本书的科学性与合理性。

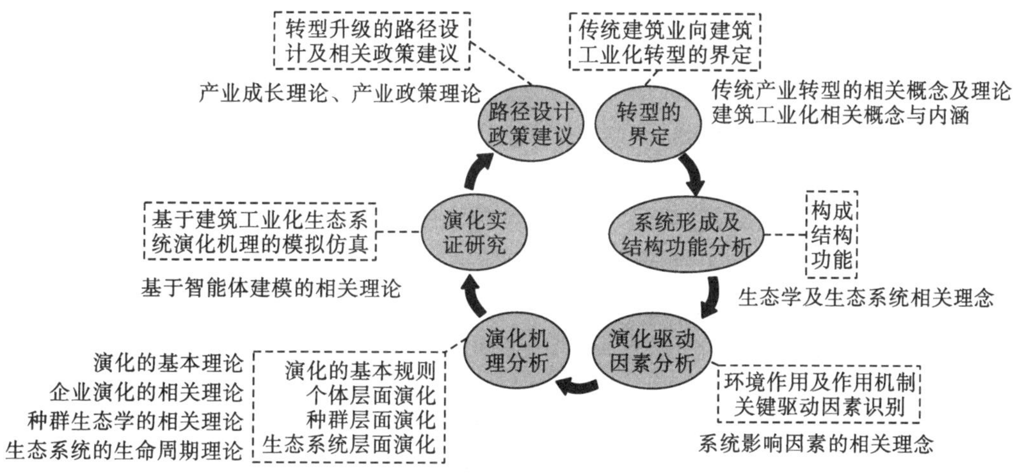

图 4.1　相关理论及其内在逻辑示意图

第一节　建筑业转型升级的相关概念及理论

一、传统产业转型升级的相关概念及理论

(一)传统产业的概念

传统产业是一个相对的概念，目前学术界尚未形成统一的定义。台冰(2007)认为技术活动可以分为传统技术和高技术，由不同技术支撑而形成的产业则称为相关产业。其认为能够使用传统技术规范来解决生产问题而形成的产业称为传统产业，并在工业化的过程中起到基础和支柱作用。刘宁宁等(2013)认为，传统产业一般发展时间较长，生产技术较为成熟，经历过高速发展但随后发展速度以及对国民经济的影响降低，资源利用水平和环保水平也相对较低。从这个概念上看，建筑业、钢铁、建筑、煤炭、纺织、造船、电力等工业都属于典型的传统产业。

（二）产业转型的概念

目前学术界对于产业转型的概念还没有一个明确的界定，但目前所说的产业转型大多指的是一个国家或地区在某一时期内，其旧的产业布局在一定的环境影响下，通过适当的产业或财政、金融政策等，进行产业结构和组织形式的变动，转为以基础产业及制造业为依托，以高技术产业为导向的产业格局（徐振斌和孙艳丽，2004）。这种定义是以地区或国家的多个产业为对象，强调其产业结构、组织形式、产业规模等发生显著变化的过程。而本书所述传统建筑业向建筑工业化的转型，尽管只涉及一个产业，但其中所研究的内容仍然属于产业转型的范畴，以产业内部结构、组织形式及产业规模等变动为主要特征，如产业内核心-非核心企业结构的变动、产业链结构的变动、企业组织设立及资产结构变动、企业之间竞争、合作、并购等关系的变动以及产量的变动等。

（三）产业升级

产业升级和产业转型是两个不同的概念，但同时也是相辅相成的两个过程。产业升级是指粗放型产业向集约型产业的升级，其产业从高耗能和低附加值走向低能耗和高附加值的状态。其目的在于实现更高的经济效益以及提高产业的赢利能力（黄磊，2013）。就目前而言，产业升级主要指的是劳动密集型产业向技术或资本密集型产业的升级。产业升级的主要途径是改善产业结构以及提高产业效率，包括提高产业技术水平、优化生产要素配置、增强管理水平等，其重点在于依赖于技术的进步。Humphrey 和 Schmitz（2000）从全球价值链视角将产业升级的实现途径分为：通过重新组织生产系统或提高生产效率的流程升级；通过将产品复杂化，提高产品单位价值的产品升级；通过占有高附加值环节或放弃低附加值环节，提高整体技能水平的功能升级；通过依托于在原行业的某种优势，进入新的产业的跨产业升级。其中前三个层次属于产业内升级，即本书所指的传统建筑业的升级。

（四）产业演化

产业演化是指随着经济的发展，一个国家或一个地区的产业结构由低级到高级、不断优化升级的变动过程。产业演化理论最早可以追溯到达尔文的物种起源问题，即在整个自然生态系统中，某种生物与其他生物及环境在进行交互的过程中进化的过程。在达尔文的物种起源中，演化更关注微观层面的生物进化。而产业作为一个系统，生物演化是产业演化的重要部分，也是推动产业演化的基础单元。产业演化的研究中注重于发现产业的动态发展规律（谢雄标和严良，2009）。产业演化具有一定的阶段性，但对于阶段的划分，目前还未有一个统一的标准。在针对产业演化问题的研究中，产业演化的动力及机制受到了广泛关注。熊比特认为创新是推动产业演化的动力，Carroll 和 Hannan（1995）认为环境对产业的发展具有关键性作用。产业演化是一个动态的过程，旨在解释发现产业变化的过程。

（五）产业成长

传统产业转型必然涉及转型后新产业的成长，与产业演化不同，产业成长表达产业某一时点的状态，尤其是产业发生改变之后的状态，是一个静态的过程（图 4.2）。其中被广泛应用的是产业生命周期理论，即认为产业生命周期可以按生物个体的生命周期来定义，并将产业的生命周期分成形成期、成长期、成熟期及衰退期等四个时期。形成期，企业较少，资源相对匮乏，产业处于需要被认可的阶段；成长期，企业增多，产业地位逐渐升高，产业规模不断扩大；成熟期，产业数量、产业规模均较为稳定，技术、产品均较为成熟；衰退期，市场规模则逐渐萎缩(刘婷和平瑛，2009)。传统建筑业转型的过程事实上也就是建筑工业化逐渐形成、发展的一个过程，转型是否成功也在很大程度上取决于建筑工业化是否能够顺利的形成和成长，最终迈向成熟。

产业成长则是指某一产业经历其生命周期的过程，表现为产业规模、组织、技术等从小到大、从不成熟到成熟的变化(向吉英，2007)。产业成长的过程既包括时间维度的状态变化，也包括空间维度产业规模、产业渗透、产业结构等的变化；既包括产业数量增加、产业规模扩大等量变，也包括这种数量变化所引起的产业结构、组织形式等质变。可以说，产业成长是伴随着产业转型和产业升级的一个过程(刘岩，2014)。

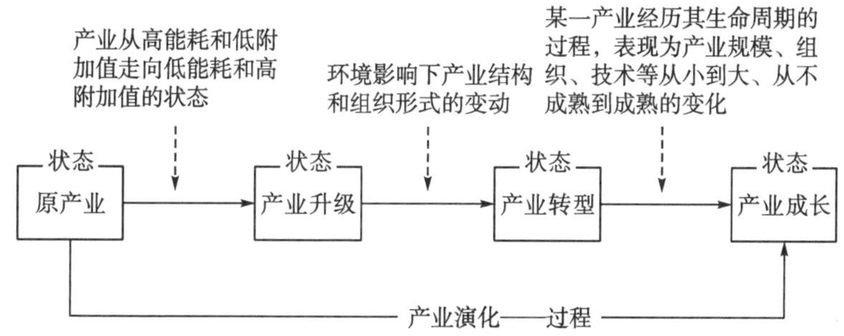

图 4.2 传统产业转型升级相关概念联系

二、传统建筑业向建筑工业化转型升级的界定

(一)建筑工业化的概念和内涵

对于建筑工业化这一概念，目前学术界还没有形成统一的定义。国内外对于建筑工业化的术语及定义如表 4.1 所示。可以看出，国外对建筑工业化概念的解读更多的是从生产的角度出发，强调其工厂预制、运输、现场安装的生产流程，具有如下特点或建造过程：①异地建造；②在工厂中进行大部分的生产活动；③预制构件在工厂中被制作成各种条状、单元或模块(如：楼板、外墙、楼梯、梁、卫生间、厨房等)；④预制构件运输到项目现场；⑤预制构件通过装配和安装形成一个完整的建筑(Mao et al.，2013)。而国内对建筑工业化的理解更多的是站在产业的角度，考虑了社会环境的影响，不仅关注“预制”这样一种生产方式的变革，更多的是站在产业发展的角度，强调的是全产业链的共同参与，以及在当前的宏观环境下建筑工业化应该达到的环境效益及与信息化的深度融合。本书采用叶明和武洁青(2013)所提出的新型工业化背景下的“建筑工业化”概念，其具有设计标准化、生产工厂化、安装装配化、装修一体化、管理信息化的特点，并具有如下内涵：①与新型城镇化同步发展的客观需求；②以社会化大生产为重要特征；③以实现绿色建造为目标；④以信息化为重要的管理手段；⑤需要整个行业的协同协作和共同进步。

表 4.1 国内外对于建筑工业化的常用术语及定义

年份	作者	术语	定义
1993	Neale 等	预制	大量的建筑构件完全在工厂中进行制造
2008	Jaillon 和 Poon	预制	预制是一种制造的过程，通常在一个特定的设备中进行，各种不同的材料共同形成建筑的一个组成部分，用于最后的安装
2006	Blismas 等	异地生产	在进行现场安装前所需完成的大量“建造”工作
1999	Gibb	异地制造	一个将预制和预组装结合起来的过程，包括建筑单元和模块的设计和制造(通常是非现场的)，以及它们在施工现场的安装，以形成永久性的结构
1999	Warzsawski	工业化建筑	工业化的过程，指在设备、设施和技术方面的投资，其目的在于增加产出，节约人工劳动和提高质量
2011	Nawi 等	工业化建筑体系	一种施工技术，用于构件在能够控制的环境下(现场或非现场)进行批量生产、运输、安装，并通过最少的额外现场工作组装成一个完整的结构
2011	Lawson 等	模块化结构	模块化结构是由预制的房间大小的体量单元组成，这些体量单元通常非常适合非现场制造，再在现场安装成为承重构件
2012	纪颖波	建筑工厂化	建筑的主要构件和部品在工厂里进行生产
2012	纪颖波	建筑工业化	生产方式的工业化，是指有效地发挥工厂生产的优势，建立从建筑可研、设计、构件部品生产、施工安装等全过程生产实施管理的系统
2013	叶明和武洁青	建筑工业化	采用以标准化设计、工厂化生产、装配化施工、一体化装修和信息化管理为主要特征的生产方式，并在设计、生产、施工、开发等环节形成完整的有机的产业链，实现房屋建造全过程的工业化、集约化和社会化，从而提高建筑工程质量和效益，实现节能减排与资源节约
2012	刘禹	建筑工业化	以构件预制化生产、装配式施工为生产方式，以设计标准化、构件部品化、管理信息化为特征，能够整合设计、生产、施工等整个产业链，实现建筑产品节能、环保、全生命周期价值最大化的可持续发展
2006	孟刚	建筑产业化	用工业化生产的方式制造建筑，它的范围包括承担建造和改造的建筑业，室内装修业，材料、设备、产品制造业，流通与服务业，房屋改建和更新等，用整体综合的方法把全部建设过程组织起来
2012	纪颖波	建筑产业化	整个建筑产业链的产业化，房屋改建及更新等。它采用全面综合的方法来组织所有施工过程，以便材料、部件、机械和人工能够在正确的时间内运行，以确保工厂和现场的连续工作
2014	蒋勤俭	建筑产业现代化	以技术集成型的规模化工厂生产取代劳动密集型的手工生产方式，以工业化制品现场装配取代现场湿作业施工模式
2010	刘美霞	住宅工业化	住宅工业化是建筑工业化在住宅建设领域的体现，采用现代化机械设备、科学合理的技术手段，以集中的、先进的、大规模的工业生产方式代替过去分散的、落后的手工业生产方式建造住宅
2010	刘美霞	住宅产业现代化(简称“住宅产业化”)	用现代科学技术加速改造传统的住宅产业，以科技进步为核心，加速科技成果转化为生产力，全面提高住宅建设质量，改善住宅的使用功能和居住环境，大幅度提高住宅建设劳动生产率

(二)传统建筑业向建筑工业化转型升级的界定

由建筑工业化的相关概念可以看出，建筑工业化对于传统建筑业而言，不管是发展理念、技术手段还是管理模式都发生了改变，其能耗更低，生产效率更高，产品的单位价值和盈利能力均得以提升，从传统建筑业向建筑工业化转型的过程也是产业提升的一个过程。本书所研究的传统建筑业向建筑工业化的转型升级，指的就是传统建筑业的产业内部结构、组织形式、产业规模等发生改变，向更加高效、集约、低能耗的建筑工业化技术及对应产业进行流程、产品和功能的升级，并最终实现建筑工业化产业成长、成熟(图 4.3)。

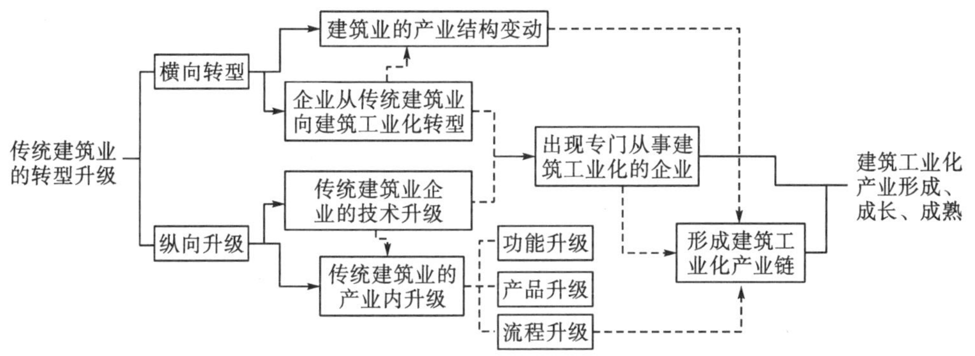

图 4.3　传统建筑业转型升级与建筑工业化产业形成、成长与成熟的对应

在传统建筑业向建筑工业化转型升级的过程中，既包括横向的企业转型(如从传统建筑业向建筑工业化的跨越)及产业结构变动(如产业链结构变动)过程，也包括纵向的企业升级(如企业提升自身生产、管理等技术)及产业内升级(如流程、产品及功能的升级)过程。随着传统建筑业企业向建筑工业化转型、企业进行技术升级，专门从事建筑工业化的企业开始出现。此类企业的发展将逐渐带动建筑业产业的转型升级，具体表现为产业结构变动，以及产业内发生功能升级、产品升级。这种功能升级及产品升级将进一步产生对新型企业的需求，促进建筑工业化企业的进一步增加。随着这种企业、产业转型升级的持续发展，建筑工业化产业链也逐渐形成。从建筑工业化产业的角度而言，这种转型升级的过程在本质上也等同于建筑工业化产业形成、成长和成熟的过程。

本书主要从管理的角度，关注其中企业转型、产业结构变动的规律，以期提出相应的管理建议，而不对相关技术、产品层面作过多探讨。具体而言，本书主要关注的内容包括 5 个方面：①传统建筑业到建筑工业化转型的驱动因素；②传统建筑业向建筑工业化转型过程中，生产流程和基本生产关系的变化，以及这种变化所导致的建筑业相关企业在转型过程中企业自身的变化及其相关的组织关系变化；③在企业逐渐转型的过程中，建筑工业化产业的形成过程及其结构；④建筑工业化产业成长、成熟的生命周期发展规律；⑤在此基础上提出建筑工业化产业的未来发展方向及路径。这些问题较为复杂，需要用一种系统的思维来看待。

第二节　生态系统的相关理论及建筑工业化系统的生态性

一般系统论认为，系统是一个相互联系、相互作用的实体元素的集合(蒋勤俭，2014)。从这个角度而言，传统建筑业以及建筑工业化产业都可以视为系统，由企业及企业间关系构成。因此传统建筑业向建筑工业化的转型升级必然可以从系统的视角进行分析。以此作为切入点，并考虑到要实现建筑工业化的长期发展而非简单地完成产业转型，本书跳出了传统的产业转型理论，借鉴纺织业、电子商务等诸多产业转型的相关研究，将生态学及生态系统的相关理论作为本书中解决上述转型升级相关问题的重要方法论，而建筑工业化系统所表现出的生态学特征则是将生态学及生态系统相关理论引入本书的基础。

一、组织生态学的分析层次与建筑工业化生态系统的结构层次性

组织生态学诞生于1977年，是组织理论的一个分支，最早由迈克尔·哈南和约翰·弗里曼提出。组织生态学具有四个递进的研究层次：组织个体、组织种群、组织群落及组织生态系统(一般认为还有“组织内单元”，本书中没有涉及，故不考虑)。组织个体是一个生命有机体，具有出生、成长、死亡、适应环境等生命特征；组织种群是同类组织个体的集合，具有种群密度、年龄结构、性别比例、出生率和死亡率等特征，每一个组织种群都占据着自身的生态位；组织群落是指一定区域内的组织种群通过共栖、共生等生态纽带结合在一起形成的组织群体，共栖包含着潜在的竞争关系，而共生意味着占据着不同生态位的种群之间相互依赖，彼此得益于其他种群的存在，组织群落是一个共享命运、共同进化的功能整体；组织生态系统则站在宏观角度，对整个组织生态系统中组织与组织之间、组织与环境之间的相互作用进行研究。

建筑工业化生态系统也具有类似的层次，包括建筑工业化企业个体、企业种群、企业群落和产业生态系统。其中企业个体指的是参与建筑工业化的单个企业，如万科、远大；企业种群指的是某一类企业的集合，它们具有相同的价值活动及资源需求，如开发商企业种群、承包商企业种群等；企业群落指的是在某一地区同一时间内存在的所有种群的集合，如沈阳建筑工业化群落、上海建筑工业化群落等。由于群落必然存在于某一自然、政治、经济、社会环境之中，并与这些环境相互作用，因此建筑工业化群落与其所处环境所形成的有机整体即为建筑工业化生态系统，其相互关系如表4.2、图4.4所示。

表4.2 建筑工业化生态系统的结构层次特征

自然生态系统的四个层次	系统层次	示例
生物个体	企业个体	万科、远大、中建等
种群	企业种群	勘察设计企业种群、承包商种群等
群落	企业群落	沈阳、上海建筑工业化群落等
生态系统	产业生态系统	沈阳建筑工业化群落+自然、政治、经济、社会等环境因子

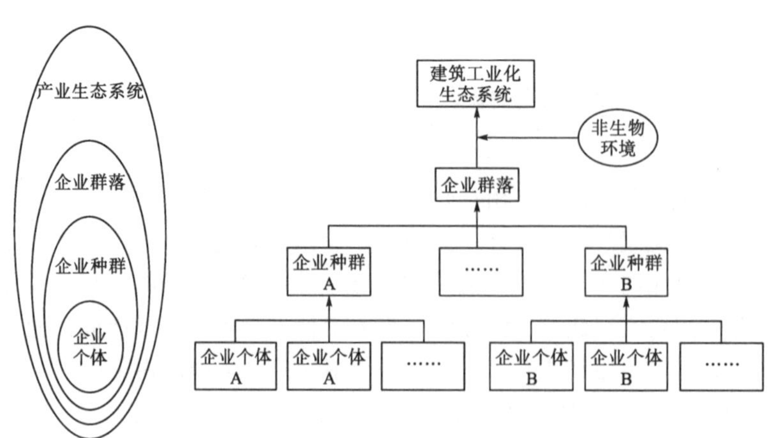

图4.4 生态系统各层级之间的关系图

这种层次划分及组织设立、成长的相关理论对本书中建筑工业化生态系统的形态分析及其演化机理的分析提供了重要的分析思路与分析框架，并对本书的仿真模型建立提供了重要的数据处理思路。

二、生态系统中的关系链(网)及建筑工业化生态系统的关系链(网)

自然界中的种间关系主要有捕食、竞争和共生(包括互利共生及偏利偏害共生)。其中，捕食关系在生态系统中广泛存在，生产者、消费者、分解者通过捕食与被捕食的营养关系，占领不同的营养级。这种捕食与被捕食的营养关系所形成的营养结构，通过食物链的形式表现出来。

在建筑工业化生态系统中，类似的种间关系及食物链结构也存在，如并购关系、供求关系、竞争关系及合作关系等。其中，并购关系可视为企业对企业的捕食，而供求关系可视为企业对企业资源的捕食，是更广泛存在也更为本质的一种捕食关系，次级消费者(如构件供应商)将前一级消费者(如材料供应商)的产品作为自身的生产资源，其自身的产品又作为下一级消费者(如承包商)的生产资源被利用。由于资源的有限性，为了抢夺资源，各同质的企业之间(如几个构件供应商之间)便开展了广泛的竞争与合作，从而形成了竞争关系及合作关系。值得注意的是，不同于自然生态系统中资源的单向性，在建筑工业化生态系统中资源争夺具有前向(对生产资料的争夺)和后向(对市场份额的争夺)两个方向。

在建筑工业化生态系统中，各生产商、消费者、回收机构等通过供求关系也形成了其独有的食物链结构——产业链。这种产业链结构一定程度上决定了系统中的物质、能量、信息等功能流向，也在无形中决定了企业与企业之间可能产生的竞争、合作等社会关系，可以说，产业链结构定义了生态系统中各参与主体在系统中的“游戏规则”。

三、生态位与建筑工业化生态系统的生态位

在组织生态学中，生态位是指种群在自然生态系统中的时间和空间位置及其与相关种群的功能关系(Bertalanffy，1968)。种群的生态位既包括其占据的时间和空间位置，同时其与相关种群之间的功能关系还意味着种群有能力占有和利用某种资源，实现某种生态功能。这与产业链上的企业主体的生态位定义是类似的(表 4.3)，即时间、空间、资源、能力四个维度(李博，2000)。由于产业链上各主体所处的时间、空间是相同的，因此对资源、能力的分析尤为重要。其中资源包括消费者资源(如客户场份额)、供应链资源(如供应商、原材料)及知识信息资源、物质资本资源等(钱言，2007)。能力则最终体现为利用资源完成企业价值活动，实现系统功能(李博，2000)。在建筑工业化产业链中，各类企业不仅具有物理上的时间、空间位置，还由于处于不同的建设阶段及产业链上、中、下游的不同位置而具有其特定的时间、空间位置，并因此占用着不同的建设资源，进行不同的价值活动，实现不同的建设功能。因此，从企业(种群)所处的建设阶段、产业链位置、建设资源及其价值活动与功能便可定义不同企业(种群)的生态位。

表 4.3 建筑工业化生态系统与自然生态系统的类比

	建筑工业化生态系统	自然生态系统
功能主体	生产者、消费者及回收机构	生产者、消费者及分解者
内在关联	前一企业的产出作为后一企业的投入(资源依赖)	前一物种合成的有机物及其能量作为后一物种物质和能量的来源
系统中的功能流	物质与能量单向流动、信息双向流动	物质与资金的单向流动及信息的双向流动
主体间关系	并购、供求、竞争、合作	捕食、竞争、共生
食物链特征	产业链	食物链网
生态位特性	企业、种群具有各自特定的生态位; 企业生态位越接近，竞争越激烈	每一物种都具有特定的生态位; 物种生态位倾向于越接近，竞争倾向于越激烈
结构层次	企业个体、企业种群、企业群落	个体、种群、群落
环境作用	企业群体与环境相互作用	生物成分与环境相互作用
生命周期	初创、成长、稳定、衰落或再创新	出生、成长、成熟、衰亡

第三节 生态系统演化的相关理论

一、演化的相关理论

(一)演化经济学

通过隐喻的方式，一个学科的专用术语可以越域到另一学科，担负起描述研究对象任务并且带来学科突破的作用。演化思想最初应用于生物学的研究，主要局限于自然选择和竞争的类比，如“适者生存”、“间断均衡”与“自然选择”等概念。二战后演化思想和“生物学类比”在社会科学中大量出现，演化经济学借助于生物学隐喻在进化框架下解释企业创新等现象，同时具有明显的经济学边界(杨虎涛，2006)。20 世纪 80 年代后，美国经济学家纳尔逊和温特把企业惯例与生物基因类比，将生物进化的遗传、变异和保留机制运用到企业问题分析(谢佩洪等，2010)。演化经济学提出三个关键的类比包括惯例机制、搜寻或创新机制，以及选择机制。“变异-选择”理论的实质是一种非均衡和动态理论，其基础是惯例、搜寻和选择。“变异-选择”理论的实质是一种以惯例、搜寻和选择为基础的非均衡和动态理论。本书将基于演化经济学的惯例机制、搜寻或创新机制，以及选择机制类比于分析企业转型的机制及其运作机理。

(二)协同学理论

协同学理论认为，系统内部的竞争与协同是系统演化的动力来源。在系统中，由于各构成要素的差异及其发展的不平衡性，竞争是永恒存在的，并且会加剧这种差异和不平衡性，从而推动系统向远离平衡态的自组织方向发展。因而，竞争被认为是系统演化最活跃的动力。此外，竞争也是协同产生的前提和基本条件。例如，在生态系统中，由于不同物种的存在，物种之间不仅会竞争，同时为了增加竞争优势，物种之间会产生合作。而竞争和合作作为系统演化的两大动力，其作用是相辅相成的。一方面，竞争会推动系统向着远离平衡态的方向发展，另一方面，合作会将这种发展趋势进行联合和放大，使之支配系统整体的演化。这就是协同学的根本思想，即系统的复杂模式和规则通过底层子系统之间的相互作用而产生。这也解释了为什么生态系统的多样性越高，系统演化越有序。

(三)建筑工业化生态系统的演化

演化又称进化，指的是生物在不同世代之间存在差异的现象及其相关理论，是一个具有时间性与动态性的概念(陆瑾，2005)。演化经济学提出：系统具有动态演化的过程，演化的研究着重于系统状态的变化，包括系统为什么以及如何达到某一个状态。建筑工业化生态系统演化关注建筑工业化生态系统为什么会发生状态的变化，可能存在什么样的状态以及如何实现状态的变化。具体而言，在建筑工业化的生态系统中，状态变化包括环境的变化、环境变化引起的企业个体的状态变化、企业关系的动态变化、企业种群的增长以及种群间关系的动态变化等系统要素的变化，而这些要素变化的整体宏观表现即为系统状态的变化。

二、企业演化的相关理论

企业演化可以被看作是，企业在适应环境变化中谋求生存与发展所发生的一系列变化过程，以及呈现的企业状态(陈敬贵，2006)。企业与企业之间，与环境之间的关系实质上是一种相互依赖又相互制约的关系，这种关系和生物个体与环境之间的关系在本质上存在一致性(张敬文和阮平南，2010)。在社会领域，企业演化受企业本身和外部环境的影响，是企业主动地适应和市场选择共同作用下的结果。企业演化的本质是一种状态向另一种状态的转变，这种变化由企业与环境之间的互动引起(钱言，2007)。企业的学习性和能动性，与公司外部环境多变性等特点要求企业不能仅被动地接受环境的选择，而应该发挥其特性。随着建筑工业化的发展，建筑业各类企业将面临转型，企业需要与其他企业以及周围社会文化环境发生相互作用和影响，把握环境，寻找企业战略方向和发展空间。此外，企业进入或退出建筑工业化生态系统，引起企业数量变化；企业演化的变异积累将逐步促使新种群的种化。企业个体是构成系统的主体，其变化将反馈到系统，同时系统中环境的变化也将作用于企业。本书将基于生态学的视角分析企业演化，使外部环境和行业关系更加清晰，明确各类企业的位置和发展趋势。

三、种群生态学的相关理论

种群生态学最早由 Hannan 和 Freeman(1977)在“社会达尔文主义”以及 Hawlay 和 Campell 的影响下创立，主要是强调组织种群及种群内个体的一项组织研究理论。Hannan 和 Freeman(1984)认为一个组织种群主要是指依靠相同的生活环境和生活资源的组织集合，该种群能否生存下来取决于环境对组织的选择。因而，在种群生态学的基本观点中强调组织经历的三个过程，即变异、选择与存留，而最为重要的则是环境的选择作用，只有通过了环境的选择，一个组织种群才能够存留下来，形成一个新的组织种群，即是种群的种化。生物学家 Cook(1906)创造了“种化”这个词用以描述生物种群分枝进化、血统分裂等。邱泽齐(1999)指出种群生态学理论以群体为对象进行分析，是对之前组织研究的补充。种群生态学研究者针对一个种群提出的问题，就是关于这个社会组织的数量与变化。而组织的数量与变化，受组织与组织之间的关系，组织与环境之间的关系的影响。种群生态学认为，迅速变化的环境决定着种群中组织的生存和消逝，不能够适应环境的组织将会遭到淘汰，而适应新环境的新组织就会产生(罗珉，2001)。而在种群中，组织之间的竞争和合作也成了组织生存和消逝的关键行为。种群生态学的研究主要集中在以下两个方面：其一为组织种群与环境之间的互动关系；其二则是组织种群内部以及组织种群之间的相互作用关系(张明星等，2006)。

四、生态系统的生命周期理论

自然界中，群落的发展都会经历裸地形成，生物侵入、定居及繁殖，物种竞争，群落水平的相对稳定和平衡四个阶段。与此类似，产业研究中也提出了“生命周期”的概念。生命周期是指“某一研究对象生老病死的历程”。Vernon(1966)教授最早在对产品的研究过程中提出了生命周期理论，认为产品的生命周期包含发生、发展、成熟、衰退等阶段，而后生命周期理论扩展到企业、行业、区域等相关研究中。结合产业成长相关理论中对产业生命周期(形成期、成长期、成熟期以及衰退期)的分析，建筑工业化生态系统会经历类似的四个阶段，包括初创阶段、发展阶段、成熟阶段、衰退或再创新阶段。例如目前发展较为超前的日本、瑞典等国家，都经历了20世纪30～40年代的建筑工业化萌芽阶段，20世纪50～70年代战后重建的大发展阶段，20世纪80～90年代的品质提升阶段，以及20世纪90年代后期至今的稳定发展阶段。

五、产业政策理论

(一)市场失灵理论

“市场失灵理论”不管是在建筑工业化还是传统产业相关政策制定上都可以说是重要的理论依据之一。市场发展面临着垄断、信息不完全、信息不对称等诸多复杂情况，因此在配置资源的过程中仅靠市场的作用并不能实现资源配置效率的最大化，这时市场失灵现象便发生了。因此，政府在制定政策的过程中需要提前考虑这种情况，及时地发挥政府的主动性进行经济干预，以达成产业的健康发展，实现资源的优化配置和提高资源配置效率。在建筑工业化发展过程中，转型的先行企业多为一些规模大、实力强的企业，在转型成功后很可能造成行业的垄断，政府在制定政策的过程中应当适当考虑此种情况。

(二)结构转换理论

“结构转换理论”是一系列理论的精髓，包括霍夫曼定理、库兹涅茨增长理论、克拉克第一定理等(Park et al.，2011)。结构转换理论认为，国家的产业结构势必会经历由低级阶段向高级阶段的转变，而这种量变到质变的过程本质上是利益的再分配，是不可能自发进行的，一定需要政府的介入方可完成行业的改造。这对于建筑业也同样适用，传统建筑业的转型升级已成必然趋势，但企业的自发转型是缓慢且非常有限的。企业的转型、新的生产环节的产生必定带来新的社会关系及利益分配，面临诸多困难，因此传统建筑业的转型升级需要政府产业政策的驱动，吸引更多的资源投入到建筑工业化，促进建筑工业化的发展及成熟，从而完成建筑业从“低级阶段”向“高级阶段”的转换。

本 章 小 结

通过对建筑业转型升级的相关概念及理论、生态学与生态系统相关理论、系统影响因素的相关理论、生态系统演化的相关理论以及基于智能体建模的相关理论的梳理，界定了传统建筑业向建筑工业化转型升级的概念及其研究范围，明确了本书研究的理论基础。此外，通过对建筑工业化系统的生态特征分析，也为本书引入生态学相关理论提供了科学依据。

传统产业、产业转型、产业升级及产业成长的相关概念和理论为界定传统建筑业向建筑工业化转型升级的概念及研究范围提供了支撑，同时产业成长理论也为第九章提出传统建筑业向建筑工业化转型升级的路径设计提供了理论基础；生态学、生态系统的相关理论及建筑工业化的生态学特征是本书从生态学视角进行研究的重要理论依据，同时明确了组织生态系统的分析层次，为第五章分析建筑工业化生态系统的形成及结构提供了分析框架与理论；系统影响因素的相关理论主要用于第六章对于建筑工业化生态系统演化的关键驱动因素研究；生态系统演化的相关理论包括了演化的基本理论、企业、企业种群及生态系统演化的相关理论，为第七章研究建筑工业化生态系统的演化机理提供了分析依据及分析方法；而基于智能体的建模理念与建筑工业化生态系统演化过程中所表现出的涌现性是高度吻合的，都关注宏观现象从微观行为中的涌现，也与第七章企业个体演化-企业种群演化-生态系统的演化的分析逻辑是一致的，主要用于第八章中对建筑工业化生态系统演化的模拟仿真部分，为前述演化机理提供定量的验证结果；产业政策理论则主要为第九章提出传统建筑业向建筑工业化转型升级的政策建议提供了理论基础。

第五章　建筑工业化生态系统的界定及形成分析

自然生态系统是自然界中自我创生、自我发展、自我更新能力最强的系统之一。为了实现建筑工业化的自主、长足发展，本章借鉴生态系统的隐喻，提出建筑工业化生态系统概念，明确建筑工业化生态系统如何由单个企业通过一定的企业关联实现生态系统的形成，及各企业在其中的主要角色。首先借鉴系统、产业系统、生态系统的定义，明确系统的基本构成是要素及要素关系，并在此基础上提出建筑工业化生态系统的概念及其定义。本章第二节对建筑工业化生态系统的基本构成进行分析，第三节对建筑工业化生态系统要素间的关联进行分析，第四节分析建筑工业化生态系统形成后的形态架构及系统功能。

第一节　建筑工业化生态系统的界定与构成

一、建筑工业化系统化的界定

建筑工业化生态系统在根本上是一个系统，同时也是一个产业系统和一个生态系统。因此建筑工业化生态系统的定义将基于系统、产业系统和生态系统比较具有代表性的定义提出。根据钱学森(2007)的定义，系统指的是“由相互作用和相互依赖的若干组成部分结合成的具有特定功能的有机整体，而且这个‘系统’本身又是它所从属的一个更大系统的组成部分”。产业系统则指的是各相关产业部门作为其主体要素，通过许多经济因素的相互作用而形成的动态演化系统，具有开放性、层次性以及非线性的特征(王子龙等，2007)。而生态系统则指的是生物有机体群落与其环境中的非生物成分(如：空气、水、矿物油等)相结合，作为一个系统而相互作用(Tansley，1935)。由此可以看出，不管是系统、产业系统还是生态系统，都强调基本要素及其相互作用关系，从而形成具有一定结构、功能的有机整体。在建筑工业化生态系统中，这种基本要素即为企业组织，而其相互作用关系即为组织间的有机关联。

综合以上分析，对建筑工业化生态系统做出以下定义：建筑工业化生态系统是在一定的地域空间和同一时间内，从事建筑工业化相关活动的组织群体相互作用、相互依赖，并与其所处的自然、政治、经济及社会等环境进行互动而形成的具有一定结构的有机功能整体和动态演化系统。建筑工业化生态系统的定义具有如下几层含义：

(1)组织群体是处于一定的地域空间内的，并处于同一时间，突破了一定的地域空间，组织与组织之间就难以形成稳定的联系；

(2)由从事建筑工业化相关活动的组织群体构成，单个组织不足以构成生态系统；

(3)组织群体之间具有相互依赖关系，这种依赖是组织间产生联系和相互作用，进而形成一定的结构的根本因素；

(4)具有开放性，处于一定的自然、政治、经济及社会环境之中，并与环境相互作用、相互影响；

(5)具有功能整体性，系统功能不是各系统要素功能的简单线性叠加，而是具有自身的整体功能；

(6)具有动态演化的重要特征，而不仅是静态结构。

二、建筑工业化生态系统的构成要素

要素是系统存在的基础，是系统形成的必要条件。但值得注意的是，要素并不是系统形成的充分条件。首先，要素只有依托于系统而存在时，才具备其应有的作用，而一旦脱离了系统，便失去了其作为系统要素的性质与功能；其次，要素的这种系统功能并不是要素与要素简单集合便可形成的，而是要通过要素与要素之间按照某种规则，形成一定的关联与秩序才能形成。因此，即使是相同的要素，处在不同的系统之中，由于关联不同，其所具备的性质与功能也就不同。

一般而言，生态系统包括两大类的构成要素，即生物成分和非生物环境，其中生物成分按照其营养级结构又可分为生产者、消费者和分解者(周萍，2006)。在建筑工业化生态系统中，也具有类似的构成成分(图 5.1)。建筑工业化生态系统中的生物成分指的是直接从事建筑活动的组织及个人，包括设计单位、原材料供应商、部品构件供应商、施工单位、建设单位、装饰装修单位等，按照其在产业链上的位置及功能也可分为生产者、消费者和分解者，他们是建筑工业化生态系统各价值活动的核心参与者。除此之外，还有为生产者、消费者和分解者提供服务的服务者，如咨询单位、运输单位、劳务分包商、监理单位、销售代理、物业管理等。这些生物成分处于一定的产业运行环境之中，包括生物环境和非生

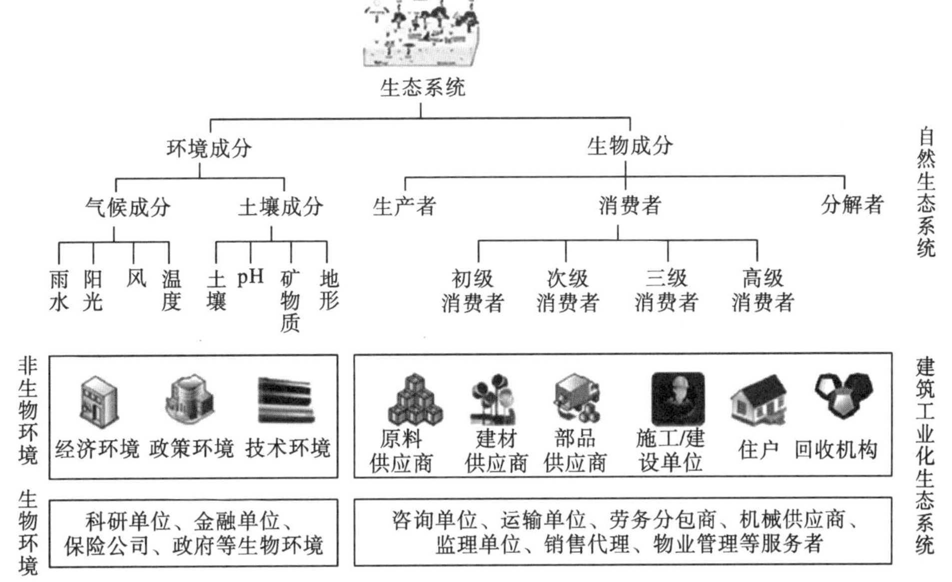

图 5.1　建筑工业化生态系统构成要素与自然生态系统的类比

物环境。生物环境指的是不依赖于建筑产业的资源而存在但能够为建筑产业提供必要的资源和支撑的一些组织和机构，如科研机构、技术研发机构、保险公司、金融机构、政府等。而非生物环境则是指宏观生态环境，包括自然生态环境、政治生态环境、经济生态环境、市场生态环境、技术生态环境等。其中，政策生态环境主要指建筑工业化发展的相关法律、法规、规范等的作用；经济生态环境主要指建筑工业化生态系统所在地区的宏观经济发展水平及产业结构等；市场生态环境主要指建筑工业化生态系统所在地区的市场产业实体数量及规模、生产能力、市场状况等；技术生态环境是指建筑工业化发展的技术支撑，包括现有技术体系、技术服务、技术水平等。一般所说的环境以及后文如无特殊说明，建筑工业化生态系统的环境均指的是非生物环境。这些构成要素通过一定的关联，形成建筑工业化生态系统。

三、建筑工业化生态系统的构成层次

如前所述，建筑工业化生态系统的构成具有层次性，包括企业个体、企业种群、企业群落、建筑工业化生态系统四个层次(图 5.2)。

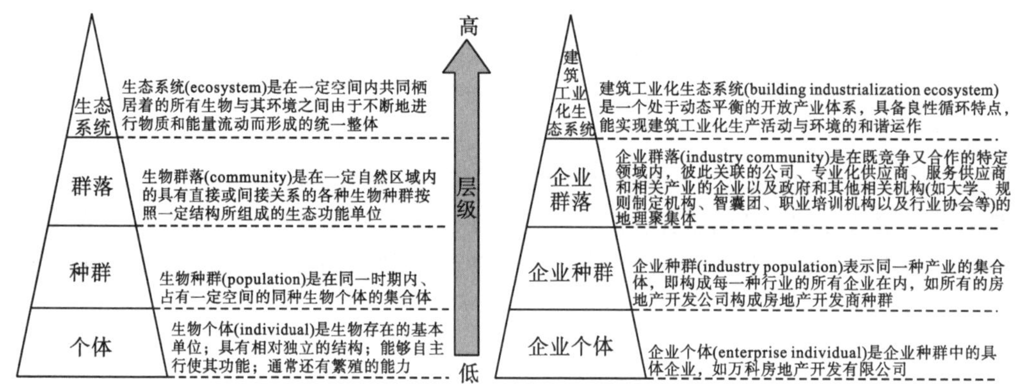

图 5.2　建筑工业化生态系统的四个构成层次

(一)建筑工业化企业个体层

自然界中，生物个体是生命活动的基本单元，具有自身相对独立的结构与功能，并能通过基因的复制、重组进行生物个体的繁殖与进化。类似地，在建筑工业化生态系统中，企业个体也是整个系统活动的基本单元，如万科、远大、中建、亚泰等企业(如图 5.3 所示，建设单位个体用菱形表示，设计单位个体用圆形表示，材料生产商个体用环形表示，构件生产商个体用等腰三角形表示，承包商个体用平行四边形表示，回收单位用直角三角形表示，但由于目前系统中暂不存在回收单位，故用虚线表示)。每个企业个体都具有一定的内部结构，能够独立行使一定的产业功能，并与周围其他企业个体以及环境发生关系和互动。企业与企业之间往往也存在着相互学习以及企业“繁衍”的机制，例如新生企业可以通过复制标杆企业的发展模式进入一个新的行业，企业也可以通过子公司、连锁公司等形式进行自身的繁殖。就其本质，我们也可以进行合理的映射，即企业个体也具有双螺旋结构的 DNA(图 5.4)，其双螺旋链即为企业的资本链和劳动力链(李贤柏，2006)，构成企业 DNA 的骨架，通过企业 DNA 碱基如企业家才能(E)、企业文化(C)、企业技术(T)、管理机制(M)等将两条链进行有机的结合(周晖和彭星闾，2000)。其中，资本和劳动力是普遍存在的，所有企业均可获取，而碱基的排序则决定了不同企业表现出的状态的不同。不同的 DNA 片段构成不同的企业基因，决定了不同企业具有不同的资源和能力。企业个体就是通过企业基因的复制与变异实现企业的繁殖(如成立子公司)和企业状态的演化(如企业转型)。正是不同的基因决定了企业具有不同的资源和能力，也决定了企业的物种，影响着企业的生态位。

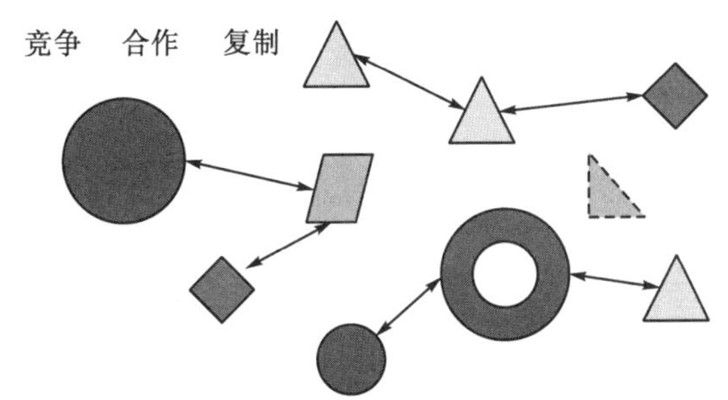

图 5.3 建筑工业化企业个体及其基本关系示意图

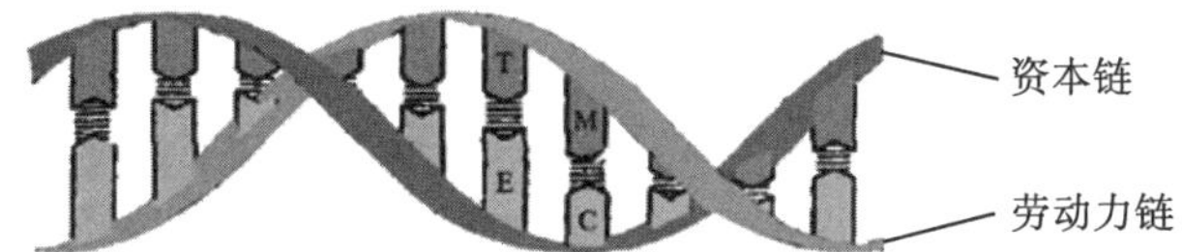

图 5.4 建筑工业化企业个体 DNA

(二)建筑工业化企业种群层

生物种群是指生活在同一生活环境中的同种生物的集合，具有种群密度、年龄结构、性别比例、出生率和死亡率等特征(刘桦，2007)。所谓同种生物，是指属于同一物种，具有相同的基因序列，能够进行种内的繁殖。而同种生物的集合并不单单指物理空间上的集聚，还包括各生物个体间的相互作用，是一个统一有机体的概念(陈天乙，1995)。

建筑工业化企业种群指的是一群同质的建筑工业化企业个体的集合。同质的企业个体指的是企业的 DNA 序列相似，并且具有相同的生态位，即在系统中具有相似的能力，相同的资源需求、资源占有以及功能等。例如，PC 构件商的资源需求都是用于生产的建筑材料，功能都是生产 PC 构件，为承包商提供生产的资源。一群同质的企业个体聚集在一起，为了争夺相同的资源而发生种内的竞争，而为了增强其产业的竞争力，又发生种内的合作。企业个体正是通过这种竞争与合作的相互作用形成有机联系的企业种群(图 5.5)。企业种群与种群之间则通过竞争、互利、共生等关系相互作用，共同演化。

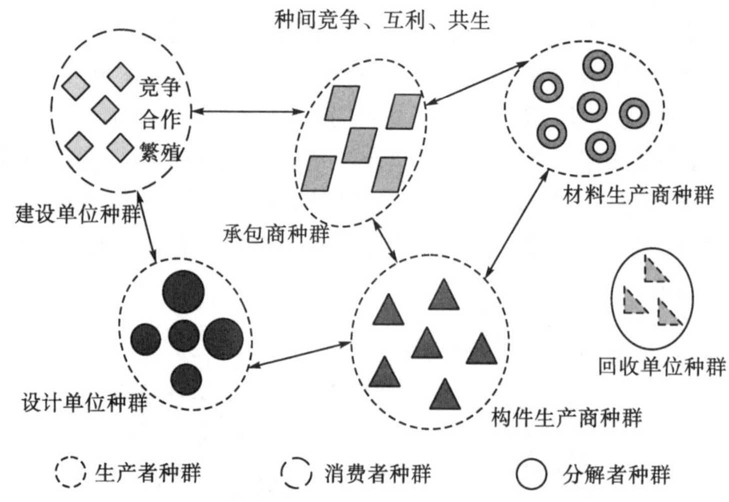

图 5.5 建筑工业化生态系统主要企业种群及其相关关系示意图

(三)建筑工业化企业群落层

生物群落是在同一生活环境中的所有不同种群的总和(董岚，2006)，这些生物种群之间具有一定的直接或间接关系(赵进，2011)。生物群落具有垂直和水平两种空间结构，即垂直方向的分层分布及水平方向上的层片镶嵌。在群落中，根据不同物种对于群落演替的重要性，存在着关键种、优势种、冗余种的划分。映射到建筑工业化，建筑工业化企业群落是指一定的时间空间范围内，建设单位种群、设计单位种群、构件生产商种群、承包商种群等不同的企业种群相互作用形成的有机集合。建筑工业化企业群落也存在着垂直和水平方向上的分层分布。在垂直方向上，同一种群内部存在着大型企业与中小型企业的分层，例如万科属于大型的房地产企业，但市场上也存在着很多其他的中小型企业；在水平方向上，也存在着核心企业种群与非核心企业种群的层次(图 5.6)，例如在目前的建设模式下，

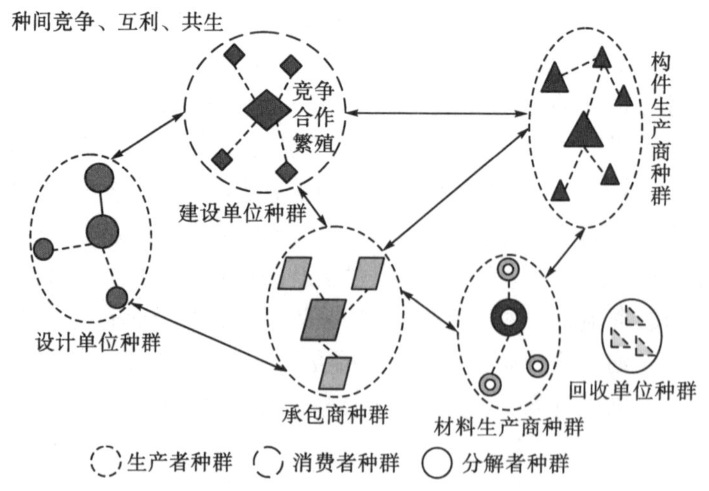

图 5.6 建筑工业化企业群落示意图

注：①群落的垂直分层体现在种群内部大型企业、中小型企业的层次，图中形状大、颜色深的为大型企业，其他为中小型企业；②群落的水平分层体现在群落内部核心企业种群与非核心企业种群的层次，图中加粗的虚线圈表示核心种群。

建设单位、总承包商属于核心企业种群，对其他种群具有明显的影响作用，为整个系统及其他种群提供发展的平台，并在一定程度上对群落的演化方向起着决定性作用；设计单位、构件生产商以及很多其他类型的企业种群，则属于非核心企业种群。

（四）建筑工业化生态系统层

生态系统指的是在一定的时间和空间范围内，在各种生物之间以及生物群落与其外界环境之间，通过物质之间的循环和能量流动而形成的统一整体（赵进，2011）。生态系统分为生物成分（即生物群落）与非生物成分（即外界环境）。建筑工业化生态系统则是指在一定的时间和区域范围内，建设单位、设计单位、生产单位、施工单位及其他相关服务企业形成的企业群落与其所处环境相互作用形成的具有一定结构与功能的有机整体。在建筑工业化生态系统中，企业群落是生态系统中的生物成分，建筑工业化企业群落所处的生物与非生物环境则共同构成其环境体系。企业群落与环境体系相互作用，环境推动企业群落的演进，企业群落的变化又反作用于环境，从而推动着整个生态系统的不断演化。

第二节　建筑工业化生态系统的要素关联分析

一、建筑工业化生态系统的生物要素关联

从系统角度来看，面向建筑工业化生态系统的研究需要从自身结构和社会关系两个角度来思考，本书将其归为：产业关联和生态关联。建筑工业化的产业关联即产业结构功能单元、生产要素等在产业链条上具有一定的对应位置、功能作用和基本链接，形成了一个独立运行的产业链条，反映的是企业组织之间的基本生产关系。建筑工业化的生态关联则代表组织关系社会性、生态性的一面，企业组织在生态系统中具有一定的生态位，由此形成企业之间合作、竞争等互动关系，进而影响企业地位以及整个生态系统的结构。建筑工业化生态系统的产业关联在一定程度上决定着其生态关联。

（一）建筑工业化生态系统生物要素的产业关联剖析

建筑工业化生态系统的产业关联最直观地体现在产业链条上，而这种产业链条是在传统建筑业向建筑工业化转型的过程中逐步构建起来的。与传统建造方式相比，建筑工业化不管是生产方式还是各生产过程间的关联都发生了较大的改变，从而引起产业链主体、位置、价值活动及其基本链接的变化，导致产业链条结构的变化。因此本书通过与传统建筑业的对比，对建筑工业化生态系统的产业关联进行剖析。

1. 生产方式的改变

无论是建筑工业化还是传统建造方式在进行项目建设时都需要进行项目立项审批、可行性研究、招投标、竣工验收等过程，在这些过程中建筑工业化与传统建造方式并没有什么不同。在整个建设流程中，真正发生改变的主要在项目的设计及生产施工阶段。

建筑工业化的一个重要特点在于将大量传统现浇的工程转移到工厂进行机械化的生产，从而实现更精细的控制，改善生产环境。因此，为实现工厂化和机械化的规模生产，

在设计阶段就要考虑构件的批量生产要求，实现构件的标准化设计。这就要求在设计阶段就要充分考虑构件生产的便利性，以及设计方案的可施工性，对设计的精度要求远远高于传统建造方式的设计要求。尤其是BIM技术越来越普及，很多设计单位采用BIM软件进行设计各专业间的碰撞检查，甚至将施工组织设计提前，在设计阶段便进行模拟施工，以减少设计中的错漏，实现更精准的进度及成本控制。

在构件生产阶段，由于采用了工厂流水线生产，很多传统施工中的手工作业能够用机械代替，例如钢筋调直、钢筋网片的焊接、箍筋的制作、混凝土浇筑及振捣等工作，不仅可大大提高工效，同时也有利于提高质量控制的精度。

在施工阶段，由于需要将现浇工程与预制工程进行对接，因此对现浇工程的质量和精度要求也相应提高，传统木模可能不再是最佳的选择，很多企业纷纷选择定制化的铝模实现现场的浇筑。此外，施工过程中最明显的变化就是现浇工程的减少和构件安装工程的增加，这不仅仅对施工机械的配备和操作提出了更高的要求，同时构件的安装还要求施工单位具备构件安装和连接的技术和管理水平，既要保证构件的水平度、垂直度，又要进行恰当的节点处理，其中竖向承重构件连接过程中用到的套筒灌浆技术是目前技术难度最大、最受重视的关键技术之一。

2. 生产过程关联及管理模式的改变

由于建筑工业化的生产增加了构件的生产环节，从而导致设计、生产、施工的流程，以及其中所涉及的质量监管等过程都发生了相应的改变，不仅出现了新的构件生产供应商，各相关参与方之间的结构关系、管理模式等与传统建造方式相比也有很大差异。

由于大量的构件需要在工厂进行预制，再运送到施工现场进行对位、安装，因此对于设计的精度要求大大增加，尤其是装配式施工所用到的定制模板、爬架、精装修、管线预埋等所需要考虑的预留孔洞问题，往往不是仅靠设计一方面能完成，而是在设计之初就需要设计、构件生产、施工乃至模板制作商、装修方案提供方等多方进行密切的合作才能确定最终方案，以避免在方案实施的过程中出现问题，影响工期，增加成本。

在构件生产阶段，由于建筑构件与其他产业产品不同，其质量不便于进行检测，而更多的是采取过程控制的方式，因此，在现实的生产过程中往往会采用设计监理或是施工方监理的方式，对构件生产的过程进行控制。

在施工过程中，由于构件安装及节点处理的技术十分关键，很多实力较强的构件生产商也会对施工方提供一定的技术指导，可以说设计、构件生产与施工之间的关联大大加强了。传统的相互分离的设计-招标-施工(design-bid-build，DBB)模式已经不再适用于工业化的生产，而更加提倡的是设计采购施工(engineering procurement construction，EPC)一体化的模式，如裕璟幸福家园项目、合肥蜀山产业园四期公租房项目、海门市龙馨家园老年公寓项目等(文林峰，2017)。在这种模式之下，业主不再需要单独处理与各个相关参与方之间的合同与管理协调关系，而由EPC总承包单位进行统一的协调管理以及对工程质量承担责任，不管是技术协调、工种搭接还是成本管控都更为有效，也不存在责任推诿影响工程实施的问题。因此，采用建筑工业化的生产方式，对业主的要求更低，而对EPC总承包方的要求较高，只有具有一定管理实力的总承包方才能获利，在生产环节的市场准入门槛会因此提高，使建筑生产更加规范化。

此外，由于采用了标准化的构件，建筑的运营维护模式在未来也可能发生改变。传统建筑在一定寿命期后或某些构件受损的情况下只能采取拆除重建的方式解决，而工业化的建筑则可以通过更换标准化的构件予以解决，从而延长建筑寿命。通过对拆除的构件进行回收，建筑工业化生产方式下建筑垃圾的回收效率也将大大提高。

3. 产业链结构的改变

产业链的基本结构一般由企业、上游供应商和下游销售商构成(刘贵富，2006)，对于建筑业产业链而言也是如此。例如，施工单位、材料部品供应商(施工单位的上游供应商)、房地产开发商、消费者(施工单位的下游销售商)等是建筑业产业链的基本构成主体。但是，这些构成主体只是建筑业产业链结构形成的必要条件，而不是充分条件。建筑业产业链的结构还要由主体间的关系决定，因为对于产业链上的任何一个参与主体而言，都不能实现自给自足。这些参与主体要生存，就必须与其他的参与者互相依赖，从外部获取资源(李靖华等，2013)。这些资源由主体的价值活动产生，而在获取资源的过程中，就产生了企业主体间的联系。主体间联系的不同决定了产业链结构的不同。例如，传统的 DBB 模式下的链式产业链结构与目前建筑工业化实践中典型的 EPC 模式下所形成的扁平网状产业链结构是不同的。因此，对建筑业产业链结构转变的分析包括产业链主体、主体的价值活动、资源传递及主体间关系四个方面的内容(图 5.7)。

产业链主体，指的是参与建筑工业化生产的价值增值过程的各相关参与方，建筑工业化产业链相较于传统建筑业而言，其产业链主体的变化主要体现在施工阶段增加了构件供应商的参与以及未来可能存在的构件拆除回收单位[图 5.7(b)以实心椭圆表示产业链主体的变化]。

主体的价值活动，指的是各主体生产或使用建筑产品价值的活动，企业通过这些价值活动创造资源，如设计单位在设计阶段通过设计活动提供设计图纸，施工单位在施工阶段通过建造活动提供合格的建筑实体，建设单位在策划阶段通过市场调研提供消费者偏好信息以及在交付阶段通过交付或销售活动提供可供使用的建筑产品等。但建筑工业化产业链与传统建筑业的差异主要在于：①生产施工阶段构件生产活动的增加；②按照日本、美国等发达国家的经验，尤其是在互联网深刻影响了人们生活方式及消费模式的今天，建筑工业化发展的后期还可能出现设计阶段消费者价值活动的增加，即消费者直接提供消费者偏好；③在建筑拆除阶段可能增加构件回收的价值活动，使得构件的价值得以延长；④价值活动参与的多元化，即同一个主体所参与的价值增值过程会增加，如施工单位不再只负责建筑的施工过程，也会参与到建筑的设计阶段，而同一价值增值过程所对应的主体也更加复杂，而不是单一的，这一点尤其表现在建筑的设计阶段[图 5.7(b)以实心矩形表示主体价值活动的变化]。

资源传递，指的是主体从外部获取资源的过程，如施工单位向构件生产商采购构件、向劳务分包商获取劳动力，建设单位向设计单位获取设计图纸，设计单位向建设单位获取消费者偏好等。根据资源依赖理论，对组织生存极其重要的所有要素都可以称为资源。一般包括物理资源、人力资源和组织能力资源(资产、能力、信息、知识等)，例如构件属于物理资源，劳动力属于人力资源，设计图纸属于知识资源，消费者偏好属于信息资源等。在传统建筑业向建筑工业化转型的过程中，随着新的参与方出现，以及参与方之间生产关系和管理模式的改变，这些参与方之间的资源依赖发生了变化，例如对设计单位而言，传统生产模式下设计单位的资源是建设单位的建设需求(信息)，而其设计的图纸(知识)则是施工单位的资源；而在建筑工业化生产模式下，设计单位的资源不仅包括建设单位的建设需求，还包括构件厂商、施工方、模板制造商、装修方案提供商等为其提供的信息，而其提供的图纸(知识)则不仅是施工单位的资源，同时也是构件厂商所必不可少的资源[图5.7(b)以红色箭头表示资源传递的变化]。

主体间关系，上述资源的依赖也是产业链各主体间产生关系的有效解释。传统建筑业产业链中，资源依赖更多是以物理、人力等实体的形式存在，主体间关系往往以合同关系为主；而在建筑工业化产业链中，相关参与方之间的信息依赖加强，尤其是设计阶段设计单位对构件厂商、施工方、模板制造商、装修方案提供商等的信息依赖，这种依赖往往不以合同或者实体的形式表现出来。由此，各主体之间资源利用的相互关系发生了变动，整个产业链的结构也由传统的链式产业链逐渐扁平化，大量的主体参与到设计阶段，大量的主体交互活动也往前推移，建筑工业化产业链不再是单一的链条，而是形成更加复杂的网络系统，如图5.7所示。

(二)建筑工业化生态系统生物要素的生态关联剖析

建筑工业化生态系统的生态关联主要体现在系统生物要素(即企业组织)之间的竞争、合作关系，这种关系发生在种群内部和种群之间，来源于处于不同种群的企业所占据的不同的生态位，影响着生态系统的形成。因此，对建筑工业化生态系统的生态关联分析主要包括两方面内容：建筑工业化生态系统企业种群的生态位分析；基于生态位进行建筑工业化生态系统的生态关联剖析。

1. 建筑工业化生态系统企业种群的生态位分析

如前文所述，在建筑工业化生态系统中，对处于一定时空的企业而言，其生态位由其所处的建设阶段、产业链位置、资源需求及其价值活动与功能所决定，具体分析如表4.1所示。图5.8以建筑工业化生态系统中的主要参与者为例，做出了其生态位结构的示意图，图中表示了各企业所处的生命周期阶段、产业链位置，及其在系统的各价值活动中所体现的主要功能和资源需求关系。

2. 建筑工业化生态系统生物要素的生态关系分析

建筑工业化生态系统生物要素的生态关系包括合作、竞争、共生、偏利、偏害等多种关系，但其中最主要的表现形式为合作与竞争。以开发商与施工单位为例，说明不同生态位的种群内部与种群之间存在的合作与竞争关系。

1)建筑工业化生态系统中的竞争

建筑工业化生态系统中的竞争广泛存在于种群内部的企业之间以及种群与种群之间，这种竞争体现在市场份额、技术、优秀人才等各个方面。在种群内部，由于企业个体的资源需求及其功能具有较高的相似性，随着种群规模的扩大，资源的稀缺性以及市场份额的有限性逐渐凸显，种群内的竞争将空前激烈。而在不同的企业种群之间，一方面种群生态位的拓展将引起激烈的竞争，另一方面上下游企业种群之间还存在着对利润的竞争。以施工单位种群为例，A1与A2两个施工单位采用同样的体系建造工业化住宅，且建造水平

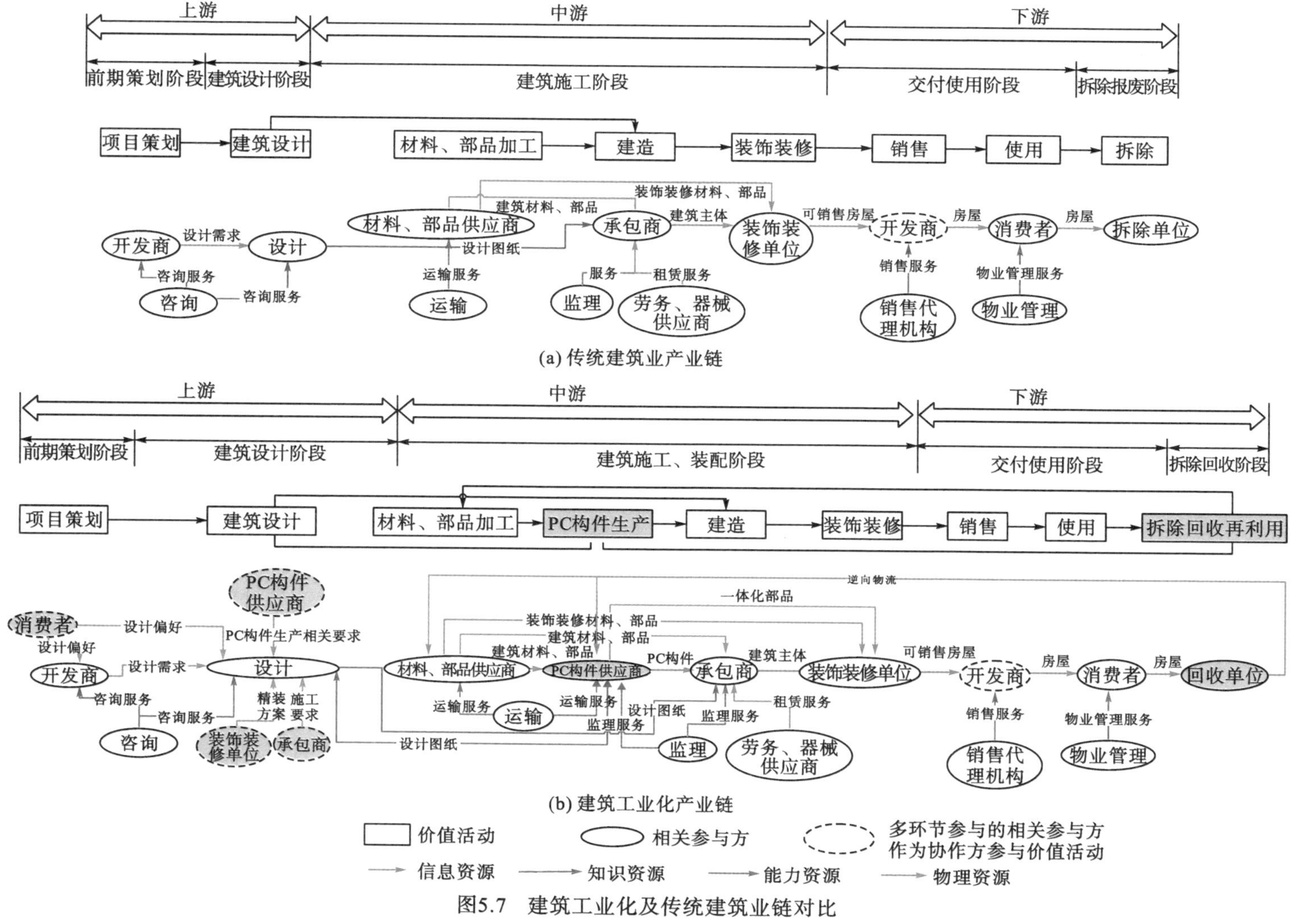

图5.7　建筑工业化及传统建筑业链对比

没有显著差异，同时它们都是B房地产开发企业的合作方。那么，在施工单位种群内部，由于产业工人的稀缺性，A1和A2首先需要对产业工人这一稀缺资源进行竞争，同时，由于在一定时间内的建造需求相对稳定，他们还将对工业化住宅建造需求这一市场份额进行竞争，如果A1获取的建造面积多一些，那么A2所能获取的建造面积就少了。此外，由于整个产业链上的利润一定，房地产开发企业是最高利润获得者，A1与A2都需要与B进行利润分成，即不同种群间企业的利润竞争。假设B不愿意将利润进行转让，而想通过产业链延伸自己做工业化住宅的建造，则A1、A2也会与B发生种群间企业的市场份额竞争。为了实现以上的竞争，A1、A2必然会不断改善技术、投入等，提供更好的产品，同时增加施工行业的进入壁垒，其竞争的结果就是产品性能更好的一方留下，而另一方被淘汰出局。

2) 建筑工业化生态系统中的合作

与竞争类似，建筑工业化生态系统中的合作也同样存在于种群内部的企业之间以及种群与种群之间，这种合作主要体现在资源(如熟练工人、关键技术等)共享、风险共担等方面。按照组织生态学理论，种群的增长符合Logistic曲线，在种群发展的初期，企业的存活率非常低，因此种群内的同质企业之间需要通过相互合作，确保种群的健康发展。当种群成长到一定规模，为了抵御其他种群的生态位拓展，种群内企业也可以通过相互合作提高该种群的进入壁垒。另外，在当今社会，产业链上各企业之间的相互协同作用越发凸显，系统中每一个种群在追求自我发展的同时，都必须同时关注其他种群，保证整个产业链上各种群之间的协同进化。同样以上述A1、A2为例，在从事建筑工业化初期，只有A1一家企业从事建筑工业化，其获取PC构件的成本很高，还需要自己培养产业化工人，这对企业的生存非常不利。因此，A1选择与A2共享施工技术，共享熟练工人，逐步扩大市场，最终降低企业成本。随着越来越多的施工单位顺利进入建筑工业化领域，种群内对于资源的争夺更加激烈，A1与A2一边竞争，一边为了防止B拓展施工业务，不得不采取合作策略，促使施工单位种群的进化以提高其进入门槛。而这种进化同时也需要其下游生产商的积极配合，如性能更优的材料，更容易施工的设计、更精准生产的构件等。

表5.1 建筑工业化生态系统生物要素的生态位分析

生物要素	描述	建设阶段	产业链位置	主要资源需求	主要功能(价值)
建设单位	完成买地、规划施工、融资、预售、交房甚至物业管理等所有环节，同时参与了建筑工业化项目的开发经营，对项目各个阶段的活动进行协调和管理，并承担建设费用的企业	前期策划阶段 交付使用阶段	上游 下游	合格的建筑产品(物理资源)	提供：①资金资源；②消费者偏好的信息资源；③买地、融资等能力资源
设计单位	完成建筑用地红线范围内的室内外工程设计、建筑物构筑物设计等民用建筑和一般工业建筑的总平面设计与单体设计，以及上述建筑工程所包含的所有相关专业的设计内容、建筑部品、部品体系设计的企业	建筑设计阶段	上游	①消费者偏好(信息资源)； ②设计费(资金资源)	提供设计图纸等知识资源

续表

生物要素	描述	建设阶段	产业链位置	主要资源需求	主要功能(价值)
咨询单位	对建设项目工程的确定与控制提供专业服务的企业	前期策划阶段 建筑设计阶段	上游	咨询服务费 (资金资源)	提供设计咨询、造价咨询等知识资源
施工单位	负责现场现浇工程的施工以及构件安装的全部准备、计划、实施、协调、控制工作，为建设单位提供合格的建筑产品的企业	建筑施工、装配阶段	中游	①施工图(知识资源)； ②工程价款(资金资源)	提供合格的建筑产品等物理资源
材料部品供应商	提供建筑材料、部品的企业	建筑施工、装配阶段	中游	采购费(资金资源)	提供材料、部品等物理资源
预制构件供应商	提供预制构件的企业	建筑施工、装配阶段	中游	①相关建筑材料(物理资源)； ②采购费(资金资源)	提供预制构件等物理资源
机电管线设备供应商	提供机电管线设备的企业	建筑施工、装配阶段	中游	采购费(资金资源)	提供机电管线设备等物理资源
施工机械提供商	提供安装工具机械的企业	建筑施工、装配阶段	中游	租赁费(资金资源)	提供施工机械等物理资源
装饰装修单位	在一定区域和范围内，依据一定设计理念和美观规则将建筑工程进行家具装潢等的改造的企业	建筑施工、装配阶段	中游	①消费者偏好 (信息资源)； ②设计图纸 (知识资源)	提供可供销售的建筑产品等物理资源
劳务供应商	提供建筑劳务，从事建筑人工劳务部门工程的企业	建筑施工、装配阶段	中游	劳务费 (资金资源)	提供劳动力等人力资源
监理单位	在工程承包和监理合同的前提下，贯彻执行国家有关法律法规，促使甲方和乙方签订的项目合同得到全面实施的企业	建筑施工、装配阶段	中游	监理服务费 (资金资源)	提供建设单位授权的服务等知识资源
物流运输单位	将建筑材料、构配件和部品等制造的建筑半成品运输给安装环节的企业	建筑施工、装配阶段	中游	运输费 (资金资源)	提供运输服务等能力资源
销售代理机构	负责开发商非自有销售单位房屋的销售工作的企业	交付使用阶段	下游	销售代理服务费(资金资源)	提供销售代理服务等信息资源
消费者	建筑的最终购买者、运营阶段建筑的使用者	交付使用阶段	下游	可供销售的建筑产品 (物理资源)	提供消费者购买力等资金资源、消费者偏好等信息资源
物业公司	负责开发商非自持物业的物业管理工作的企业	交付使用阶段	下游	物管费 (资金资源)	提供物业管理等知识资源
废物、部品回收企业	收购废弃建筑或者建材的企业(暂无)	拆除阶段	下游	材料、构件回收管理费及采购费(资金资源)	提供逆向物流等物理资源

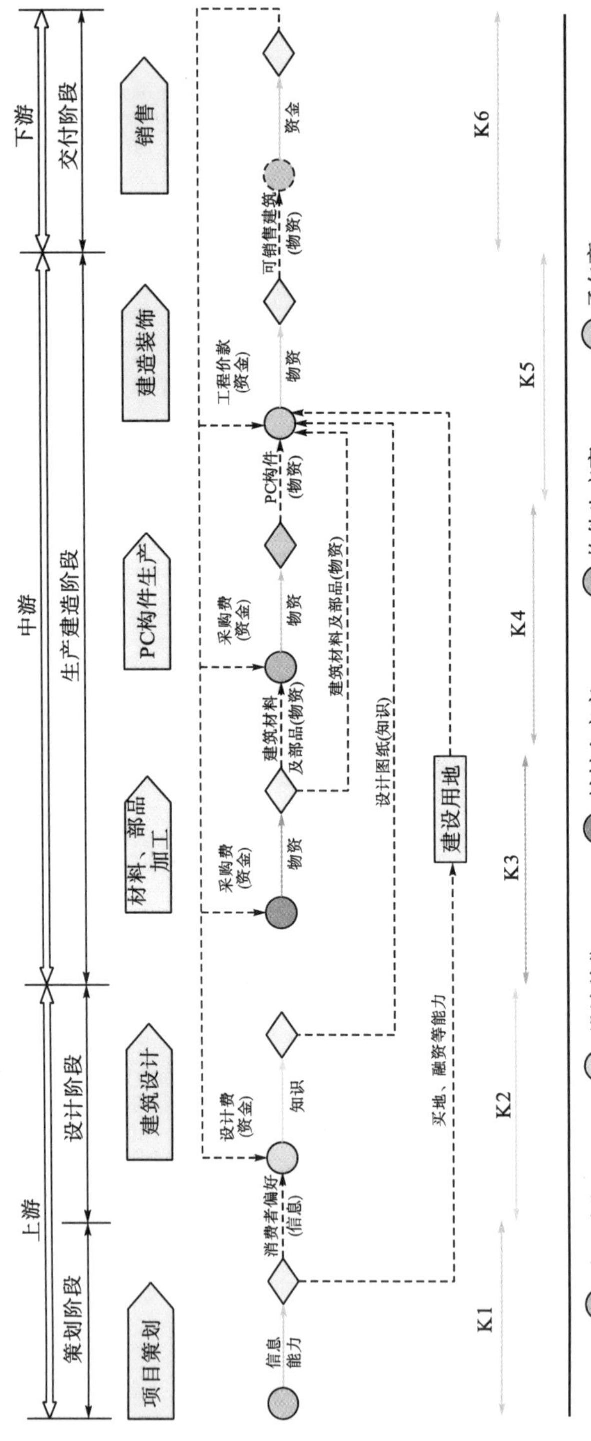

图5.8 建筑工业化生态系统的生态位结构示意图

注：K1、K6分别为建设单位对应项目策划、销售功能的生态位；K2为设计单位对应建筑设计功能的生态位；K3为材料生产商对应材料、部品加工功能的生态位；K4为构件生产商对应PC构件生产功能的生态位；K5为承包商对应建筑装饰功能的生态位。

二、建筑工业化生态系统的环境要素作用

与自然生态系统类似，建筑工业化生态系统的生物要素不仅具有相互间的作用关系，还处于一定的内、外部环境，并不断地与环境产生相互作用。如图 5.9 所示，建筑工业化生态系统的环境主要包括生态环境、政策环境、社会环境、市场环境、技术环境和自身附加值环境，其中自身附加值环境为内部环境，指的是由各企业自身内在需求产生的原动力，例如建筑工业化的社会、经济、环境等可持续性优势等，其他为外部环境。这些环境为系统的发展提供动力或造成阻碍，从而影响整个系统的演进，系统的发展又反作用于环境。其中，由于目前大部分企业对生态环境的关注度较低，而政府对生态环境的关注度相对较高，故生态环境对建筑工业化企业群落的作用属于间接作用。

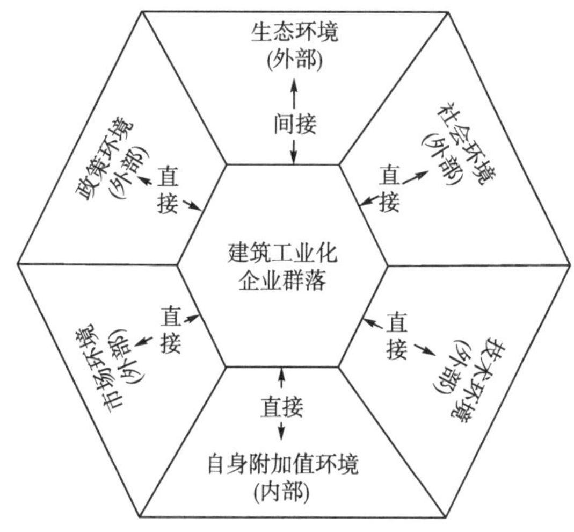

图 5.9　建筑工业化生态系统的内外部环境

建筑工业化的影响因素主要来源于建筑工业化生态系统的内外部环境。如政府政策、建筑工业化技术标准规范等主要来源于建筑工业化生态系统政策环境之中；而工业化建造技术水平、技术研发资金保障等主要来源于技术环境之中；建筑工业化项目的决策者对于项目的原始预期、消费者对于建筑工业化的需求和偏好等主要源于建筑工业化生态系统的社会环境；噪声、污染。建筑垃圾则产生于生态环境之中；建筑工业化的市场占有情况、劳动力供应的影响来源于市场环境等。不同的外在环境将产生不同的影响因素，各个因素之间以及因素与建筑工业化生态系统主体之间的相互作用，共同促进了建筑工业化生态系统的发展。

第三节　建筑工业化生态系统的空间结构及功能分析

基于以上构成要素及其相互之间的生态关联，建筑工业化生态系统便形成了其特有的空间结构，并得以作为一个有机整体，发挥其系统功能，在外部环境的作用下进行不断的演化。

一、建筑工业化生态系统的空间结构

空间结构指的是在一定地域范围之内，社会经济客体在其空间内相互作用而形成的空间集聚形态及变动趋势(赵进，2011)。类似地，建筑工业化生态系统的空间结构指的就是在一定的地域范围内，建筑工业化企业个体、种群、群落各层次在其空间内相互作用而形成的有序的空间分布形态(图 5.10)。

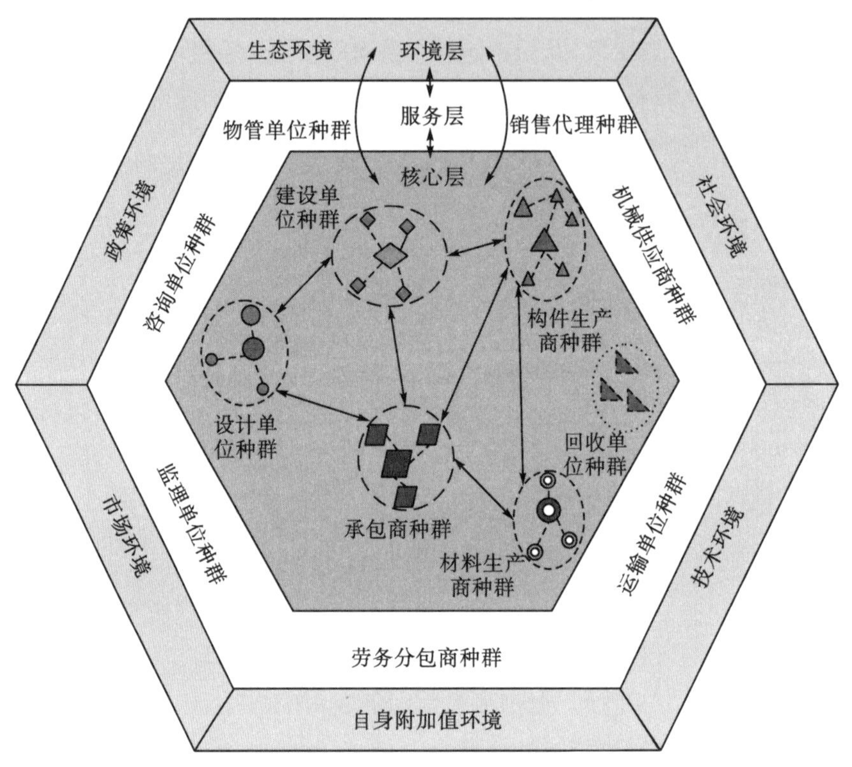

图 5.10　建筑工业化生态系统的空间结构图

如图 5.10 所示，建筑工业化生态系统的空间结构包括三个层次：核心层、服务层和环境层。

(一)核心层

建筑工业化生态系统的核心层由系统中的生产者、消费者、回收者构成，它们是建筑工业化产业链上各价值活动的主导者。核心层的空间结构具有垂直结构和水平结构。垂直结构指的是各种群内部同质企业之间聚集，相互竞争、合作所形成的结构，水平结构指的是不同种群由于生态位(资源需求、价值活动)及角色的不同，由资源依赖关系所形成的产业上下游关系，以及由此产生的竞争、合作等社会关系的不同而形成的核心、非核心结构。

（二）服务层

建筑工业化生态系统中还存在着咨询单位、运输单位、监理单位、劳务供应商、机械供应商、销售代理、物业管理等各种服务者，他们依赖于建筑工业化产业链的价值活动而存在，但不是这些价值活动的主导者，而是为各价值活动的主导者提供必要的服务，如提供咨询知识、运输能力、人力、机械等资源。在服务层中也存在种群内的垂直关系，以及基于产业链价值活动水平关系的水平结构。

（三）环境层

建筑工业化生态系统的核心层和服务层还处于一定的生物环境(科研机构、保险公司、金融机构、政府等)和非生物环境(自然环境、政策环境、制度环境、经济环境、市场环境、技术环境)之中。这些生物环境和非生物环境共同构成建筑工业化生态系统的环境层，为核心层和服务层提供必要的生存介质。

二、建筑工业化生态系统的功能

建筑工业化生态系统的各构成要素通过一定的生态关联，形成其独有的空间结构，并表现出一定的整体功能特性。和一般生态系统一样，建筑工业化生态系统首先具有一定的物质循环、能量流动、信息传递的功能。此外，建筑工业化生态系统还具有三大特殊功能：经济功能、生态功能、文化功能(缪壮壮，2015)。

（一）物质循环

建筑工业化生态系统的物质循环功能贯穿建筑生产的整个物化过程，主要表现为生产资料的流入、流出和循环利用。在原材料的生产阶段，砂、石、铁矿石等原材料从自然界进入建筑工业化生态系统，被生产成为混凝土、钢铁等建筑材料，并进一步被制作成为建筑构件，在整个建造过程中不断被添加、使用，最后形成建筑实体。这是生产资料的流入过程。而在建筑物到达使用年限后，进行拆除，部分材料报废，重新回到自然界进入整个生态圈的物质循环圈，部分材料还可以通过回收再利用，再次进入建筑工业化生态系统的小的物质循环圈。

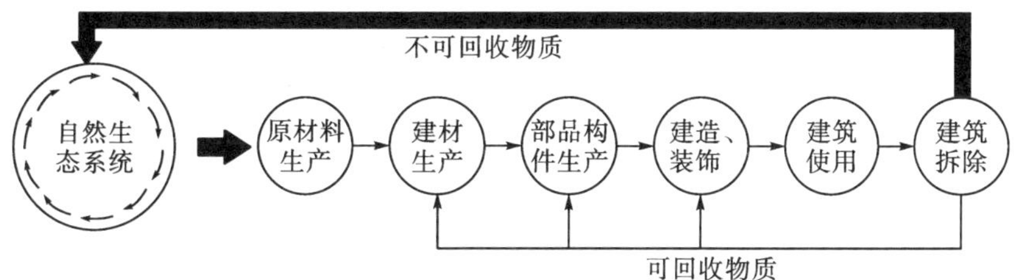

图 5.11　建筑工业化生态系统物质循环功能示意图

（二）能量流动

在自然生态系统中，太阳能通过生产者的光合作用进入生态系统，并沿着食物链、食物网进行传递，作为一切生命活动的能量来源。能量是生态系统中各物种进行生命活动的基础和根本动力。类似地，在建筑工业化生态系统中，也存在着这样的“能量”——资金。建筑工业化生态系统具有产业属性，生态系统中的各相关参与方，除部分服务者外，绝大多数都是以营利为目的的，资金(或者说是利润)是驱使他们进行生产、服务活动的根本。但在建筑工业化生态系统中，能量的流动并非始于生产者，而是始于最终消费者，按照开发商→承包商→构件供应商→材料供应商的流向进行流动和分支。

（三）信息传递

伴随着物质循环和能量流动过程，建筑工业化生态系统中也存在着大量复杂的信息传递。这些信息包括：①外部环境向企业群落传递的信息，如政策、标准、规范等信息，经济水平、市场容量、市场价格等信息；②企业种群与企业种群之间传递的信息，如围绕同一项目的各相关参与方之间传递项目信息，产品的供给与需求信息、企业与企业之间合作与并购意向/关系等信息；③企业种群内部传递的信息，如企业与企业间的合作、从事建筑工业化的经验等信息。

（四）经济功能

建筑工业化生态系统具有社会经济系统的特性，系统中的各企业都是具有逐利性的。生产型企业从系统外部获取生产资料，投入建筑工业化生产链，向社会提供建筑产品及相关服务。在此过程中，资金通过最高级消费者注入整个系统，沿建筑工业化产业链逆向流转，带动整个产业的生产、消费、废弃物处理等活动，同时实现产业链上各企业的盈利。可以认为，经济功能是建筑工业化生产系统最基本的功能。

（五）生态功能

生态功能是指建筑工业化生态系统能够为区域经济及周围居民的生产生活提供一定数量与质量的生态环境资源的功能，包括资源供给、废弃物分解还原、环境容纳等生态调节功能(董岚，2006；焦春丽，2008)。在当前的发展阶段，尽管建筑工业化还并未实现通过部品回收产生逆向物流，形成产业纵向闭合，提高材料利用效率或是将其产品作为海绵城市的基本组成，增强城市容纳及调节能力等美好愿景，但即使从当下看来，其节材、节水、节约人工消耗、减少建筑垃圾等环保特性也已有所体现。

（六）文化功能

如前所述，企业 DNA 的双螺旋链即为企业的资本链和劳动力链，这是所有企业能够广泛获取的基础物质。而不同的企业又是具有自身个性的，如何实现这种个性，主要依靠四种碱基的排列组合，即企业家才能(E)、企业文化(C)、企业技术(T)、管理机制(M)。这其中，不管是企业家才能也好，还是企业技术也好，都可以通过人员流动或共享、学习、购买等方式进行复制，而唯独企业制度、企业文化是根植于企业内部，受到多种因素的作用，难以被模仿和替代。这也是企业异质性的根本。因此，建筑工业化生态系统的文化功能非常重要，主要包括企业内部文化、战略等的传承，这是建筑工业化生态系统多样性和稳定性的重要保证。此外，建筑工业化生态系统还应重视其在实践中所形成的可持续发展的生态文化传播等。生态文化功能的实现能够促进人们形成和谐共生、可持续发展的自然认知、生产经营观及绿色消费观，对于建筑工业化生态系统的长久可持续发展具有重要意义。

建筑工业化生态系统的经济功能、生态功能及文化功能相互联系、相互制约，共同构成了建筑工业化生态系统的复合功能整体。经济功能是生态功能和文化功能的物质基础和保证，完善的生态功能促进系统经济功能更合理、高效地实现，文化功能则是对经济功能和生态功能在意识层面的保障和指导。

本章小结

本章参考系统、产业系统、生态系统的基本定义，对建筑工业化生态系统进行了界定。通过分析建筑工业化生态系统的构成，明确了建筑工业化生态系统的构成要素，其生物要素的层次及关联以及非生物要素的作用。在此基础上，分析了建筑工业化生态系统的空间、时间结构及其系统整体功能。

本章提出，建筑工业化生态系统是在一定的地域空间和同一时间内，从事建筑工业化相关活动的组织群体相互作用、相互依赖，并与其所处的自然、政治、经济及社会等环境进行互动而形成的具有一定结构的有机功能整体和动态演化系统。建筑工业化生态系统由生物要素和非生物要素构成，其中生物要素具有企业个体-企业种群-企业群落-生态系统的构成层次，通过产业关联和生态关联相互联结形成一定的群落结构，并在环境的作用之下形成建筑工业化生态系统的整体空间、时间结构，并发挥系统的物质循环、能量流动、信息传递及经济、生态、文化整体功能。

本章通过明确建筑工业化生态系统的基本构成要素、构成层次及其形成过程，为第六章的相关分析提供了基础及基本分析思路。正是这些构成要素的状态变化及其相互之间的连带作用带动了建筑工业化生态系统的演化。

第六章　建筑工业化生态系统产业演化及企业转型关键驱动因素

作为一种新型生产模式，建筑工业化改变了现有的建筑产业链条、生产关系和生产技术(见第五章)，并在产业链条不断完善的过程中，逐渐形成自身的产业生态系统，具备相应的产业属性和生态属性。产业哲学理论中提到，任何产业和新兴行业在其发展和演化过程中都有着自己本质的规律和特征，建筑工业化产业也不例外。同时，建筑工业化作为复杂系统的一种，也符合复杂系统特征，即系统的演化是其要素之间相互作用的结果。同作为复杂系统的一种，建筑工业化生态系统的演化可以类比于自然生态系统和商业生态系统。自然生态系统的演化会受到自然环境和系统内生物的特性影响，自然条件优越、动植物种类丰富的生态系统，发展速度往往较快，系统更新和优化的频率也更为频繁。而对于商业生态系统而言，社会经济、政策环境以及自然环境的变化，会引起系统内企业战略调整、组织格局改变，从而对系统的整体发展产生不可忽视的影响。因而，在建筑工业化生态系统演化的过程中，其同样会受到系统环境要素的作用，使得系统内主体要素做出回应，共同促进建筑工业化生态系统的发展。

第一节　建筑工业化生态系统演化驱动

一、驱动力理论

中国《现代汉语词典》关于“驱动”的解释为：驱使行动，施加外力，使动起来。牛津大辞典关于“Drive”的解释为“Urge or force (animals or people) to move in a specified direction”，“An innate, biologically determined urge to attain a goal or satisfy a need”，“An organized effort by a number of people to achieve a purpose”。心理学中关于驱动理论的解释中提到，当稳态机制监测到内部不平衡时，一个驱动将为了恢复平衡而产生(Hockenbury，2012)。对以上的解释进行解读，可以将“驱动”理解为主体为了实现一个目标，在内外部条件的作用下，向平衡态方向运动的过程。因而，在理解一个驱动的过程中，需要明确该驱动过程的主体、驱动条件、目标方向。

驱动过程的主体往往需要依据驱动的目标而定，企业战略转型的驱动过程的主体即为该企业，客户关系管理驱动过程的主体是处理客户关系的群体，顾客价值驱动的过程主体是获取顾客价值的商家或者企业等(初旭，2013；杨龙和王永贵，2013；杨永恒等，2002)。驱动过程的主体往往具有一个明确的方向和目标，在受到驱动条件的驱动下会则朝着驱动的方向和目标前进。对于一个驱动过程来说，驱动过程的主体往往是既定的，而驱动条件则是变化的，驱动条件类型和程度的不同往往会影响最终驱动目标的达成或者驱动方向的正确性。

物理学中常见的对驱动的认知则是关于车辆驱动问题，其表示车辆保持正常行驶的驱动条件为驱动力不小于行驶状态下所遇到的道路阻力和空气阻力之和。“力学”作为一个物理概念，用来解释自然界某种物理现象和实体运动状态，随着学科之间的交叉和融合，力学的基本理念和思想也被引申到社会学、管理科学等领域，借以解释某种社会经济现象的发展规律，或探讨组织运行或管理过程中的动力结构问题。比如，孟娜和吴超(2009)用管理力学理论建立了一种安全管理系统的力学分析方法和实施程序。卿雄志和吴荣华(2010)也将物理力学用于旅游发展的分析中，建立了旅游发展的力学模型。在社会经济管理领域，动力通常泛指事物运动和发展的推动力量。具体而言，即是通过调整社会经济发展的规模、速度和节奏，通过协调各参与方的观念、价值取向和利益分配，通过调节结构、功能以及决策和运行系统，促使社会经济符合事物发展的客观规律，以实现顺和、均衡有序的目标。在第五章第三节中介绍建筑工业化生态系统环境要素作用时，也提出了影响建筑工业化生态系统发展的各种力，包括内部驱动力、牵引力、拉力、推力、压力以及阻力，从推进事物发展角度来看，驱动力主要分为内部驱动力和外部驱动力(即牵引力、拉力、推力以及压力之和)，内部驱动力和外部驱动力共同刺激驱动过程的主体向目标方向前进。

驱动力主要由各类驱动因素产生，在第四章介绍系统发展的影响因素中提到古希腊哲学家亚里士多德的“四因说”，指出事物发展的“四因”包括“质料因”、“形式因”、“动力因”以及“目的因”，也进一步说明驱动过程的动力来自各种动力因素。王鹏(2008)指出构建粤港澳跨行政区域创新系统的主要驱动因素包括资源的稀缺性，经济的互利性以及政府的自觉性；郭立新和陈传明(2010)基于知识网络和资源网络的视角认为模块化网络中企业技术创新能力系统演进的驱动因素分为内部环境变量和外部环境变量；余中元(2013)在其文章中从社会生态系统的角度将影响开发区土地集约利用的驱动因素分为了四类，即压力因素、管理因素、发展因素以及文化因素，同时其将开发区视为一个复杂的社会生态系统，由自然环境、资源系统，社会经济环境，政治体制、用户、治理系统等多个子系统构成，子系统间相互分离又相互作用，各个驱动因素来源于各个子系统之中。因而，在进行驱动因素的梳理时，可以先进行驱动内外部环境的梳理，从内外部环境中提取驱动整个过程的因素，并总结其对应的驱动力。内部环境主要是指产业自身的特征，比如产业的特性：是否生态友好、是否资源节约、是否高效、是否经济等；而外部因素主要是指产业所处的生态环境、社会环境、技术环境、政策环境以及市场环境等。

建筑工业化生态系统的演化驱动过程也符合一般的驱动特征，需要对驱动过程的主体进行界定，对产生的驱动力进行分析，以及重点关注影响驱动力的各项驱动因素。

二、建筑工业化生态系统的演化驱动

(一)建筑工业化生态系统演化驱动过程的主体

1. 驱动受力主体：企业

建筑工业化生态系统中驱动因素促进了建筑工业化的发展以及建筑工业化生态系统

的成长、成熟，但实质上因素直接影响的以及驱动力直接作用的主体是系统中的产业链条上的相关参与方，即第五章中对建筑工业化生态系统主体界定中的企业个体，包括开发商企业个体、施工单位企业个体、设计单位企业个体、构件厂商企业个体等。建筑工业化生态系统中的驱动因素影响了主体的态度和意愿，而企业的态度和意愿又决定了他们是否会采用以及实践建筑工业化生产方式。因而，可以将建筑工业化生态系统中产业链条上的企业视为受力主体。

2. 驱动施力主体：政府、企业消费者

在建筑工业化生态系统中，环境是产生驱动因素的主要来源，其中生态环境、社会环境、技术环境以及部分市场环境是长期以来沉淀发展的结果，而政策环境和市场环境中的消费者相关部分却是能够不断进行调整和引导的部分，而这两部分参与决策和引导的主体则是政府和消费者。政府根据其他环境状态，能够对政策环境做出即时的调整和修正，从而引导整个系统环境向更优化的方向发展；而消费者则是可以受人为影响做出消费决策，而其消费决策又将引导市场环境的变化，从而影响整个系统环境状态。企业在感受到政策、市场、技术变化的同时会对企业自身的战略、组织架构等进行修订和调整，从而促进企业能够更好地适应环境，间接带动了建筑工业化生态系统的演化。因而，可以将政府、企业和消费者视为建筑工业化生态系统驱动的施力主体。

(二) 建筑工业化生态系统的演化驱动环境

在第五章中，梳理出了建筑工业化生态系统的环境要素(图 6.1)，包括政策环境、生态环境、市场环境、社会环境、技术环境、自身附加值环境(毛超，2013)。其中：

(1) 政策环境是指政府制定的政策与法规，包括了强制性标准和规范、经济激励政策等。建筑工业化生态系统的政策环境则涉及标准化体系的建设、工业化产品的准用制度、产品质量认证制度；实施工业化建造方式的经济激励政策等。

(2) 生态环境的影响主要指的是社会经济活动(包括建设活动)造成环境污染、资源消耗和浪费等带来的环境问题，以及在全球气候变暖、节能减排的宏观环境对建筑工业化生态系统的间接驱动。

(3) 市场环境包括了产业发展、下游产品消费市场和上游原材料、构件供应市场，涉及了产品供求关系、产品价格、市场竞争条件、市场机制、产业链结构、预制构件制造和供应、劳动力供需等方面的情况。

(4) 社会环境主要是整个社会的社会责任感、价值观、节能减排的意识、环境保护意识、对新产品的认知和接受等。

(5) 技术环境是指技术水平、技术政策、新产品开发能力以及技术发展动向等。建筑工业化生态系统的技术环境代表着我国目前建筑行业工业化现代化的生产水平、工厂化生产线能力、预制工艺和技术、技术研发的实力、技术人员和资金配备情况等。

(6) 自身附加值环境。主要是指建筑工业化生态系统自身所具备的能够带来经济、社会、环境方面的效益，包括环境污染的减少，施工过程的安全、降噪，现场施工劳动力需求的下降等。这些效益能够有效地刺激建筑工业化生态系统中的参与主体进行建筑工业化活动。

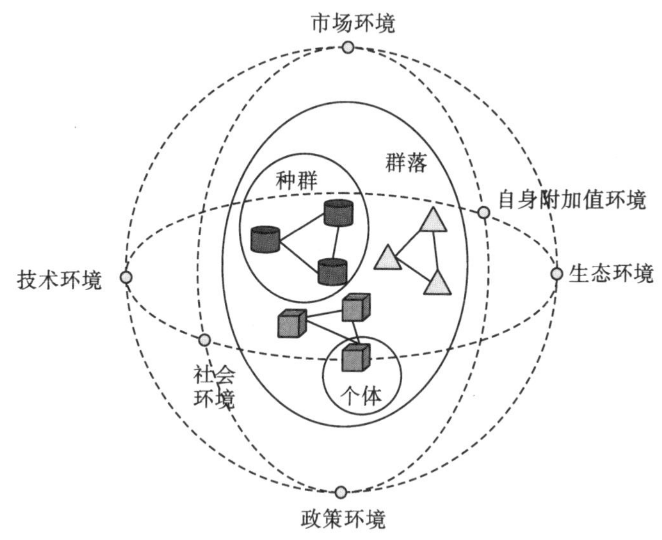

图 6.1　建筑工业化生态系统内外部环境图

复杂系统理论中指出：世界上所有的事物都自成系统，而又归属于一个高于其结构的更大的系统。相对于高于自成系统结构层次的大系统而言，各个系统只是构成这个大系统的一个或多个要素，或者是作为大系统的某个结构层次的事物而存在(刘曾荣和李挺，2004；叶伟巍等，2014)。在建筑工业化生态系统中，当我们把所有的生物当成相对独立的子系统看待时，那么政策环境、生态环境、市场环境、社会环境、技术环境、自身附加值环境则成为要素子系统生存和发展的外部环境。外部环境不仅影响与规定着生物要素的整体运演，还一定程度上直接或间接影响和规定着生物要素子系统中企业个体、企业种群以及企业群落的生存和发展。这种外部环境不仅影响和规范生物要素的整体运行，而且直接或间接地影响和规范生物要素子系统中的企业个体、企业种群以及整个系统的生存发展。相反地，如果将政策环境、生态环境、市场环境、社会环境、技术环境、自身附加值环境看成一个个环境子系统，则生物要素所组成的系统又可以理解为影响环境子系统的外部环境。建筑工业化生态系统中这种层层相属、环环相扣的互规定关系，是建筑工业化得以长久运行和发展动因。因而在理解建筑工业化生态系统中生物要素存在、运动、发展的机理时，需要站在一个更为立体的角度上进行思考。

建筑工业化生态系统的运行和发展很难界定是环境要素优先作用于生物要素，还是生物要素的变化刺激了环境要素的改变，这是一个长期的循环往复的过程。本章节主要为了明确生物要素的演化对环境要素的适应和需求，因而主要讨论环境要素对生物要素的作用，从而能够通过调整和改变环境要素，使得生物要素以及整个建筑工业化生态系统朝着更有利的方向发展。

(三)建筑工业化生态系统的演化驱动因素特征分析

通过对建筑工业化生态系统环境要素的梳理，能够从不同环境子系统中对影响建筑工业化生态系统发展的关键驱动因素进行识别，可以继续利用波特钻石模型对梳理出的关键驱动因素之间的相互关系进行进一步的解读。波特钻石模型(图 6.2)是一个理论模型，它解释了某个国家的某些行业为什么在国际上具有竞争力，其“集群”观点或相互关联的公司、供应商以及相关行业和特定地区组织机构组建的群体，已成为企业与政府考虑经济、评估区域竞争优势和出台公共政策的新途径。建筑工业化生态系统中包含企业以及企业集群的内容，用以解释影响企业以及企业集群发展的因素之间的关系，具有一定的可行性。

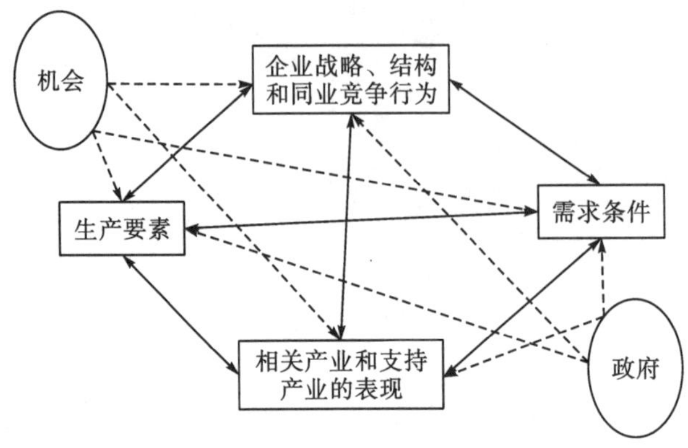

图 6.2 波特钻石模型图

在波特钻石模型中，认为影响某种产业发展的要素有 4 种：生产要素；需求条件；相关产业和支持产业的表现；企业战略、结构和同业竞争行为。在建筑工业化生态系统中，生产要素主要是指建筑工业化生产所需要具备的基础条件，包括自然资源、人力资源、基础设施、资本资源等；需求条件主要是指市场对于建筑工业化生产方式的需求；相关产业和支持产业的表现主要是指建筑工业化上下游企业之间的相互带动作用；企业战略、结构和同业竞争行为主要是指企业为发展建筑工业化而制定的企业战略，以及设置的企业组织结构，竞争对手表现影响企业的市场份额、企业决策等因素。4 大要素之间彼此联系，彼此影响，构成建筑工业化生态系统驱动因素网络。同时，钻石模型指出还存在两个影响产业发展的变量，即机遇和政府。机遇和整个的建筑工业化生态系统环境存在密切联系，可遇而不可求，机遇会对 4 大要素产生一定的影响。对于建筑工业化来说，传统建筑业高能耗、高污染、低效率的特征已经使其落后于其他产业，亟待进行产业转型，而建筑工业化能够提高质量、提高效率、减少污染和能耗，促进建筑业往更为健康的状态发展，这是其最大的机遇。政府角色包括政府行为和政府政策，政府行为可以体现在其参与建筑工业化项目，主导建筑工业化项目开发等，而政府政策则是推动市场需求、促进产业发展、降低行业准入门槛的重要方式。

(四) 建筑工业化生态系统的演化驱动力

借鉴力学理论的基本思想，建筑工业化生态系统中各个要素的影响作用来源于各种驱动力的驱动。动力因素包括内部因素及外部因素：内部因素指由驱动主体自身内在需求产生的原动力，包括经济利益方面的驱动力，以及工厂化可持续性能优势的牵引力等；外部因素主要是来自外部环境作用产生的压力、拉力、推力等多种外力，这些外部力量涵盖了政策、技术、市场等方面。牵引力指的是该模式“可持续性能优势”，即其在经济、社会和环境三重基线上表现出来的优势引力，这是建筑工业化生产方式自身表现的内部动力；驱动力来源于行为主体，企业的态度、价值观、社会责任等对其他行为的驱动力；压力则包括了建筑业的高能耗、高排放、高污染、低生产率等方面带来的压力。推力指的是“决策和政策推动”，一方面来自政府对该模式的政策引导和支持作用；另一方面是指“技术创新”，也就是在技术推动论下，单纯靠技术发展来促使该模式的应用。拉力指的是“需求拉动”，通过住宅市场的需求大小、产业升级需求、劳动力需求来拉动工厂化建造的发展。因而，建筑工业化生态系统的动力是所有动力因素作用力的总和。

第二节 建筑工业化生态系统演化的关键驱动因素识别及其作用机制

一、文献综述法确定驱动因素的范围

在已有的文献中，关于建筑工业化关键作用因素的讨论，通常采用直接阐述和间接反映方式来研究。

第一种是直接阐述作用因素的种类。有学者（Pan et al.，2007，Lovell and Smith,2010；Blismas and Wakefield，2007）提出英国私人业主采用建筑工业化的主要因素就在于这种方法可以节省施工时间、解决行业用工问题、确保产品质量、健康安全和环境效益。

第二种是通过分析建筑工业化的可持续性、政府角色和政策等，间接反映这些方面对建筑工业化发展的影响。①在可持续发展的工业化过程中，Tatum 等（1986）在发表的文章中解释了预制模型以可持续的方式改善项目绩效。国外一些学者从实践角度对有关的可持续表现进行了量化研究。Jaillon 和 Poon（2008）对中国香港多个案例进行了研究，研究表明，预制可节约 41％的用水量，减少约 56％的废物排放量，并将安全事故减少约 6%。就碳排放而言，Mao 等（2012）对传统建筑和工业化施工过程的碳排放进行了比较分析，研究发现，预制率越高，建筑工业化的碳排放量就越低。这些可持续绩效的经济效益是企业行为的激励。通过分析建筑工业化在可持续发展中的显著优势，间接表达了建筑本身产业化带来的附加价值对于业主的吸引力，从这个方面间接反映了可持续性能的推动作用。②在政府角色和政策制定方面，郭戈（2009）提到欧洲国家正是有着完善成体系的标准和规范，其建筑工业化的应用程度相对较高，例如，瑞典国家标准和建筑标准协会在 20 世纪 60 年代初开始公布工业建筑的设计规范和标准。另外，日本通过一系列金融和金融体系和技术政策促进了住房工业化的发展（纪颖波，2011a）；中国香港房屋署亦要求公屋的混凝土构件预制率高达 65%，并颁布了相应的地区豁免政策，这一政策调动了当地开发商的积极性；新加坡已经授权使用工业化预制组件来实现住房的“可建造性”，并颁布了一系列政策、法规和标准来促进。这些研究也间接表明，政府的作用极大地推动了建筑工业化的发展。具体从文献中梳理的建筑工业化生态系统驱动因素见表 6.1。

表 6.1 建筑工业化生态系统转型升级的关键作用因素

序号	影响因素	文献来源
1	可减少全生命周期成本	Pan 等(2007)；Blismas 等(2006)；Goodier 和 Gibb(2007)
2	可提升劳动生产率	Pan 等(2007)；Blismas 等(2006)
3	可缩短施工工期	Pan 等(2007)；Blismas 等(2006)
4	工人作业环境的改善	Blismas 等(2006)
5	减少噪声污染	Jaillon(2009)；
6	产业链升级	Blismas 等(2006)
7	政府强制性规范和标准的实施	Blismas 等(2006)
8	市场住宅需求	Blismas 等(2006)
9	可降低职业安全风险	Pan 等(2007)；Blismas 等(2006)，
10	可持续性的优势	Goodier 和 Gibb(2007)
11	可保证产品质量	Blismas 等(2006)；Goodier 和 Gibb(2007)
12	产业工人技能的提升	Blismas 等(2006)，Pan 等(2007)
13	劳动力紧缺	Pan(2006)
14	产品价值的提升	Goodier 和 Gibb(2007)
15	能满足客户的多重选择	Goodier 和 Gibb(2007)
16	延长了建筑构件的寿命	Goodier 和 Gibb(2007)
17	企业战略	Pan 等(2007)
18	企业态度	Pan 等(2007)
19	建筑领域技术创新	王蒲生等(2010)
20	市场竞争状况	王蒲生等(2010)
21	政府推动	Pan 等(2007)
22	外部环境污染和资源消耗的压力	Egan(1998)
23	传统建筑生产活动的弊端	Egan(1998)
24	减少生产活动对环境的影响	Pan 等(2007)；Goodier 和 Gibb(2007)

对上述文献的分析能够对建筑工业化生态系统的驱动因素具有一个初步的认知，且能够在此基础上对影响建筑工业化生态系统发展的驱动因素进行丰富和深化。

二、深度访谈及问卷调查法筛选出关键驱动因素

通过对大量的文献进行分析，并结合前期的调研，总结出得到广泛认可的能够驱动建筑工业化发展的35个因素，但是这35个因素中并不是所有的因素都能够起到关键性作用。根据二八法则，少部分的因素常常会产生大部分的影响。因而，若能够识别这少部分因素，则有利于分析并掌握建筑工业生态系统演化驱动的关键因素。而深度访谈和问卷调查则有助于关键驱动因素的筛选。

通过对 15 位有经验的访谈对象进行访谈，并根据访谈的结果和文献中对驱动因素的

拆解和丰富，共梳理出 35 项建筑工业化生态系统驱动因素以设计调查问卷，在第一轮问卷调研中共回收 200 份问卷，其中有效问卷 88 份，第二轮问卷调研中共回收 202 份问卷，其中有效问卷 161 份，两次问卷调查中共回收建筑工业化生态系统驱动因素有效问卷合计 249 份。通过前文中对建筑工业化生态系统环境要素内涵定义，对 35 项驱动因素进行环境系统归类，并通过波特钻石模型中关于各个要素的定义，对各个驱动因素进行分类，并按“①-机会；②-企业战略、结构和同业竞争行为；③-生产要素；④-需求条件；⑤-政府；⑥-相关产业和支持产业的表现”6 个特征对要素进行编号，为下文进行因素分析时服务。各个因素带来的驱动力程度分为 1～5 五个等级，表示从最低驱动力至最高驱动力的递进，对各类驱动因素的累积作用力进行叠加得到表 6.2。

表 6.2　建筑工业化生态系统驱动因素及其累计驱动程度表

序号	类别	驱动因素（①-机会；②-企业战略、结构和同业竞争行为；③-生产要素；④-需求条件；⑤-政府；⑥-相关产业和支持产业的表现）	累积驱动程度/%				
			5（高）	4	3	2	1（低）
1	技术环境	对现有施工工艺改进的必要性-①	15.9	44.3	78.4	96.6	100
2		对施工过程的管理进行改造的意愿-②	12.5	43.2	81.8	96.6	100
3		工厂化建造模式的预制率水平-③	23.9	55.7	80.7	93.2	100
4		先进施工技术的推广和应用-③	19.3	43.2	78.4	96.6	100
5		建筑工业化技术研发的资金保障-③	18.2	40.9	69.3	95.5	100
6		工业化技术研发的人员配备充实-③	14.8	40.9	70.5	94.3	100
7	社会环境	决策者对工厂化建造收益的预期-②	17.0	55.7	83.0	93.2	100
8		决策者对施工工期和质量的追求-②	21.6	50.0	86.4	97.7	100
9		决策者对可持续发展的意识程度高低-②	18.2	45.5	78.4	95.5	100
10		对精益建造的理解和追求-②	22.7	48.9	73.9	96.6	100
11		决策者的长期战略目标-②	13.6	47.7	84.1	94.3	100
12		消费者对工业化住宅的需求和偏好-④	18.2	42.0	67.0	90.9	100
13		消费者对工业化住宅的认识和理解程度-④	11.4	30.7	67.0	85.2	100
14	生态环境	建筑固体废弃物污染严重-①	20.5	34.1	65.9	88.6	100
15		施工过程中噪声污染大-①	19.3	36.4	58.0	90.9	100
16		施工过程中大气污染严重-①	15.9	33.0	61.4	89.8	100
17		建筑材料消耗量大-③	17.0	43.2	75.0	93.2	100
18		建筑能源消耗大-③	15.9	37.5	75.0	94.3	100
19	市场环境	建筑业总产值的发展趋势-①	21.6	46.6	79.5	95.5	100
20		建筑企业利润总额的趋势-①	26.1	51.1	78.4	94.3	100
21		建筑业产业结构逐步完善的必要性-①	14.8	44.3	79.5	96.6	100
22		建筑业产业结构升级的创新与变革-①	17.0	53.4	81.8	97.7	100
23		企业在工业化住宅的资金投入力度-②	18.2	38.6	68.2	88.6	100
24		对未来潜在市场机会的预期-②	19.3	51.1	86.4	94.3	100
25		劳动力缺口逐步显著-③	26.1	61.4	81.8	94.3	100

续表

序号	类别	驱动因素（①-机会；②-企业战略、结构和同业竞争行为；③-生产要素；④-需求条件；⑤-政府；⑥-相关产业和支持产业的表现）	累积驱动程度/%				
			5（高）	4	3	2	1（低）
26		工业化住宅的市场占有增长率-④	19.3	43.2	69.3	93.2	100
27		工厂化建造的市场准入制度-④	17.0	37.5	76.1	88.6	100
28		建筑业劳动生产率低下-⑥	20.5	46.6	78.4	95.5	100
29		人工成本持续上涨-⑥	31.8	60.2	83.0	96.6	100
30	政策环境	预制装配技术的财政补贴或税收优惠-⑤	20.5	51.1	78.4	92.0	100
31		对预制房屋的面积豁免或奖励-⑤	17.0	51.1	76.1	89.8	100
32		对预制房屋的容积率的奖励-⑤	21.6	54.5	78.4	90.9	100
33		规划与设计方案审批中的强制性标准-⑤	20.5	52.3	79.5	89.8	100
34		对新建建筑采用预制构件的限制-⑤	13.6	35.2	73.9	93.2	100
35	自身附加值环境	工厂化建造模式可能带来的低成本-①	19.3	53.4	84.1	94.3	100

不同的驱动因素在不同驱动力级别所表现的驱动效果不同，以驱动力为标准按照驱动效果对不同的驱动因素进行排序，可以看出在不同的驱动力之下的关键性驱动因素。图 6.3 中选取了不同驱动力度驱动效果最明显的 10 项驱动因素，并对各个不同驱动力度 10 项因素的驱动特征进行分析。从图中可以看出：

（1）2 级驱动力标准下，有 4 项机会要素驱动因素，3 项企业战略、结构以及同行竞争驱动因素，2 项相关支持产业表现因素和 2 项生产要素驱动因素，驱动效果最好的是“决策者对施工工期和质量的追求”和“建筑业产业结构升级的创新与变革”；

（2）3 级驱动力标准下，有 5 项企业战略、结构以及同行竞争驱动因素，3 项生产要素驱动因素，1 项相关支持产业表现因素和 1 项机会要素驱动因素，驱动效果最好的是“对未来潜在市场机会的期望”和“决策者对施工工期和质量的追求”；

（3）4 级驱动力标准下，有 4 项政府要素驱动因素，3 项生产要素驱动因素，2 项机会要素驱动因素，1 项相关支持产业表现因素和 1 项企业战略、结构以及同行竞争驱动因素，驱动效果最好的是“劳动力缺口逐步显著”；

（4）5 级驱动力标准下，各个类别因素的作用相对较为均衡，其中“人工成本持续上涨”驱动效果最好，且显著高于其他因素作用。

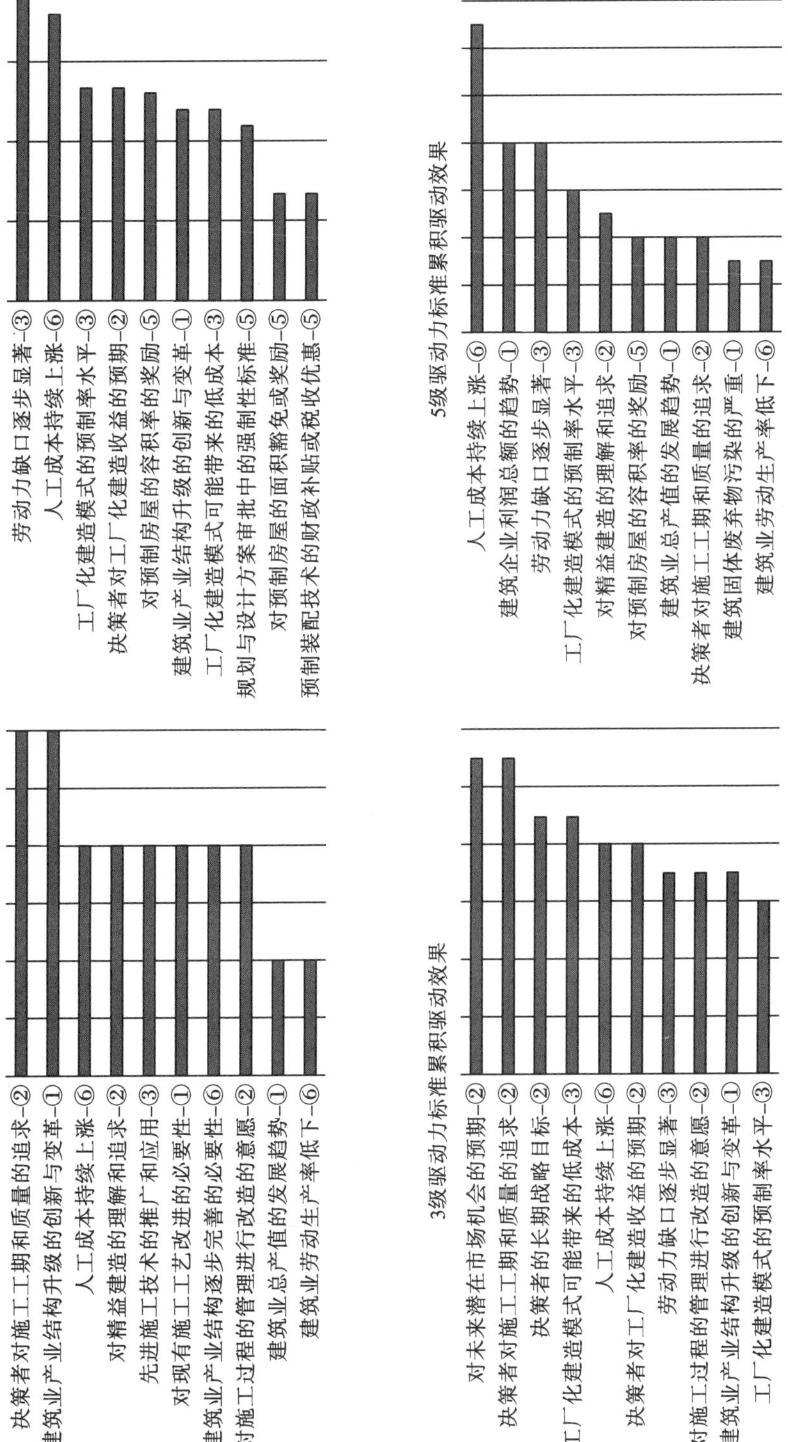

图6.3　不同驱动力标准下各个因素累积驱动效果

通过分析发现(图 6.4)，建筑工业化生态系统驱动因素进行驱动的效果具有一定的规律性，也符合我国目前建筑工业化生态系统发展呈现的一般状态。对于建筑工业化生态系统的驱动而言，机会要素是使建筑工业化生态系统中受力企业产生从事建筑工业化生产方式的初始意愿(即 2 级驱动力标准)。落后的传统建筑业行业亟待转型升级，需要采用新的、可持续的建筑业生产方式是受力企业普遍发现的建筑业发展方向，在这样的环境背景之下，企业需要应对未来的行业变革，更好地适应未来的建筑业环境并获得持续的生存能力。而建筑工业化作为新型的建筑业生产方式是建筑行业变革的趋势和方向，是受力企业发展和转型的方向之一。

当受力企业产生初始意愿之后，能够进一步推动企业向建筑工业化方向转型的动力更多在于企业战略、结构和同行竞争要素(即 3 级驱动力标准)。受力企业需要对行业的变化具有一定的感知能力，且做出相应的回应才能将企业意愿向企业实践转化。因而，企业是否将建筑工业化作为企业长远的发展战略，是否针对建筑工业化生产方式做出企业结构的调整，是否具有积极面对建筑工业化的态度和行为以及是否具有其他企业的带动和竞争作用，对企业从事建筑工业化实践存在较大影响。

调查结果以及我国建筑工业化生态系统发展的现状均表明，大部分建筑工业化实践的开始均依赖于政府政策(即 4 级驱动力标准)。政府政策出台之前，企业具有从事建筑工业化的意愿，但是大多数企业均处于观望的状态，并没有真正开始建筑工业化实践。政府政策的出台，一方面强制要求建筑企业向建筑工业化方向转型，一方面提供较多的优惠、补贴政策激励企业开展建筑工业化项目。政府政策因素是所有驱动因素中的可控性因素，能够通过政府主体依据其他系统环境做出变化和调整。

越过政府政策因素，市场变化成为企业自主进行建筑工业化转型的关键。从图中可以看出真正能够促进建筑工业化生态系统主动从事建筑工业化转型的要素为直接的经济效益(即 5 级驱动力标准)，以人工成本上涨为例，当劳动力短缺以及人工成本上涨到一定程度，采用传统的建筑业生产方式已经难以保证项目的工期、质量以及成本上限，从而导致企业利润下降、企业在市场中的持续竞争力下降，甚至企业的衰亡。因而，在利润压力下，由于建筑工业化具备提高生产效率、质量、节约劳动力的特征，企业会自发地进行建筑工业化实践。

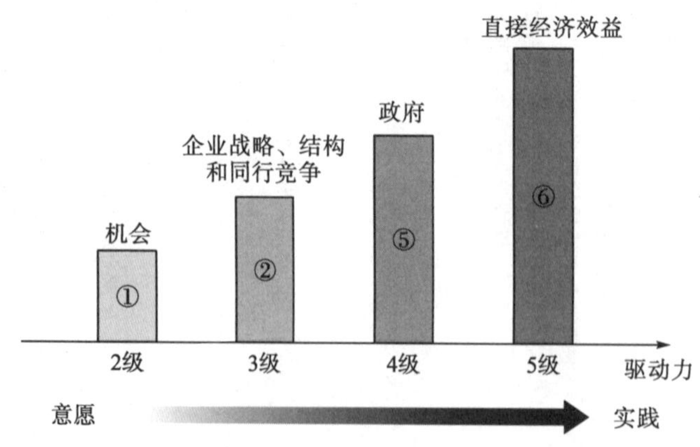

图 6.4　不同驱动力标准下的主导型驱动因素

而就当前我国建筑工业化生态系统发展的状态来看，已经具备相应的机会要素，大部分企业也已经将建筑工业化上升至企业战略层面。虽然劳动力短缺以及人工成本上涨成为建筑业市场不可逆转的趋势，但是还未有对建筑工业化生态系统中企业的利润产生冲击。目前，采用建筑工业化的生产方式不一定能够为企业节约成本，产生更多的利润，相反地，由于企业缺乏从事建筑工业化的经验，以及技术、标准规范等的不完善，企业甚至需要付出更多的成本来落实建筑工业化项目。在这样的环境特征下，着眼于政府政策因素，加快企业意愿转化为企业实践，成为最直接有效地推动建筑工业化生态系统发展的方式。

而采用结构方程对驱动因素进行定量化分析可得出 4 条关键驱动路径：

(1)企业持续竞争力追求→工厂化建造的经济效益→实施意愿与行为；

(2)企业持续竞争力追求→政府政策→技术进步→工厂化建造的经济效益→实施意愿与行为；

(3)企业持续竞争追求→政府政策→市场需求→实施意愿与行为；

(4)企业持续竞争追求→政府政策→社会责任感→实施意愿与行为。

从路径中也可以发现，“企业的可持续竞争力追求”和“政府政策”是两个源头性主导因素。

无论是前期研究还是通过钻石模型对识别出的影响因素的聚类分析，都表明政策是影响建筑工业化生态系统发展的关键因素，尤其是在目前我国建筑工业化生态系统的所处阶段。而且，相较于其他因素，政策具有一定的中介作用。政府可以通过政策来调节市场、技术、生态、社会环境中的其他影响因素，从而更好地促进建筑工业化的发展。通过制定、调整、完善政府关于建筑工业化生态系统的政策，能够有效地促进我国建筑工业化生态系统的发展。

第三节　建筑工业化生态系统演化的主导因素分析

通过第五章第二节中对建筑工业化生态系统驱动因素的识别以及对各类特征因素对于建筑工业化生态系统的驱动作用的分析，明确了企业的直接经济利益和政府政策是企业将建筑工业化意愿转化为建筑工业化实践的主导因素。而在第五章第二节中也明确提出，目前同传统建造方式相比，建筑工业化生产方式不一定能够节约项目成本或者增加项目收益，所以完全依赖于市场作用促进建筑工业化生态系统的发展还存在较大的困难。

由于本章节主要是从外部环境要素出发，分析其对生物要素的作用机制，暂时不考虑生物要素内部的作用机制，而在外部环境要素的作用之后，生物要素内部的运行规律及机制将在第七章进行讨论。因而，在前文分析的基础上，为了能够更进一步了解建筑工业化生态系统中环境要素对生物要素的作用机制，本章展开更深入的访谈和调研，并着重考虑政府政策因素对建筑工业化生态系统的演化的影响，为第八章系统仿真进行铺垫。

一、建筑工业化生态系统演化主导因素确定

为了能够更好地了解政府政策因素对建筑工业化生态系统的影响，本章开展了深度访

谈和问卷调查，对建筑工业化相关参与方的影响因素及政策诉求进行筛选和收集。

本次共访谈了 16 家采用工业化方式的企业，包括开发商、设计单位、施工单位、构件厂商等，分布在西南地区、东南地区、东部以及北部等地区。访谈对象均对建筑工业化的方式有着一定的实践经验和了解，且多为已经具有一定建筑工业化从业经验的技术管理人员或者企业管理人员，能够理解建筑工业化概念定义、相关技术手段以及自身企业在推进建筑工业化过程中遇到的障碍、问题、采取的措施和办法，从而从经验中确定能够推动建筑工业化发展的关键性因素。访谈基本内容包括：

(1)访谈对象的基本信息，从而确保访谈回答的有效性和科学性；

(2)访谈对象对我国建筑工业化发展的认识和评价；

(3)影响企业从事建筑工业化的关键因素及动力；

(4)企业发展建筑工业化的政策诉求；

(5)企业在向建筑工业化转型过程中采取的措施及战略方式。

每次访谈的时间为 30～60 分钟。与企业进行深入访谈的结果表明，企业在考虑从传统建造方式向工业化建造方式转型的过程中，主要受到新技术的潜在价值、成本、经济效益以及政策导向的影响，且明确表示技术与成本可以通过一定的手段和方法进行升级和控制，而政策作为可控的关键主导因素，其引导有助于工业化建筑市场的形成，以及解决技术与成本的相应问题。

二、建筑工业化生态系统演化关键政策因素梳理

深度访谈的结果进一步强调了政府政策对企业从事建筑工业化的促进作用，为了更好地了解具体政策的实施效力，本章拟对现有国家政策以及各个地方出台的政策进行梳理归类，并据此确定政策执行区间，为第八章的政策效力模拟提供一定的数据支撑。

根据《国务院办公厅关于大力发展装配式建筑的指导意见》(国办发〔2016〕71 号)的相关规定，建筑工业化的推进分为重点推进地区、积极推进地区和鼓励推进地区三类，其中京津冀、长三角、珠三角三大城市群是重点推进地区，常住人口超过 300 万的其他城市则为积极推广地区，其余城市则是鼓励推进地区。不同类型的地区所出台的政策组合及政策强度是不同的，也因此具有不同的作用效果。本书采用文本分析的方法，通过在不同类型的地区中选取代表性城市的政策，分析其中的关键政策条款。

对于重点推进地区，选择建筑工业化的先行城市北京市、上海市作为代表性城市，对其出台的实施性政策进行分析；对于常住人口超过 300 万的城市，选择建筑工业化示范城市沈阳市、著名建筑工业化基地远大住工的总部所在城市长沙市作为代表性城市；对于鼓励推进地区，尽管有四川广安等示范类城市，但就目前已经出台实施性政策的城市而言，主要有福建南安市、江苏如皋市、江苏海门市、内蒙古乌海市、山东威海市、山东滕州市、陕西铜川市、四川广元市、浙江衢州市等，考虑到城市发展建筑工业化的能力与市场需求有较大关联，故以各城市常住人口作为选择标准。其中，以上城市的常住人口涵盖了“小于 100 万”、“100 万～200 万”及“200 万～300 万”三个区间，故选择常住人口处于平均水平的约 145 万的江苏如皋市以及常住人口约 171 万的山东滕州市作为代表城市。本书

搜集了以上城市的最新相关政策文件，如表 6.3 所示。

表 6.3　各地区代表城市相关政策文件列表

代表城市	相关政策名称
北京	《北京市人民政府办公厅关于加快发展装配式建筑的实施意见》（京政办发〔2017〕8 号）
	《北京市人民政府办公厅关于印发〈北京市发展装配式建筑 2017 年工作计划〉的通知》
上海	《上海市绿色建筑发展三年行动计划（2014—2016）》（沪府办发〔2014〕32 号）
	《上海市装配式建筑 2016—2020 年发展规划》
沈阳	《沈阳市人民政府办公厅关于印发沈阳市推进建筑产业现代化发展若干政策措施的通知》（沈政办发〔2015〕95 号）
长沙	《长沙市人民政府办公厅关于进一步推进装配式建筑发展的通知》（长政办函〔2016〕188 号）
如皋	《如皋市人民政府办公室关于印发加快推进建筑产业现代化促进建筑产业转型升级实施意见的通知》
滕州	《滕州市人民政府关于加快推进建筑产业现代化发展的指导意见（试行）》（滕政发〔2016〕12 号）

表 6.3 中一共选取了 8 项政策文件，主要为各个城市对推进建筑工业化的实施意见、指导意见以及发展规划等，在这些文件中明确表示了城市对于未来建筑工业化的发展计划，包括未来要求的工业化建筑实现比例，为了推动建筑工业化发展将会采取的战略措施、政策倾向等，不同城市的政策制定具有一定的城市针对性。在 8 项政策文件中所提及的所有政策举措中，并不是所有的政策都具有强有力的推动作用，部分政策的出台只能够基本保证企业在从事建筑工业化过程中的权益，而无法调动其主观能动性。在第六章系统驱动因素理论分析中提出双因素理论，即保健因素和激励因素。保健因素只能够保证企业在发展过程中不会存在不满意的情况，而激励因素能够激励企业产生发展向上的意识和动力。因而以双因素理论观点指出将建筑工业化生态系统的驱动政策因素分为保障性政策和激励性政策，保障性政策大多表达政府对工业化建筑发展的支持，一般难以直接地影响企业发展工业化建筑的经济效益，故没有特意将保障性政策列出，仅仅对各激励性政策文本进行分析，整理出可能对各参与方具有直接激励作用的政策条款，如表 6.4 所示。

表 6.4　各城市建筑工业化相关政策主要的激励性政策条款

政策类别	政策描述	政策说明	政策来源
奖励优惠	1 面积奖励	对自愿实施装配式建筑的项目给予不超过 3%的面积奖励，奖励部分的面积不计入容积率	北京 滕州
	2 容积率优惠	土地出让时，未明确要求但开发建设单位主动采用装配式建筑技术建设的房地产项目，在办理规划审批时，其外墙预制部分建筑面积（不超过实施产业化工程建筑面积之和的 3%）可不计入成交地块的容积率核算	沈阳 如皋
	3 土地金分期	采用产业现代化方式建设的开发项目和入驻产业基地的企业，在符合相关政策规定的范围内可分期缴纳土地金	如皋
	4 质量保证金返还	土建工程质量保证金以施工成本扣除预制构件成本作为基数计取，同时采用预制夹芯保温外墙板的项目提前两年返还质量保证金	沈阳

续表

政策类别	政策描述	政策说明	政策来源
	5 预售资金监管	项目预售资金按照 2%予以监管	滕州
	6 售价认定优惠	在认定普通商品住宅价格标准时，采用装配式建筑技术的住宅每平方米提高 300 元；采用全装修的住宅每平方米提高 1000 元；采用装配式建筑技术及全装修的住宅每平方米提高 1300 元	沈阳
	7 预售许可	预制构件采购合同金额可计入工程建设总投资，金额达到总投资额的 25%以上且施工进度达到正负零，即可办理《商品房预售许可证》	沈阳 如皋
	8 城市基础设施综合配套费减免	采用产业化方式建造的建筑单体部分，享受城市基础设施综合配套费减免政策：采用 2 种建筑产业化部品构件的，减免 20%；采用 3 种建筑产业化部品构件的，减免 40%；采用 3 种以上建筑产业化部品构件的，减免 60%～80%	滕州
	9～13 施工成本	9 免缴建筑垃圾排放费	沈阳
		10 按照工程所占比例，免征相应的扬尘排污费等费用	如皋
		11 社会保障费以工程总造价扣除工厂生产的预制构件成本作为基数计取，首付比例为所支付社会保障费的 20%	沈阳
		12 减半征收农民工工资保障金	沈阳
		13 安全措施费按照工程总造价的 1%缴纳	沈阳
财政政策	14 项目财政补贴	分别为 40,60,100,300,400（元/m^2）	如皋 上海 沈阳 长沙
	15 生产企业补贴	当年新增投资额在 3000 万元以上的新型现代建筑生产企业，按其生产设备投资额的 5%给予奖励	沈阳 如皋
	16 消费者补贴	凡购买全装修商品住宅的，给予购房者房款总额 0.5%的补贴	如皋
税收政策	17 增值税退还	对于符合新型墙体材料目录的部品部件生产企业，可按规定享受增值税即征即退优惠政策	北京
	18 企业所得税优惠政策	房地产开发企业开发成品房发生的实际全装修成本按规定在税前扣除	如皋
土地政策	19 土地供应	在每年县建设用地年度供地总面积中，实施不低于规定建筑面积比例的预制建筑工程，土地出让时应当明确装配施工要求	北京 上海 沈阳 滕州
金融支持	20 贷款贴息	享受与工业企业相同的贷款贴息等优惠政策	如皋
	21 消费者鼓励	公积金贷款首付比例为总房款的 20%，并优先放贷	沈阳 滕州
政府项目	22 强制性要求	新纳入城市经济适用住房建设规划和新建政府投资建筑的项目，应采用预制房	北京 上海 沈阳 长沙
评奖评优	23 优先推荐	完善市政建设项目白玉兰奖、市绿色施工示范工程、市政公用工程施工现场等奖励评估方法，提高预制装配率较高项目的得分，优先考虑同等条件下的奖励，优先申报中国建筑工程有限公司鲁班奖和其他国家奖项，将企业绿色建筑建设纳入企业信用管理体系	上海

对各个城市推进建筑工业化发展的激励性政策进行梳理，共得出 7 个大类(奖励优惠、财政政策、税收政策、土地政策、金融支持、政府项目、评奖评优)，以及 23 条具体性政策。其中奖励政策主要是指能够间接使得从事建筑工业化项目的企业获得经济效益增加或

者成本降低的政策，如北京市、滕州市采取的容积率奖励政策，能够使开发商获得更多的建筑面积，取得收益上的增加，从而能够抵消一部分由于采用工业化而产生的增量成本。财政政策则是政府财政拨款给予从事工业化项目的企业一定的财政支持，包括项目财政补贴、生产补贴等，财政补贴政策由于各地的成本差异，补贴金额大多不一致，如上海市对工业化建筑项目每平方米补贴 60 元，而沈阳每平方米补贴 100 元。税收政策主要是指在增值税以及个人所得税上进行优惠。土地政策的实施可以有效地推动建筑工业化市场以及规避成本问题，明确土地招拍挂过程加入工业化建筑条件能够为从事工业化建筑的企业提供一定的市场需求，且由于是强制性执行，规避了由于采用工业化方式带来的成本差距。金融支持主要包括对供给端和需求端的支持，给予开发商贷款优惠以及给予消费者购房优惠，促进市场的发展。要求政府项目采用工业化建筑方式是对现行条件下，工业化市场不饱和、工业化技术还在探索阶段的支持，通过在政府项目上的实施，提高工业化建筑企业的技术经验和认可度。评奖评优政策主要是从荣誉上刺激企业从事建筑工业化，提高企业知名度，并在这个新发展的行业中树立起行业标杆。

不同的地区对各类政策的敏感性是不同的，且城市也不可能同时采用所有的政策条款，需根据自身的城市特点以及城市实力对政策进行选择和组合，才能够发挥政策最大的效力。

政府在对建筑工业化生态系统进行经济激励时，往往存在两个目的：一是刺激相关利益主体参与、开发、消费工业化建筑的积极性；二是为了开发和完善市场，建立推动建筑工业化的长效机制。因此，按照政策的作用对象可以将现有的关键政策因素分为主体激励和市场激励作用两个方面。主体激励是指政策对象为建筑工业化相关参与主体，通过采取一定的措施使得其收益增加或者成本降低，从而推动建筑类企业向工业化建筑企业转型；市场激励是指政策作用对象为建筑工业化市场，通过制定相应的条款增加工业化建筑市场份额，扩大需求，引导建筑企业主动向工业化建筑类企业转型。同时，主体激励又可以分为主要主体激励和次要主体鼓励，主要主体激励通常是对工业化建筑开发企业和消费者给予直接的成本补贴或者成本减免，从直接供需端出发形成供需平衡；次要主体激励是指制定相应的政策，对建筑工业化产业链条上非房地产开发商和消费者的其他参与方给予相应的补贴和优惠。

对已有的建筑工业化政策进行梳理(图 6.5)，发现“面积奖励、容积率优惠、土地金分期、售价认定优惠、预售许可、预售资金监管、城市基础设施综合配套费减免、项目财政补贴，以及企业所得税优惠政策、消费者补贴、消费者鼓励”等政策属于主要主体激励，通过直接减少开发商、消费者在建造或消费过程中增加的成本或者直接对其进行财政补贴，来提升企业从事建筑工业化的积极性。而“施工成本节约、质量保证金返还、生产企业补贴、增值税退还、贷款贴息”等属于次要主体激励，通过保证设计单位、构件厂商或者施工单位的正常收入，弥补其由于采用工业化方式增加的成本等，完善建筑工业化产业链。政府采用的市场激励政策包括“土地供应、强制性要求、评奖评优”等，这些政策一方面通过相应的宣传和奖励机制增加消费者对于工业化建筑的认可，并产生购买意愿，增加市场需求；另一方面通过规定开发商、生产商拿地许可，强制加入工业化条件，扩大市场对于工业化企业的需求，创造潜在的工业化项目以及工业化客户，从侧面刺激建筑工业化转型。

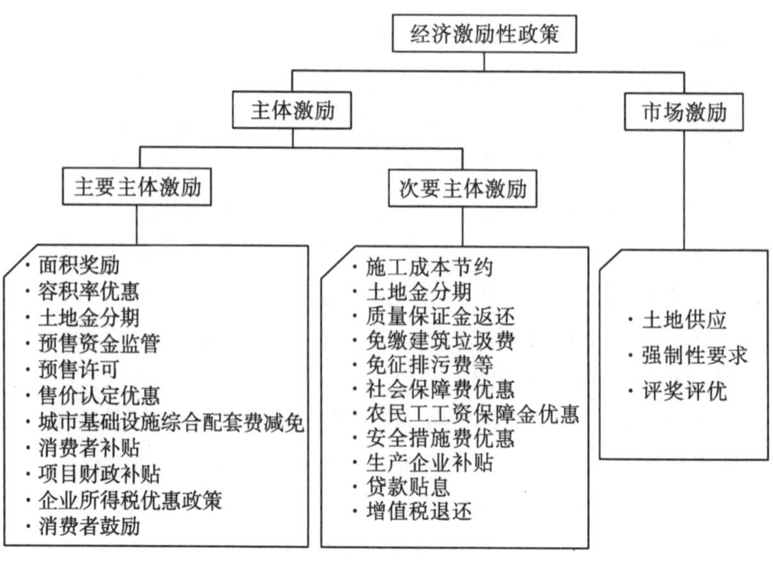

图 6.5 激励性政策因素的作用

无论是主体刺激还是市场刺激，关键政策因素所改变的均是工业化建筑企业所处的系统环境状态，从而刺激建筑类企业向建筑工业化转变。从梳理的关键因素来看，政策最终的落脚点均在建筑工业化生态系统个体层面上，即企业个体、消费者个体，通常难以通过政府政策去直接改变整个行业现状以及系统现状，往往需要结合不同区域生态系统的差异性，制定相应的政策组合，从市场环境、经济环境、技术环境等方面去影响或者改变企业行为。同时，还需要考虑政府政策因素的时效性，一个政策组合通常只在一段时间内对某个区域的建筑工业化生态系统具有良好的促进作用，当前期政策对建筑工业化生态系统的个体产生影响时，个体效应累积至企业种群、企业群落，当累积效应导致建筑工业化系统内部结构发生改变时，政府政策也需要根据其变化做出相应的调整，形成良性循环。

本章小结

本章首先对驱动、驱动力以及驱动因素进行了界定，从而分析建筑工业化生态系统的驱动主体、驱动力以及驱动因素，得出建筑工业化生态系统驱动的受力主体主要为企业，施力主体主要为政府和消费者，这些作用力产生于建筑工业化生态系统的内外部环境中的驱动因素，政府和消费者影响部分驱动环境并成为政策环境和部分市场环境中的施力者。

其次，本章通过文献综述法和访谈法对建筑工业化生态系统的驱动因素进行识别，并能够找到各个驱动因素对应的驱动环境。同时，通过波特钻石模型对各个驱动因素的特征进行分析，并进行特征归类。在问卷调查的基础上，对问卷的结果进行梳理，发现不同类别的驱动因素的驱动效果存在较明显的差异，且不同的驱动程度和发展阶段往往对应某一类主导性的驱动因素。企业从产生建筑工业化转型意愿到完成建筑工业化实践的过程中，机会因素、企业战略结果和同行竞争因素、政府要素以及直接经济效益因素的重要性不断上升，且直接经济效益是决定企业完全自愿实践的关键因素，也是企业适应不断变化的建筑业市场的根本立足点。从我国建筑工业化生态系统的发展现状来看，其已经基本具备了机会要素和企业战略、结构、同行业竞争要素，直接经济效益要素还未完全发挥作用，目前最需要关注和研究的则是政府要素，政府通过政策媒介调节市场、技术、生态、社会、企业自身的其他因素，通过政策因素促进建筑工业化生态系统的发展。

在确定“政策因素”作为我国建筑工业化生态系统发展的主导性因素后，拟对“政策因素”进行深入分析。本章总结了我国建筑工业化发展较为领先的 6 个城市，提取其已经出台的政策文件，对政策文件进行解读，梳理出政策文件中的具体政策条款，并进行进一步的研究分析。结果表明，在政府政策制订过程中分为保障性政策和激励性政策，保障性政策通常能够保证企业从事建筑工业化的意愿，但难以激励其从事建筑工业化的实践。因而，本书在默认企业具备一定从事建筑工业化意愿的基础上，思考不同的激励政策对企业落实建筑工业化实践的影响，继而研究了激励政策中主体激励和市场激励、主要主体激励和次要主体激励的作用和差异。

本章在第五章关于建筑工业化生态系统环境研究的基础上，分析了不同环境中的各类驱动因素对建筑工业化生态系统的驱动作用，并总结出政府政策因素作为主导型驱动因素对建筑工业化生态系统驱动的影响。本章主要从内外部环境的角度分析了建筑工业化生态系统的演化影响因素，而在内外部环境驱动因素的驱动作用下，建筑工业化生态系统的各个层次、各个受力主体将产生怎样的反应和应对措施主要集中在第七章讨论。同时，本章对于政府政策因素的深入分析主要是为第八章分析政策因素对建筑工业化生态系统的驱动影响进行铺垫。

第七章　建筑工业化生态系统中产业演化和企业转型的机理研究

如第五章所述，建筑工业化生态系统在外部环境的作用下，具有不断演化的特点。第六章对建筑工业化生态系统演化驱动因素已经进行了识别，且发现关键因素的作用对象主要是建筑工业化生态系统中的企业，促进企业演化，而后由企业构成的群体也会进一步发生改变。以企业为主的生物要素发生改变时，对建筑工业化生态系统中的环境要素也会造成相应影响。基于此，本章主要探讨建筑工业化生态系统在外部环境驱动下可能发生何种状态变化，为什么以及如何发生变化，以及环境与企业之间进行的相互协同，并提出演化的理论模型。

第一节　建筑工业化生态系统的演化规则

一、建筑工业化生态系统演化的基本规律

系统演化的基本规律是通过对微观层次的无规则运动进行约束、控制，实现宏观上的有序运动(白东艳，2001)。这种系统演化的基本规律同样适用于建筑工业化生态系统演化。微观层次上每个企业个体都从自身的竞争力追求与利益出发，在特定环境中追求企业价值的最大化。这种企业个体的活动，如果没有外界的干预，在宏观上看就是杂乱的、无序的。因此，要促进建筑工业化的有序发展，就必然需要一定的规则进行调控与引导。这种规则从行业内部而言，是通过各企业自组织形成的一套“游戏规则”。在建筑工业化生态系统中，由于企业无法为自身提供所有生产所需的资源，因此必然与其他企业发生关系。利益一致，则产生互利互惠的合作、互补关系；利益对立，则产生竞争、兼并等关系。这种相互间的约束关系是形成有序的产业链结构和企业协同发展的重要基础。从宏观上而言，这种约束则主要来自政府和行业外部的调控与规范，如政策、法规、制度、行业规则等。这些外部调控通过生态系统自身形成的作用规则作用到每一个企业，从而引导产业有序发展。

本章第二节和第四节将对建筑工业化生态系统中存在的这种企业个体的活动，企业间的关系及其相互作用机制，以及系统如何在外部作用下从一种状态进入下一种状态的演化机理等进行深入探讨。

二、建筑工业化生态系统演化的规则

(一)建筑工业化生态系统的层次性演化

建筑工业化生态系统演化的基本规则揭示了演化从微观到宏观的层次性。建筑工业化生态系统的演化分为三个层次(图 7.1)：①企业个体层的演化，包括企业个体的自身演化、企业与企业之间的共演化；②企业种群层的演化，包括企业种群内部的演化、种群与种群之间的共演化；③系统层的演化，即外部环境作用下，建筑工业化生态系统个体、种群、环境各层次间的共演化。

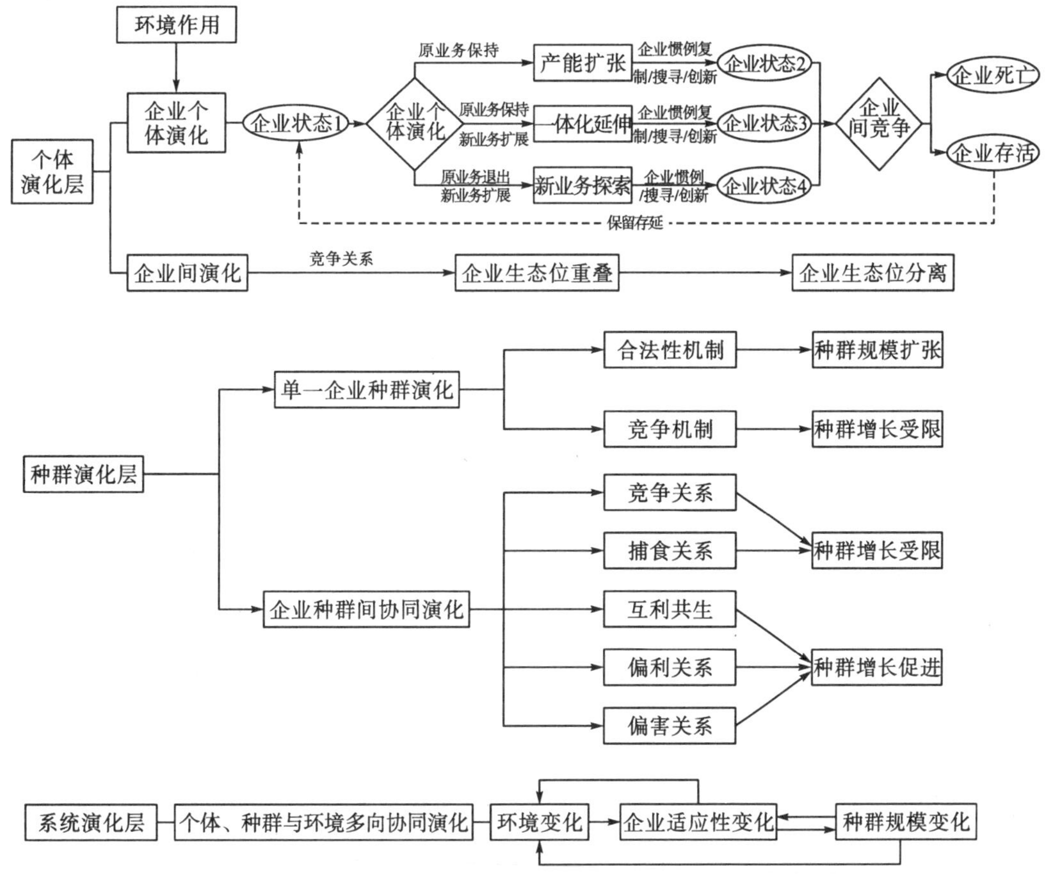

图 7.1　建筑工业化生态系统的层次性演化示意图

在个体演化层，存在着企业自身状态的变化，如建设单位可能进行业务拓展而涉及施工板块的业务。这种企业价值活动等状态变化将进一步引起企业与企业之间的竞争、合作等关系的改变，如企业可能因为业务的拓展而与原本合作共生的企业发生生态位的重叠，产生竞争关系。为避免过度的竞争，实现企业的长远发展，企业将经过生态位拓展或被淘汰等过程，最终实现企业生态位的分离。此外，企业状态改变后也可能与原本竞争的企业产生价值的互补，发生合作关系等。这种关系的改变又将引起其他企业状态的改变，企业与企业之间相互作用，共同演进。

在种群演化层，建筑工业化生态系统中存在着建设单位、承包商、设计单位、构件生产商等多个种群，这些种群从根本上来源于企业生态位分离引起的种群种化。单一种群规模的增长在不受外部环境及其他种群影响的条件下符合合法性机制及竞争机制。而事实上，这些种群之间存在着广泛的竞争、合作共生、联盟互利、捕食兼并等关系，形成建筑工业化的“食物链条”，相互约束、规范，共同演进。这些不同的种群间关系会引起不同的种群数量变化。

在系统演化层，建筑工业化生态系统的政策、技术、市场、经济等宏观环境共同影响着企业个体、企业种群的演化，并通过与外部环境的物质、能量、信息交换反馈到外部环境，引起外部环境的变化，与外部环境动态交互、共同演化。当外部环境有利时，群落与环境将共同正向进化；当外部环境不利时，群落将可能无法适应环境，此时若无法改变环境，就将发生种群规模的缩小和企业的衰亡。

需要指出的是，不同层次的演化过程并不是割裂的，而是相互影响、层层嵌套的。环境变化的根本作用点在企业个体，企业个体的演化带动着企业种群的变化，并进一步反作用于外部环境。例如，企业的转型会导致建筑工业化企业种群数量的变化，种群数量变化引起的产能变化会影响政策、技术等宏观环境的变化，而政策的出台、技术的成熟又会在一定程度上推动企业及企业种群的演化等。

（二）建筑工业化生态系统的阶段性演化

建筑工业化生态系统作为非线性系统，演化具有突变性，从而产生了建筑工业化生态系统阶段性演进的特点（吴彤，2001）。与自然生态系统会经历裸地形成、生物入侵与定居繁殖、物种竞争、相对稳定的阶段性发展类似，建筑工业化生态系统一般也会经历初创、发展、成熟、衰落或再创新的阶段性发展。初创期系统的发展较为缓慢，且存活率低；发展阶段为加速发展的阶段，技术水平提升，产业规模迅速扩大；成熟期发展速度降低，但系统结构较为稳定，技术较为成熟，产业规模处于较高水平；衰落或再创新阶段往往会遭遇新技术或新政策的冲击，要么通过进一步革新进入再创新阶段，要么不能适应环境的剧变而衰亡。例如目前发展较为超前的日本、瑞典等国家，都经历了 20 世纪 30～40 年代的建筑工业化萌芽阶段，20 世纪 50～70 年代二战后重建的大量发展阶段，20 世纪 80～90 年代的品质提升阶段，以及 20 世纪 90 年代后期至今的可持续发展阶段。

（三）建筑工业化生态系统的适应性演化

组织与环境是建筑工业化生态系统的基本构成要素，在演化过程中相互影响、相互适应。对于组织与环境之间关系的研究，从生态学、经济学、管理学等不同的视角，形成了权变学派、新制度学派、种群生态学派、资源依赖学派等不同的观点，如表 7.1 所示。

表 7.1　组织与环境关系的不同理论观点(赵进，2011)

	权变学派	资源依赖学派	种群生态学派	新制度学派
学科背景	管理学	组织理论	生物学	社会学
研究层次	单个组织	组织群	种群	组织领域
环境界定	动态性、复杂性、敌对性	稀缺资源的供给者	组织生存的利基	制度环境
关注问题	有没有一个通用、最佳的模式	组织与环境的资源交换关系	为什么存在多种组织类型	组织趋同及相似的原因、组织为什么要做一些与组织效率无关的活动
主要观点	最好的组织形式有赖于组织环境的特质	组织一方面要适应环境，一方面也在改变和控制环境	只有最适合利基的种群才能生存	组织要适应新制度环境的需要

由表 7.1 可以看出，关于组织与环境关系的观点主要包括组织“被动适应”和环境“主动选择”两个方面，强调了环境选择对于系统演化的重要动力作用。但值得注意的是，资源依赖学派不仅提出了组织对环境的适应，同时也认为组织能够能动地改变和控制环境。环境的变化会促使组织产生一些适应环境的行为，而组织的能动作用又会通过反馈作用反过来影响环境，使得环境向有利于组织发展的方向变化。图 7.2 为不同环境作用下生态系统的阶段性演化示意图。S2 与 S1 相比，环境的影响更为有利。因此，S2 系统内企业数量增长更快，比 S1 更快地进入发展阶段、成熟阶段。在 S1 和 S2 之间，则可能存在无数种增长的模式。

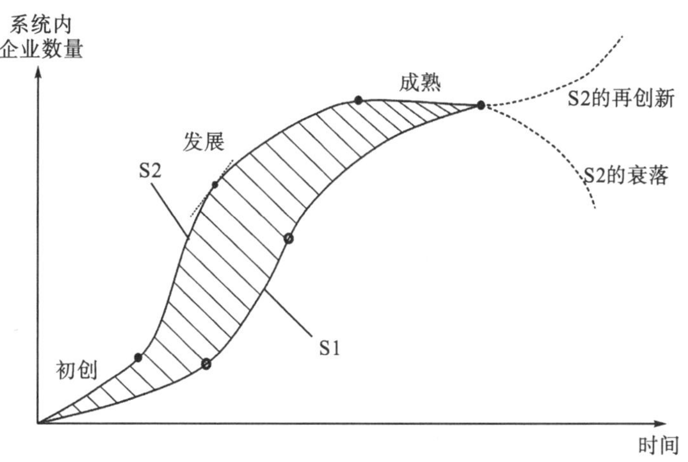

图 7.2　建筑工业化生态系统的阶段性演进示意图

第二节　建筑工业化生态系统企业演化机理研究

企业演化是一个连续的过程，企业将不断调整自身以适应环境变化。企业演化与环境变化是联动的，不仅环境变动将影响企业，企业演化也将作用于环境，例如企业数量变化与企业边界变化将影响系统中企业种群成长与种群间竞争。根据第五章的论述可知，目前在建筑工业化生态系统中存在着不同类型的企业，例如建设单位、设计单位、施工单位等种群中存在的企业个体。在外部环境变化下，企业需要对新形势下的外部环境变化做出应对，保持企业的竞争力。建筑工业化是生产方式的改变，其产业价值链与传统现浇活动的价值链存在差异。以建筑工业化中的构配件生产环节为例，进行材料采购的建造商或施工方需要与构件生产采购方建立联系与合作。对企业而言，建筑工业化不仅带来挑战，同时也是新的发展机遇。

建筑工业化所具备的标准化设计、工厂化生产和机械化施工等特点，使得各环节固有的进入壁垒被打破，企业间关系发生改变。一方面，目前中国建筑市场向着规范化和工业化迈进，建设项目原有的盈利空间变小。企业在识别到市场环境变化后，为了保持竞争能力和持续经营而需要寻求企业转型的新方向与可实施的路径。另一方面，正因为工业化和产业化发展，建筑项目各环节对技术、人力和管理等方面的要求提高，技术的进入壁垒和退出壁垒转移。企业在建筑工业化各类业务单元上有更多选择的可能，向其上下游业务单元进行拓展形成多元化发展。而又因为建筑工业化涉及的企业数量较多，各企业行为和变化的叠加将对行业结构和系统发展带来影响。因此，本节对建筑工业化企业演化的一般过程、演化机制与运作机理，以及企业演化对建筑工业化生态系统的影响进行理论层分析。

一、企业演化的一般过程

生态学思想融入经济管理等领域，生态学的思想、理论及方法在企业管理研究中的应用已成为普遍的研究方向。其中，生物隐喻在企业演化中得到使用，企业具有与生物进化类似的演化思想，从生态学的视角理解企业演化。

(一)生物进化的相关理论

根据相关文献整理，运用生物进化的思想来研究企业发展和企业行为演变模式的理论来源，主要是生态学中拉马克的生物进化学说和达尔文的生物进化论(表 7.2)。首先，拉马克最先在 1809 年提出生物进化学说，认为生物进化的动力，一是生物向上发展的需要，二是环境条件变化引起生物发生适应环境的变异。其核心的法则是生物在新环境的直接影响下，出现适应性变异，逐步变成新物种，并传给后代，使生物逐步演化。其次，在 1859 年，达尔文建立了生物进化论，认为在同一种群的个体存在变异，其中能够适应环境的有利变异个体将存活下来，不具备有利变异的个体将被淘汰。经过长期的自然选择，成功的创新和变异得以积累，进而形成新的物种。

表 7.2 生物进化的相关概念

生物进化	遗传机制	变异机制	选择机制
拉马克主义	获得性遗传；主动的	主动的、有方向	用进废退；具有主动性
达尔文主义	被动的	随机的、无方向	自然选择，适者生存；具有客观性

在生物进化中，拉马克和达尔文都认为生物是可变的，但在生物如何变化这个问题上存在不同观点。拉马克认为生物进化的首要原因是生物向上发展的内在需要，认为生物有意识地去改变，以适应变化的环境，生物变异是主动的和有方向的；达尔文进化论认为生物进化的动力是客观的自然选择，生物选择过程是无方向和随机的(范昕和徐艳梅，2014；叶红雨和张珍，2012)。

(二)生物隐喻下的企业演化研究

生物进化论对企业演化的规律有一定的类比性，但企业与生物存在较多不同，企业演化和生物进化存在一定差异。将生物隐喻用于企业演化分析，必须是开放式的和有意识的，需要考虑对社会领域的潜在相关性(杨虎涛，2006)。开放和有意识地使用隐喻方法应该基于批判性比较而不是盲目的模仿(范昕和徐艳梅，2014)。一方面，企业在应对环境变化所做的决策是有限理性的；另一方面，企业可以根据经验和学习，对环境进行主观判断和选择，具有主观能动性。因此，生物进化强调的单一视角较难解释企业的演化过程，企业演化应该具有拉马克理论和达尔文主义的综合表现(叶红雨和张珍，2012；李秀婷，2014；杨建梅，2013)。

企业演化可以被看作是，企业在适应环境变化中谋求生存与发展所发生的一系列变化过程，以及呈现的企业状态(陈敬贵，2006)。企业演化的研究包含两个层面：一个是适应视角，认为企业演化取决于自身适应能力，企业通过不断进行自身调整以适应外部环境变化，同时企业主动变异后得到的功能可以遗传；另一个是选择视角，认为企业演化更多由外部因素决定，企业演化的决定力量是环境选择。

(三)企业演化过程

在社会领域，企业的发展受企业本身和外部环境的影响，是企业积极适应和市场选择的共同作用。企业演化的本质是一种状态的转变。根据企业演化机制和生物进化过程分析，企业演化过程类似于生物进化的“变异—选择—保留”过程(叶红雨和张珍，2012；钱辉和张大亮，2006)可以描述为“环境变化—企业状态 1—企业变异—企业状态 2—市场选择—保留存衍”的循环过程(叶红雨和张珍，2012；李秀婷，2014)。如图 7.3 所示。其中，企业改变的动因和环境在第四章中已经进行了分析，其中阐述了生态环境、市场环境、社会环境、技术环境、政策环境以及建筑工业化的附加值环境发生改变对建筑工业化生态系统内部主体的影响及作用。

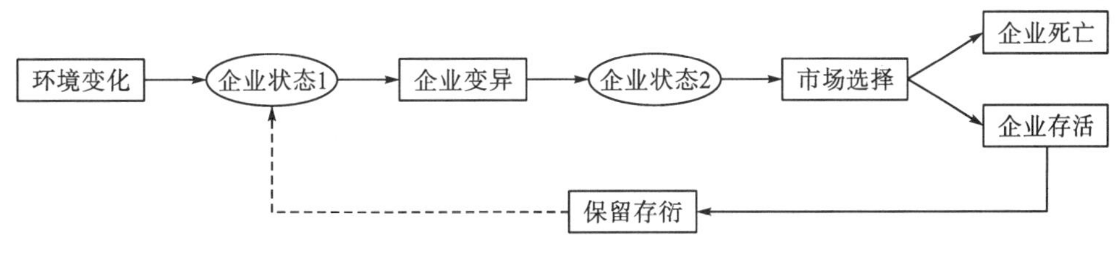

图 7.3　企业演化的一般过程

在演化过程分析中，企业演化具有适应与选择两种视角，即反映了企业演化中“变异”与“选择”两个过程。企业演化并不是瞬时行为，其与环境存在互动性。企业在有限理性下能动地做出改变，主动适应环境变化的“企业变异”，从初始的“企业状态 1”变为“企业状态 2”，这是企业适应的过程。但系统是由不同的个体组成，企业间受到竞争者或者替代者的威胁。在工商界的“市场选择”表现为企业在市场中相互竞争，盈利企业不断扩大，不盈利企业不断收缩直至淘汰。企业并不能一直保持无阻碍的发展，而实际中将面临“物竞天择，适者生存”的法则，即为自然选择的视角。存活下来的企业随着外部环境的变化，将进行下一个“企业状态 a—企业变异—企业状态 b—市场选择”的循环。企业为了适应多变的环境，将不断进行演化，这也与生物不断进化相类似。

根据企业演化的一般过程，为更充分地了解企业演化的实际，将企业演化分为两步，即企业个体演化与企业间竞争。企业个体演化主要解释了企业成长和创新等过程，其内在机理是企业基因演化，体现了企业内部因素对企业演化的影响。本书借鉴生态学的隐喻和类比、演化经济学和组织生态学中相关理论分析企业演化的路径和措施。本章将从“市场选择”对企业间竞争进行分析，主要分析企业间的资源占据和争夺。本书借鉴企业生态位相关理论分析企业间的关系，以及企业演化对种群与系统的相对影响。

二、建筑工业化生态系统企业个体演化

(一)生物演化机制与企业演化机制

20 世纪 80 年代后，美国经济学家纳尔逊和温特把企业惯例与生物基因类比，将生物进化的遗传、变异和保留机制运用到企业问题分析(谢佩洪等，2010)。从生物学的角度，生物进化机制分为遗传、变异、自然选择三种，这三种机制之间的相互作用构成了生物进化理论的基本内容。遗传机制即通过基因的复制，将赋予生命斗争优势的基因保存并传递下去；变异机制指的是变异产生新的基因；然后基因经过自然选择，除掉不利改变，保留有利变异(李秀婷，2014；李钢，2006；王义，2009)。演化经济学认为企业机制类比包括惯例机制、搜寻和创新机制，以及选择机制，即演化经济学中三个关键性类比。

生物进化思想是一种动态演化的方法论体现，考虑到社会领域独特的创作和合作行为，企业演化的研究是选择和自组织两种机制整合的分析(贾根良，2006)。因此，企业演化中惯例、搜寻和创新机制的作用基础是自组织机制，也是企业的生存机制，企业基因自组织的集中功能包括自创生、自复制、自生长和自适应(李钢，2006；贾根良，2004)。企业的自组织机制解释了企业为什么演化的问题，在其作用下产生了企业的作业机制：自创生和自复制共同作用形成了企业的复制机制，自生长和自适应作用形成企业的搜寻和创新机制(李钢，2006)。

企业演化的基础是企业基因自组织机制，而企业演化过程是惯例、搜寻和创新，以及环境选择的连续过程(图 7.4)。本书研究的基本对象是企业，在企业内部因素的作用下，企业基因演化影响着企业活动，从而导致企业演化。对应企业演化机制在企业个体分别为企业的生存、成长、创新，以及企业间竞争。企业基因的自组织机制为企业生产提供了基础，而企业通过基因复制得到成长，并通过基因搜寻和创新实现企业创新，而在市场环境

选择中，企业间竞争体现了市场对企业的选择。

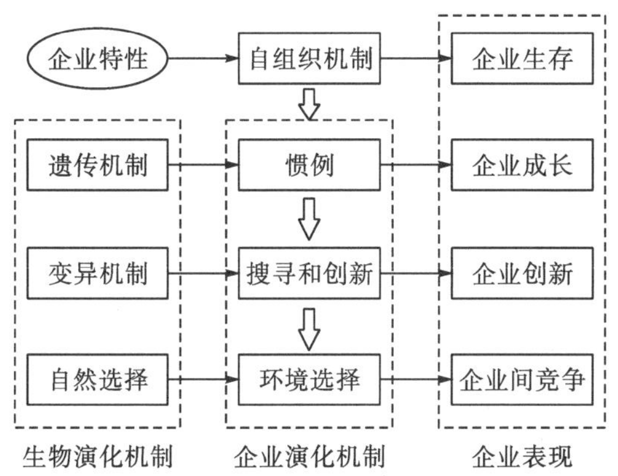

图 7.4　生物演化机制和企业演化机制

（二）企业个体演化机制及其运作机理

随着环境不断变化，企业惯例在遗传基础上出现变异，变异途径包括基于搜寻的模仿和基于创新的创造，虽然基因变异包含有利变异和不利变异，但都表现出企业的创新行为。“变异-选择”理论的本质是一种非均衡及动态理论，其基础是惯例、搜寻和选择。本书将基于演化经济学的惯例机制、搜寻和创新机制，以及选择机制类比分析企业演化的机制。

1. 惯例

惯例在企业中具有类似基因的功能，长期积累形成的惯例具有路径依赖的特征和一定的稳定性，可以通过企业的学习行为而被遗传，具有拉马克主义的获得性遗传特征（谢佩洪等，2010；陈敬贵，2006）。企业基因（即惯例）包括管理者、管理机制、技术、文化四个重要的决定因素，其通过资本链和能力链连接，由于不同的排列和连接方式，市场上形成了不同的企业，即公司的多样性由企业基因的差异决定。企业基因也构成了企业的核心竞争力（许芳，2006；杨毅和赵红，2004）。根据外部环境的变化，企业惯例可能发生变化，类似于生物的突变。但企业具有主观能动性，不同于生物基因只能进行自身复制，企业能够通过模仿学习主动的吸收与消化市场中存在的更有效的惯例，即企业进行“变异”。

2. 搜寻和创新

企业的变异机制发生在企业对现有惯例的评价基础上，通过改变和优化惯例、提升竞争力，主要途径包括“搜寻和创新”（图 7.5）。其中，“搜寻”是指在已知的惯例中找到与自身资源和能力相匹配的技术和惯例，而“创新”是指通过研究开发和市场拓展活动，创造原来没有的技术和惯例（陈敬贵，2006；周立华等，2013）。企业的创新比搜寻模仿投入的资本更多，且将花费更多的时间，但创新能使企业获得新技术等壁垒，增强竞争力，从而获得超额利润。而随着市场的发展，创新带来的优势将减弱，其他企业可以通过搜寻发现更好的惯例，或创新获得新惯例，并从中受益。因此，企业的“搜寻”和“创新”并不对立，企业应该根据其自身能力进行选择。例如，企业保持其创新性是竞争的来源，先行企业在资源获取上表现为地理、技术、顾客空间三个方面的占位优势（肖磊，2009）。因此大型企业可以通过“创新”惯例以获得进入壁垒。而中小型企业可以通过“搜寻”快速获得技术或惯例，进而进入市场并获利，但会受到先行企业的制约，可发展空间较小。另一种情况，有能力的中小型企业可以通过“创新”形成竞争优势，完成“逆袭”，占据新兴市场。

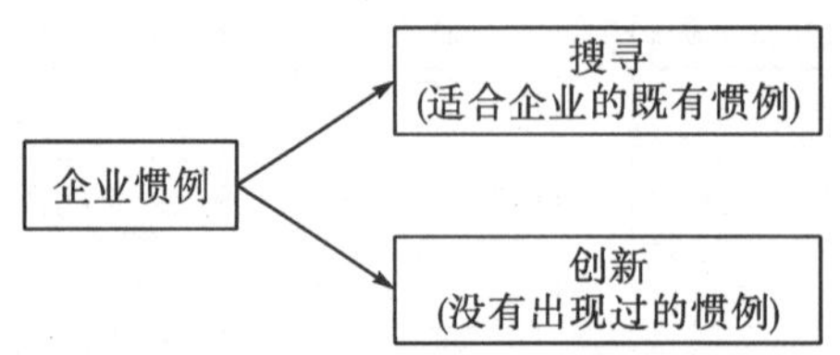

图 7.5 企业演化搜寻和创新机制

3. 环境选择

创新是企业演化的原动力，但基于不确定因素影响以及企业自身的有限理性和路径依赖性，变异后的惯例具有随机性(缪壮壮，2015)，只有成功的创新和变异才会被保留(谢佩洪等，2010)。而“环境选择”作用决定了变异后的惯例能否生存，新的惯例只有在市场中使企业获得更高的收益时，才能被固定下来，成为企业惯例的一部分(陈敬贵，2006)。而市场的选择多表现为企业间的竞争，通过“环境选择”的才能够存活下来，并进行下一循环。类比生物进化中，经过长期选择的微小变异，将不断被复制和模仿，逐渐积累成显著的变异，进而生成新的物种。

4. 企业个体演化机制运作机理

企业个体演化是一个复杂的过程，企业惯例、搜寻和创新、环境选择三者之间存在相互关联。惯例相当于生物中的基因，通过基因复制可以实现企业的成长壮大(谢佩洪等，2010)；随着环境的不断变化，企业基因将在遗传基础上出现变异，变异途径包括基于搜寻的模仿和基于创新的创造，虽然基因变异包含有利变异和不利变异，但都表现出企业的创新行为；当企业主动做出改变后，企业从“状态 1”变化为“状态 2”，接下来将面临“环境选择”，结果有两种：一种是“企业死亡”即退出市场；另一种是企业得以留存，更新的惯例得以保留，继续在市场中生存(图 7.6)。

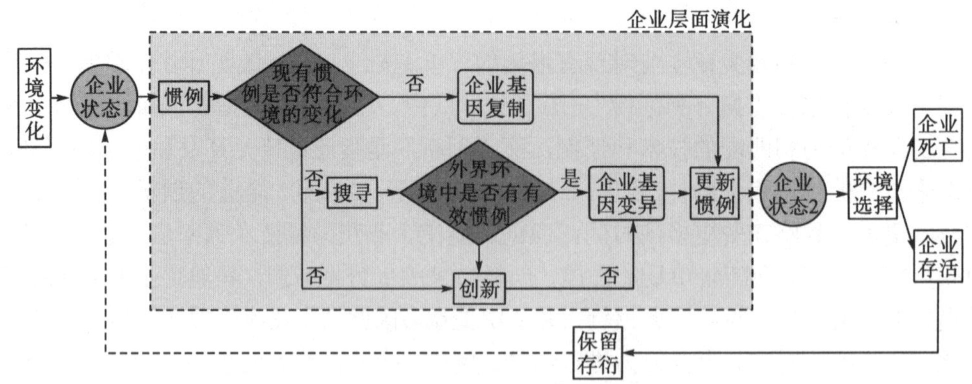

图 7.6 企业演化机制及其运作机理

在传统建筑业向建筑工业化转型的过程中，生产方式改变，带来行业变革和行业价值转移。在新形势下，企业为了生存和发展，必将重新思考企业定位和战略等问题。各企业需要根据自身特点和环境变化，选择适合企业发展的演化路径，以适应产业变化。企业演化过程实质是企业惯例复制、搜寻、创新的过程，包括“惯例-复制”、“搜寻-模仿-变异”和“创新-变异”。

(三)企业个体演化的路径分析

企业个体演化是一个复杂的过程，本书的研究重点是系统中企业演化的路径，以期为其他企业进入建筑工业化生态系统提供建议和参考。虽然企业个体演化内在机理是企业基因，但从单个企业的内部变化分析，更多的将从企业能力的维度对单个企业的演化进行分析，较难有普适性，更有甚者会陷入庞杂的研究数据，无法聚焦于企业演化规律的探寻。企业个体演化路径分析需要能反映企业的演化，便于观察对象。在第五章中企业生态位定位包括企业所处的建设阶段、产业链位置、建设资源及其价值活动与功能，在市场中反映企业生态位实际的是企业主营业务。企业的业务板块不仅反映企业的主要价值活动，也反映出企业在产业链占据的位置。企业业务转型则是实现企业转型和再生的根本途径，是企业生存和发展的重要载体，是企业“自适应”特征的一种体现，将引起包括组织结构、惯例模式等在内的多层变革和转型，促进企业生产要素的重新组合(李烨和陈劲，2009；李烨等，2006；徐伟青和谢亚锋，2011)。企业业务转型不仅能更加清晰地呈现企业演化路径，也能反映企业内部演化的实质。因此，通过企业业务的动态变化描述分析企业演化的方向和路径，具有可行性与代表性。企业的业务市场进入或退出行为不仅决定了企业未来发展的方向，也将影响企业整个的发展过程与前景。

1. 建筑工业化主要业务单元与市场资源维度分析

建筑工业化参与企业数量众多，但并不是所有的环节和企业都具有同等的研究意义和价值，我们应该关注建筑工业化与传统建造方式之间存在明显差别的环节。与传统现浇建设方式相比，建筑工业化开发策划、设计、生产和施工业务板块的进入壁垒发生了改变，部分企业开始尝试进行业务转型和拓展。随着建筑工业化的发展，建筑业固有的市场模式发生转变，其设计标准化、生产工厂化、施工机械化等特点使得设计和生产环节连接得更为紧密。其中，设计标准化和信息技术应用，使得设计单位开始参与整个建设过程；PC构件生产商的加入使得整个产业链条发生变化，同时材料生产商的相关工作也随着建筑部品的增加将发生相关变化；施工机械化与新生产方式使得建筑环节的工作内容发生改变，增加了吊装等环节；施工与装饰装修之间的穿插施工，使得装饰装修环节开始时间提前，当前装饰装修环节的企业混杂，但利润相对较高，部分企业开始关注装饰装修板块业务。因此，本书研究范围聚焦到当前阶段对建筑工业化转型过程中影响较大的环节，即在建筑工业化中存在明显变化的开发策划、建筑设计、材料生产、PC 构件生产、施工等五个关键环节。

在建筑工业化生态系统中，企业根据其主营业务确定其所在的种群，且同一种群的企业将占据某种特定的市场资源空间。在建筑工业化生态系统分析过程中，主要业务单元、市场资源与种群生态位之间存在对应关系，三者的对应不仅是分析企业个体演化路径的关键，也是企业个体演化与企业间竞争分析的桥梁。根据第五章中对建筑工业化生态系统企业种群生态位的分析，每个种群都对应特定的市场资源，例如建设单位种群占据开发资源，设计单位种群占据设计资源维度。建筑工业化生态系统占据建设开发资源、设计资源、施工资源、材料供应资源和构件生产资源等五个市场资源。建筑工业化不同的业务板块所对应的市场资源不同，结合滕越(2016)的研究，建筑工业化不同业务板块的市场资源维度的具体情况分析如表 7.3 所示。

表 7.3　建筑工业化主要业务板块以及市场资源分析

阶段	业务单元	所在行业	市场资源	具体表现	对应种群
策划决策阶段	开发策划	房地产业	建设开发资源	建筑工业化项目新开工面积或者销售金额	建设单位种群
勘察设计阶段	设计	科学研究和技术服务业	设计资源	建筑工业化项目设计的合同金额	设计单位种群
生产采购阶段	材料生产	制造业	材料供应资源	建筑工业化项目非预制材料采购金额	种群材料生产商种群
	构件生产	制造业	构件供应资源	建筑工业化项目预制构件采购金额	构件生产商种群
建设实施阶段	施工	建筑业	施工资源	建筑工业化建设合同金额	承包商种群

根据建设项目生命周期性分析，建筑工业化项目中主要业务单元包括建设开发资源、设计资源、材料供应资源、构件生产资源和施工资源。与传统现浇建筑相比较，建筑工业化项目各业务单元的技术要求与壁垒发生变化，一方面为企业进行多元化发展提供了契机，另一方面给原有种群企业演化提供了方向。首先，在建设开发业务单元中，建筑工业化项目的建设流程不同于传统现浇建筑，项目前期策划、投融资方案以及其他建设前期方案都将发生变化，对于新开始从事建筑工业化的开发企业而言存在挑战与风险。其次，建筑工业化设计相比于传统设计增加了针对构件的设计，设计流程和相关工作需要根据建筑工业化项目的特点进行调整，同时生产和施工装配环节需要设计师的全过程参与以保证构件生产和安装质量。一方面，设计企业可以向生产和施工环节拓展；另一方面，设计标准化和体系化给其他类型的企业提供了进入建筑工业化设计业务的机会。构件生产属于建筑工业化催生的新兴业务板块，这片蓝海市场也是开发商、设计院、施工企业以及其他类型企业争夺和抢占的重点。但是，构件生产首先需要厂房等大量固定资产，对于企业规模和资金有一定要求。最后，建筑工业化施工中新技术应用和生产方式改变了建筑环节的工作内容和现场劳动力需求，原有的劳动密集型转变成以技术与机械化为主的施工。优质的建筑工业化项目施工管理方案和有经验的项目管理人员成为施工业务中的重要资源。当然施工劳动力需求减少和施工流程的简化使得原有的进入壁垒发生变化，为其他类型企业如生产企业涉足建筑提供了可能。此外，施工环节跟构件生产与运输的搭建更加紧密，为建筑企业向其上下游业务拓展提供了机会。

2. 建筑工业化企业演化的路径

目前，中国建筑业大部分企业都已经意识到建筑工业化是建筑发展的必然趋势，并有意识地寻求或已经开始尝试公司层和业务层转型。而企业进行业务转型分为渐进式进行和激进式进行两种，对于具有战略意识的企业将面对环境变化主动地进行战略性业务转型。因此，目前我国大部分建筑工业化相关企业属于渐进式转型，即企业能够基于环境变化识别、企业内部资源和能力评估选择合适的“变异”路径，并与企业演化的过程有一致性。李烨(2005)提出企业进行转型包括进入新的业务单元和退出原有业务单元两种。李雪松(2007)按照企业转型前后新旧核心业务的地位和转型程度将企业转型分为只有新业务进入而没有原有业务退出的扩张式转型、退出部分原有业务并局部发展新业务的中度转型，新业务发展且原有业务退出的脱胎换骨式转型，以及不完全退出原有业务但发展新业务的收缩式转型。

企业生存的途径源于不断的业务调整和更新，但企业演化中的业务组合过程并不是仅简单地进入或者退出某个业务单元，而是新旧业务进入和退出方式组合的过程。这一过程也是企业对惯例进行搜寻和创新，以及选择的过程。企业业务变化表现为三种情况：①原有业务保留；②原有业务退出；③新业务领域进入。“原有业务”是指企业进入建筑相关领域时从事的业务板块，“新业务”是指企业原未涉及的业务，也是未来企业可以拓展的业务，“保留原有业务”是指企业在进入建筑工业化生态系统时选择了已有业务板块，例如传统现浇施工单位从事建筑工业化项目施工。

本书从企业业务角度将建筑工业化企业演化路径根据企业从事业务的多寡来区分，从逻辑上推演企业的发展至少存在以下三种路径(图 7.7)：路径一，保留原有业务但不进行新业务拓展的“产能扩张”；路径二，放弃原有业务并进入新业务的“新业务探索”；路径三，保留原有业务但进入新业务的“一体化延伸”。企业在原有业务上进行产能扩张的方式包括有经验的地域拓展、生产能力的扩大、内部开发(技术、管理等创新)，以及同类型企业并购或联盟等。进入新业务领域的方式包括内部培育、并购(兼并、收购)、置换和联盟(合资、合作)等，退出旧业务领域的方式有剥离、暂时停业和收割等。

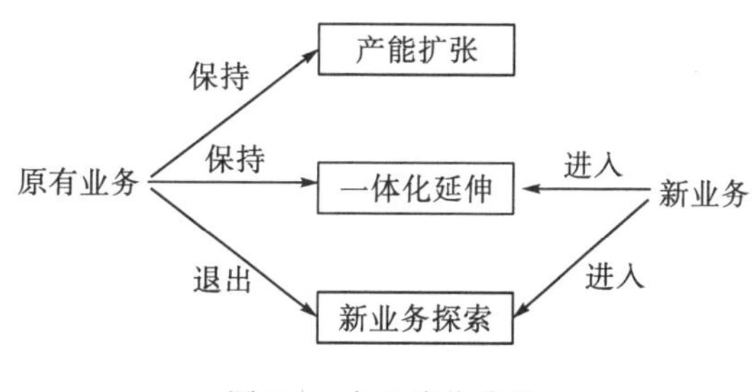

图 7.7 企业演化路径

1)演化路径一：产能扩张

产能扩张：企业仅在原有业务上进行产能扩张的方式。产业扩张方式包括两种(表 7.4)，第一种方式是在企业技术已经成熟的基础上，保持原有的作业方式扩大产能，如在不同地区开展业务或者是增加生产设备，对应“惯例-复制”。在实际生活中，快餐行业使用地域拓展途径较多，例如星巴克和麦当劳连锁店。而对于建筑工业化相关企业，虽然不同的项目具有独立性，但是项目建设流程和管理方式存在共性，因此企业基于成熟的技术和知识可以进行多项目建设。中国幅员辽阔，其建筑业存在地域性，企业可以通过不同的地区或城市进行业务拓展。

产业扩张的第二种方式是通过技术或管理创新，以改进现有作业进而提高效率并获得更大的发展空间，对应“搜寻-模仿-变异”和“创新-变异”。其中，“搜寻-模仿-变异”对应市场中已有的可以模仿的技术或管理手段。企业获取已有知识的一种方式是购买技术专利，聘请具备专业能力的技术或管理人员，另一种方式是选择与拥有技术的企业组成战略团体并共享资源。“创新-变异”对应着企业对现有技术的再创新和优化，企业不仅需要具备一定的R&D能力，而且需要有大量的研发资金。例如在设计环节，缺乏建筑工业化设计经验的设计企业一方面可以派出工作人员到其他企业学习，另一方面也可以聘请掌握相关能力的人才。此外，笔者调研发现部分有能力的设计企业会参与建筑工业化相关课题和政府相关标准的汇编，通过技术创新进一步提升建筑工业化设计和工作效率。

表 7.4 “产能扩张”企业演化路径下的市场行为

业务单元转型	机制	市场行为
保留原有业务	惯例-复制	地域拓展；扩大生产能力等
	搜寻-模仿-变异	技术学习；管理方法学习等
		横向并购(兼并、收购)；联盟(合资、合作)等
	创新-变异	技术、产品研发；管理创新等

2)演化路径二：新业务探索

新业务探索：企业放弃旧业务，选择在新业务领域进行拓展。此类演化路径适用于在环境变化下原有价值活动收益下降，企业需要另谋生路，但企业只选择单项价值活动进行拓展。企业“新业务探索”演化路径可以通过“搜寻-模仿-变异”和“创新-变异”实现(表 7.5)。区别在于“搜寻-模仿-变异”的搜寻和学习已有惯例企业能够快速获得新技术以进入建筑工业化市场，但前提是相应技术趋于成熟并容易获取。然而这也代表着这部分市场存在先行企业，其已经占据较大的资源空间，新企业虽然能够获得剩余的市场，但是也将面临该业务领域企业的竞争。因此，企业在选择搜寻复制时需要了解行业中已有企业情况和市场空间的大小，合理规划其拓展策略和范围。

“创新-变异”需要企业自主创新，投入一定的资金和时间，但可以获得竞争优势，在一段时间内收获超额利润。通常行业中的大型和领军企业为了保持其行业领先能力，需要不断创新，一方面为了降低经营成本，另一方面也可以获得先行企业的资源和市场优势。因此，企业需要根据市场情况和自身能力判断并选择具体方式。在企业进行“新业务探索”后，企业将占据新的资源空间，改变主营业务，使新领域内企业竞争加剧。例如，建筑材料厂商放弃单纯的材料生产，而进行建筑部品生产。

表 7.5 “新业务探索”企业演化路径下的市场行为

业务单元转型	机制	市场行为
拓展新业务	搜寻-模仿-变异	地域拓展；扩大生产能力等
		设立新业务部门；技术学习；管理方法学习等
		纵向并购(兼并、收购)；联盟(合资、合作)等
	创新-变异	技术、产品研发；管理创新等
放弃原有业务		快速剥离；暂时停业；收割

3)演化路径三：一体化拓展

一体化拓展：企业在保留原有业务的基础上，进行新业务的拓展，综合了路径一和路径二的部分特点。此类演化路径适用于拥有雄厚的资金、技术水平和人员素质都较高的大型企业，企业通过向行业上下游延伸，形成全产业链企业。同演化路径二相同，企业需要进行新业务探索，区别在于其业务组合较多。以建筑工业化四种业务板块举例，如果建筑开发企业进行“一体化拓展”将有 7 种业务组合(表 7.6)。

表 7.6 建筑开发企业的业务选择策略组合示例

序号	①	②	③	④	⑤	⑥	⑦
开发	+	+	+	+	+	+	+
设计	+	0	0	+	+	0	+
构件生产	0	+	0	+	0	+	+
施工	0	0	+	0	+	+	+

注：“+”表示选择；“0”表示不选择。

企业在拓展不同业务时可能会选择不同的方式。企业一体化演化路径可以认为是产能扩张和新业务探索的融合，业务组合越多，对企业价值活动所对应的企业种群影响越复杂(表 7.7)。目前，国家政策也在积极推广建设总承包模式。政府通过“战略性措施”从政策角度推动全产业链发展，培育龙头企业，打造具有总承包能力的产业集团或联盟。龙头企业的标杆作用将带动中小型企业，形成良好的市场氛围，使企业自发地参与建筑工业化生产。例如，在市场中的部分建设单位开始组建设计团队或者成立构件生产厂；部分承包商进行 EPC 承包尝试，包括设计、生产、施工总承包，设计、采购承包等。

表 7.7 “一体化拓展”企业演化路径下的市场行为

业务单元转型	机制	市场行为
保留原有业务	惯例-复制	地域拓展；扩大生产能力等
	搜寻-模仿-变异	技术学习；管理方法学习等
		横向并购(兼并、收购)；联盟(合资、合作)等
	创新-变异	技术、产品研发；管理创新等
拓展新业务	搜寻-模仿-变异	地域拓展；扩大生产能力等
		设立新业务部门；技术学习；管理方法学习等
		纵向并购(兼并、收购)；联盟(合资、合作)等
	创新-变异	技术、产品研发；管理创新等

本书以企业业务为切入点，通过企业业务转型方向和具体措施，观察企业可能的演化路径。建筑工业化中各类企业进行不同的价值活动，产业链上从事不同业务单元的企业共同向最终消费者提供产品(服务)。因为不同业务所对应的市场资源不同，在分析企业业务转型和企业行为时，企业在不同环节中的市场行为存在差别。企业在实际业务拓展时会根据各项业务单元特点，不同业务单元可能采取不同方式，且可能同一业务单元会采取多种方式。此外，随着时间推演和环境变化，企业在其认知范围内调整自身的竞争战略。但无论企业如何变化，其演化都不会超出以上三种演化路径。在实际案例分析时，我们以企业接受调研的时间为节点，分析企业已有的演化行为，对于企业计划但未实施的业务仅作描述，不作为演化路径的判定依据。

三、建筑工业化生态系统企业间竞争分析

在环境作用下，企业通过惯例的复制、模仿或创造新惯例等对环境变化做出回应，这些都表现为企业个体演化。企业演化的过程与企业生态位的形成过程存在一致性，两者都对企业与环境的关系进行了解释。企业生态位是主动选择和竞争行为所决定的，是指企业在特定的环境中能动地与环境及其他企业相互作用过程中形成的相对地位和功能作用，表达了企业与环境相互匹配后所处的一种共存均衡状态(梁嘉骅等，2002；闫安和达庆利，2005)。企业生态位不仅是企业与外部环境沟通的终端，也是企业行为延伸的直接作用物(钱辉和张大亮，2006)。因此，可通过企业生态位来分析“环境选择”对企业的影响和企业之间的关系(图 7.8)。

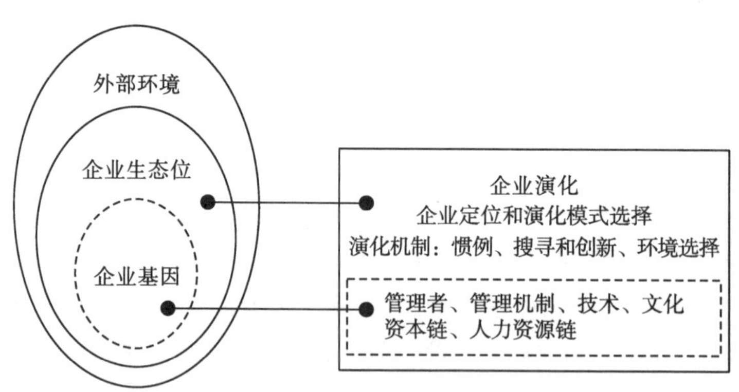

图 7.8 企业子系统结构图

具有相同的资源需求及功能的建筑工业化企业个体的集合称为企业种群，企业种群占据特有的资源空间，即企业个体可以占据的基本生态位。但实际企业并不能占据所有的空间，即企业实际占有的空间是理想空间的一个子集，即企业实际生态位。随着建筑工业化市场发展以及各类资源空间被不断占据，企业生态位重叠与企业竞争就会发生，企业需要进行适当调整和适应。企业生态位理论主要包括企业生态位的维度、宽度、重叠、变化和分离 5 个内容(图 7.9)，当企业生态位重叠到一定程度，企业生态位会变动以改变生态位维度与宽度，实现生态位的分离。

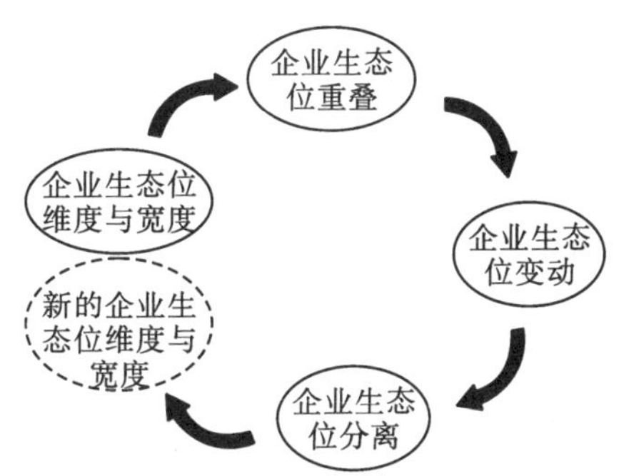

图 7.9　企业生态位组成要素关系

(一)企业生态位及相关概念

1. 企业生态位的概念

在自然系统中，生态位是指生物单元在其特定的自然生态系统中与环境进行交互的过程中，形成的在时间、空间上的位置及其与相关种群之间的功能关系。生物生态位包含两个方面：一是生物单元的状态，是过去与环境相互作用的结果；二是生物单元对环境的实际支配能力或影响能力(张光明和谢寿昌，1997)。与物种相同，企业也处在复杂的社会环境中，企业能动地进行选择。企业生态位与生物生态位类似，企业相互关系的本质是企业生态位的相互关系，其概念主要包含两个部分：①企业在特定时间、空间和特点环境中的生存位置，以及企业所占据的各种资源位置；②企业所控制的环境资源，即企业在生存空间中对物质、资金、人力、技术等资源的掌控能力(张光明和谢寿昌，1997；许芳和李建华，2005)。在建筑工业化生态系统中，企业生态位空间中关键的资源应该是市场资源空间，这也与企业个体演化中企业业务变化相对应。

2. 企业生态位维度与宽度

Hutchinson 从资源、空间利用等多方面考虑，对生态位概念给出了数学的抽象，提出了生态位的多维超体积(n-dimensional hypervolume)模式(许芳和李建华，2005)。类似于生物生态位多维超体积模型，把影响企业的各类生态因子作为一个维度，企业在每一个维度上将有一个适合度，把某一企业相对于每一个资源梯度的适合度进行作图，就能得到企业生态位多维超体积模型。根据生态位超体积模型所示，企业只要增加一个资源或者环境梯度相应也会增加一个生态位维度，但实际研究中，掌握所有的维度是不可能的。

物种生态位宽度即物种所利用的各种环境资源的总和，是一个反映生物利用环境资源的多样化指标。与企业类比，企业生态位宽度可定义为企业在生态系统中使用的各类市场环境资源的总和，以及适应市场环境资源的多样化程度(李勇和郑垂勇，2007)。一个企业生态位宽度越小，说明其利用环境资源的范围越窄，其特化程度就越大；当一个企业生态位宽度越大，说明其利用环境资源的范围越宽，则企业具有多元化趋势。宽生态位的企业比窄生态位的企业在分散风险方面更有利，但其也容易暴露在激烈的竞争之中；反之，窄生态位的企业如果可以充分利用专业化的市场资源，也就能够在生态系统中发挥重要作用(郭妍和徐向艺，2009)。这也反映出市场中的企业并不会无限制地进行业务拓展和产业扩张。

3. 企业生态位重叠

在自然界中，当两个物种需要相同的环境资源时，会出现生态位重叠，即一部分生态位空间为两个物种共同所有。类比至企业，当两个或者更多的企业在同一生态系统中利用相同资源，当资源空间全部被占据后企业生态位可能发生重叠，从而导致企业竞争。企业间竞争产生的原因主要包括两方面：①企业生态位发生部分或完全重叠；②资源相对不足(钱言和任浩，2006)。生态位重叠度越大，意味着企业相互间的竞争越激烈。通过研究分析，学者们常借助企业生态位视角来分析企业资源占据和企业间竞争情况。结合资源利用曲线和资源，对两个企业的生态位重叠情况进行分析，可以得到企业间生态位重叠主要分为以下两种类型(分析简化企业生态位模型，仅通过单一资源维度作图)。

(1)生态位完全分离或相邻(图 7.10)：两个企业的生态位完全分离，表示企业占用的资源不同，企业之间不存在竞争关系。两个企业的生态位相邻是一种较为特殊的状态，企业之间暂不存在竞争。但此种情况只是暂时现象，即将出现生态位分离或重叠的转化：一是企业之间存在激烈的潜在竞争，而两个企业通过竞争回避使得生态位出现分化，进而分离；二是一方或者双方企业生态位扩张，致使两者生态位不断靠近，出现相邻进而重叠的情况。

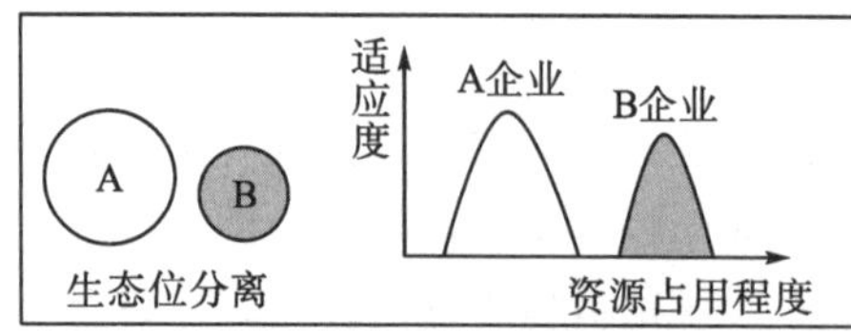

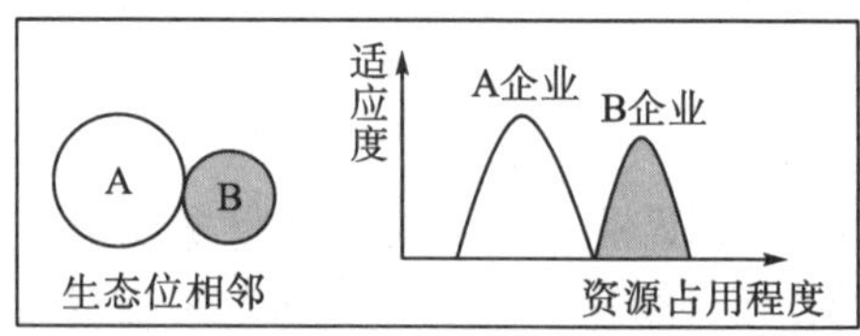

图 7.10　生态位完全分离与生态位相邻示意图

(2)生态位重叠(图 7.11)：生态位重叠分为三种情况：①部分重叠；②包含关系；③完全重叠。这三种情况分别表示了企业重叠的程度，企业生态位部分重叠是常见的情况，每个企业都占有一部分未出现竞争的生态位空间，可能会出现共存的现象，但最终重叠的部分将被具有竞争优势的企业所占据。而生态位包含和完全重叠都将使得企业发生激烈竞争，竞争结果有两种：一是企业出现竞争排斥现象，在发生竞争的生态位空间内只能保留一个企业；二是两企业生态位相互分离，最终达到稳定共存的状态。

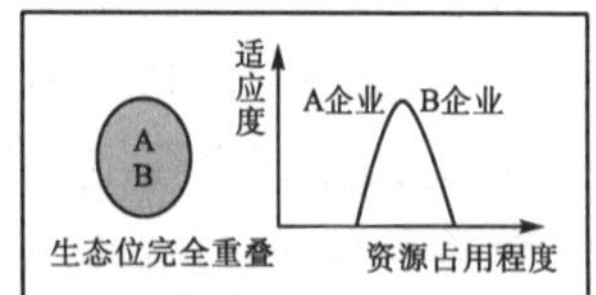

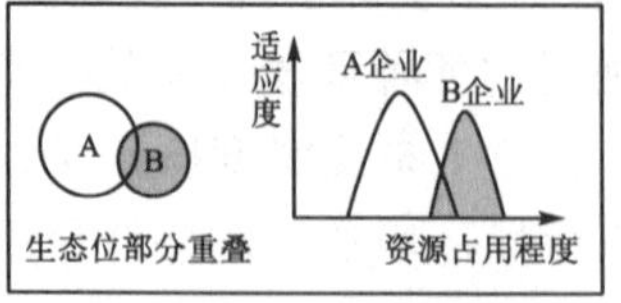

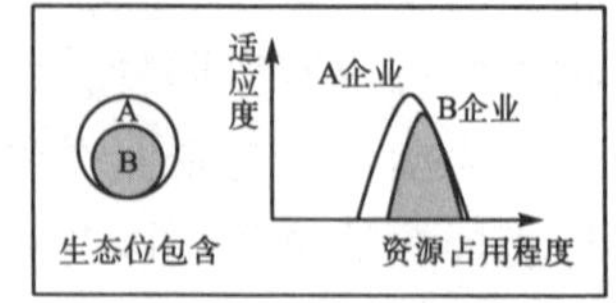

图 7.11　生态位重叠示意图

4. 企业生态位竞争排斥与变动策略

当企业生态位发生部分或者完全重叠，企业可以通过生态位变动使得企业生态位分离，包括企业生态位压缩、扩展、移动等变动策略。企业生态位变动策略主要包含(许芳和李建华，2005；郭妍和徐向艺，2009；吴钊，2015)：企业生态位压缩是企业压缩或者限制其对现有空间的利用，一般这种情况发生在竞争企业进入产生竞争时；企业生态位扩展主要是指企业间竞争的减弱会使得企业扩张，或者是企业挖掘或利用潜在的生态位空间；企业生态位移动是企业趋异化行为，主要表现为企业生态位所占据资源的种类和范围的改变，这种行为多由企业与潜在竞争者之间的竞争压力引起，即企业生态位不断接近；企业生态位的协同进化是指在市场环境中，企业行为的改变将作用于其他企业的选择压力，形成相互作用的协同进化状态。企业竞争的本质是企业的生态位部分或完全重叠，并且资源相对缺乏。在资源不完全利用的情况下，企业为了减少竞争带来的不必要损失，会回避彼此竞争的结果而主动避让或分离(李清文和陆小成，2008)。

(二)建筑工业化企业间竞争

目前我国建筑工业化发展与发达国家还有一段距离，虽然发展势头迅猛，但是各类市场资源仍存在利用空间。无论是北京和上海等重点推进地区、沈阳和长沙等积极推进地区，还是如皋和滕州等鼓励推进地区，各地政府制定的建筑工业化发展目标均未完成。企业产生竞争的市场资源紧缺这一充分条件并不满足，目前我国建筑工业化相关企业并不存在明显的竞争现象。为了确保建筑工业化的发展，先行企业需要吸引并扶持其他企业开始建筑工业化项目建设和其他活动，以尽快形成市场规模效益。企业竞争会降低企业个体的适合度，所以企业也更倾向于充分利用市场剩余的环境资源。在全球化和信息化的背景下，企业也不再是独立、分散的个体，企业间的合作也开始变得重要，企业发展更多的是在寻求一种有利于自身利益最大化的发展模式。企业间不仅有竞争，同样存在合作或合作竞争的形式，企业在相互作用中共同成长。虽然目前中国建筑工业化企业间竞争并不明显，但是随着更多的企业进入占据市场资源空间，竞争是在所难免的。因此，本书着重通过企业生态位重叠与竞争等理论对建筑工业化企业间的竞争进行探讨，而无法对企业生态位变动等进行案例研究与深入分析。

1. 三种企业个体演化路径下企业间的竞争情况分析

在企业个体演化分析中，企业根据环境和自身情况选择不同的演化路径，通过产能扩张、开拓新业务等方式加强竞争力。当企业进行业务单元拓展时，将延伸其在现有资源上的占据空间或者是挤占其他种群的资源空间。因此，我们在分析企业间的竞争时，不仅需要考虑企业所在种群内部的竞争，也需要考虑与其他种群中企业的竞争。

企业个体的不同演化路径在生态位上会产生两种结果(图 7.12～图 7.15)。一种是企业在其种群占据的资源维度的拓展：企业通过不同方式进行产能扩张，进而拓展其在种群中的资源占用空间，随着各企业在特定资源维度上的不断扩展，潜在资源将被逐步占据，种群内的竞争也将加剧。另一种是企业进入另一种群所占有的资源维度：企业通过学习或创新开始新的价值活动，在其他资源维度上进行拓展，这将影响其占据资源维度的其他种群间企业的竞争。

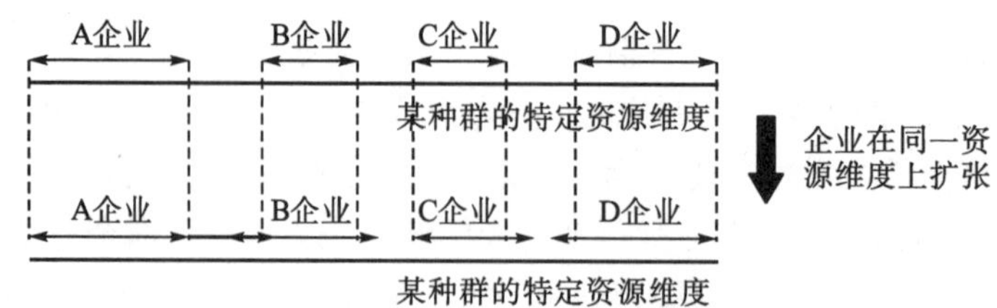

图 7.12 企业在其种群占据的资源维度拓展

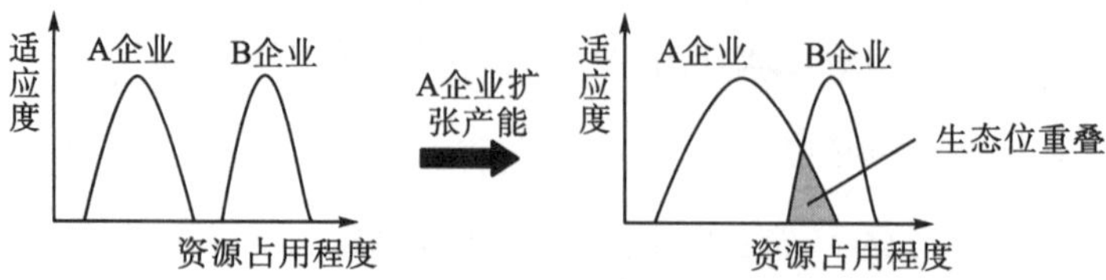

图 7.13 A 企业与 B 企业生态位的重叠示意图

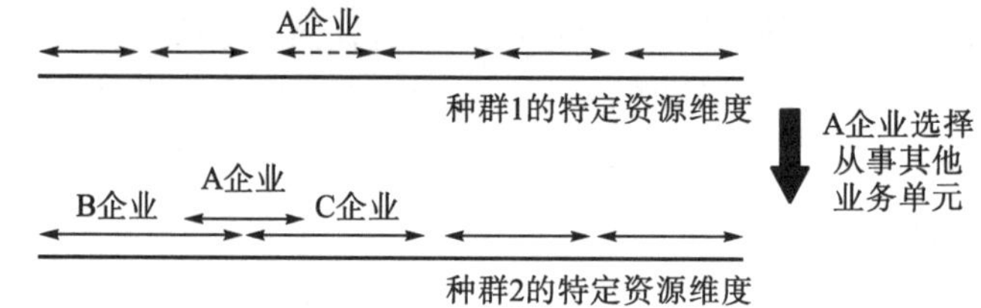

图 7.14 企业进入另一种群所占的资源维度

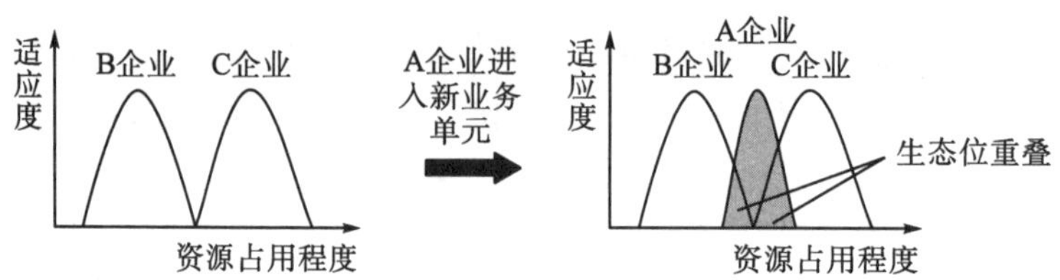

图 7.15 A 企业与 B、C 企业生态位的重叠示意图

当企业选择不同的演化路径后，其选择的业务单元不同，占据的资源维度也不同。选择“产能扩张”的企业只在原来占有的资源维度上进行竞争，如建设单位在建筑工业化项目中仍进行项目开发；选择“新业务探索”的企业放弃原有业务，选择新的业务板块，相当于重新进入一个种群，在该种群的生态位资源上进行竞争，如原材料生产企业改变生产，只进行构件生产；选择“一体化延伸”的企业不仅在原本种群资源维度上扩展，而且将通过从事其他业务单元而与其他种群中的企业发生竞争。如建设单位除了原有的建设开发业务，也开始涉及建筑设计等；部分建设单位也开始进行设计和生产等业务。

2. 企业生态位多资源维度重叠分析

建筑工业化企业通过不同的业务组合进行生存和竞争，其对不同市场资源的占据是企业间竞争优势的来源。但市场资源是有限的，因此企业间对市场资源的争夺将日趋激烈，未来将导致企业生态位在不同的资源维度上发生重叠。根据企业生态位相关理论分析了单一资源维度上各企业生态位的分离、相邻与重叠等不同情况，并探讨了企业之间的关系以及重叠后企业生态位的变化。但实际情况更加复杂，企业间可能存在多维度的生态位重叠。如图 7.16 所示，(a)表示 A 企业与 B 企业在建设开发资源维度存在生态位重叠，(b)表示 A 企业与 B 企业在建设开发资源与设计资源维度存在生态位重叠，(c)表示 A 企业与 B 企业在建设开发资源、设计资源与施工资源三个维度都存在生态位重叠。

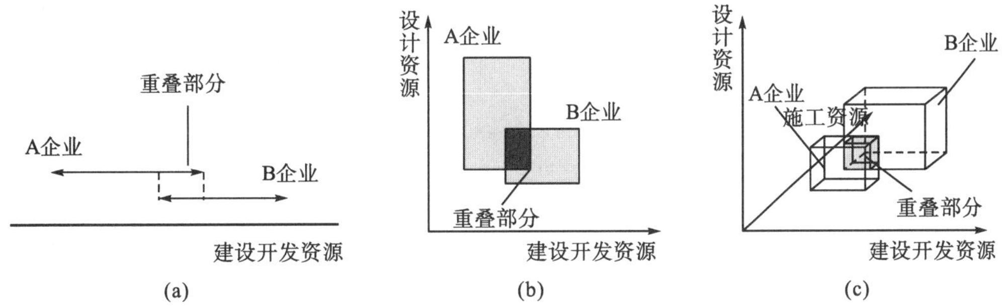

图 7.16　建筑工业化生态系统中企业生态位重叠示意图

现实情况下，多个企业之间的竞争是很难测定的，而生态位重叠的测量相对容易。在任何一个特定的市场维度中，企业竞争的强度与其观察到的生态位重叠值成正比，通过企业生态位重叠描述企业之间的竞争情况。建筑工业化企业之间的固有关系被打破，在各资源有限的前提下，不同企业在特定目标市场中所占有的程度是不同的，竞争和合作变得多元化。部分企业不仅占据一种市场资源空间，则其可能与不同的企业在不同的资源产生重叠(图 7.17)。

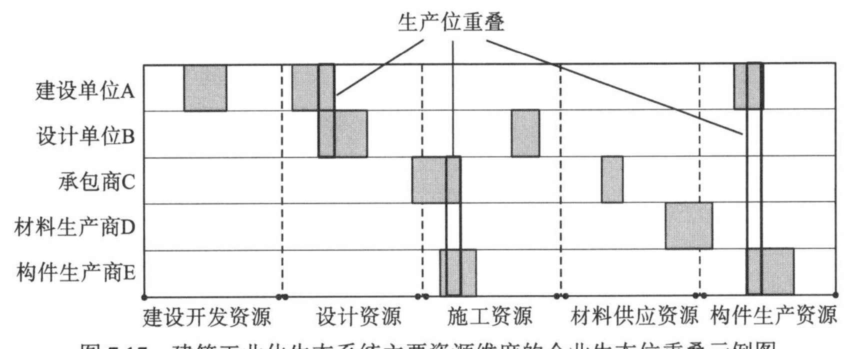

图 7.17　建筑工业化生态系统主要资源维度的企业生态位重叠示例图

3. 企业生态位变动策略

企业间生态位的相似性将决定其直接竞争的可能性，相似程度即为重叠程度。如果企业想要获得长足的生存和发展，就应尽量避免与其他企业在某些资源利用上的重复性。在有限的市场资源中，企业的行为并不一定是对其有利的，可能将导致企业生态位重叠，从而引发竞争。企业多元化的发展模糊了企业边界，企业不仅与所在种群内的企业进行竞争，也需要与其他种群间的企业进行竞争。但建设领域涉及的房地产业、建筑业和制造业等多个行业且各项业务之间人力、技术和资源差距明显。虽不同业务单元之间存在无形和有形的关联，但企业间竞争存在于各个业务单元与资源维度上，企业之间资源的争夺重点在各个业务单元对应的资源维度之上。

根据企业生态位宽度的分析可知，企业并不会盲目地拓展其业务范畴，从而增加其成本和经营风险。根据企业的竞争排斥原则，当企业生态位重叠到一定程度后，企业将产生激烈竞争直至两方生态位完全分离。企业可以通过企业生态位的压缩、扩展、移动和协同进化等变动策略以实现生态位分离，减少企业竞争带来的不利影响。结合企业生态位定义分析，企业生态位的变动策略可以从空间、时间和目标市场等方面考虑(仓蔚静，2006)。

例如，当企业在某项资源上激烈竞争时，处于劣势方的企业可以选择企业生态位移动实现差异化经营。建筑多样性的细分市场为建筑工业化各企业差异化经营提供了方向和可能，包括住宅、公建与宿舍营房等不同建筑功能与类型的建设项目，混凝土结构、钢结构、现代木结构以及混合结构等不同材料类型的建设项目。而单个业务单元中也存在细分市场，如构件生产厂可以根据对目标地区调研选择应该设置的生产线，包括预制内墙板、预制外墙板、钢筋加工等不同生产线。此外，企业进行企业生态位变动时，具体的竞争策略和途径需要根据企业自身能力确定。劣势企业进行企业生态位压缩可以应用聚焦战略寻找特定的目标客户，在细分市场上获得行业平均回报率以上的收益。虽然企业竞争的存在倾向于缩小企业的实际生态位，但占据竞争优势的企业可以通过生态位扩展挤占更多市场空间，以规模化生产和服务降低成本获得竞争优势，进而减少其他企业带来的威胁。

四、建筑工业化企业演化研究小结

企业演化是企业在外部环境作用下的自主变异。通过企业惯例的复制、搜寻和创新，以及市场对企业更新后惯例的选择，企业演化不仅将引起企业所在种群内的竞争加剧，同时通过进入新的业务领域与其他种群中的企业间竞争。在市场竞争中企业可能存活，也可能被淘汰(死亡)(图 7.18)。企业作为系统中的基本分析单元，其与环境进行实时交互：一方面，企业跟随环境的变化而改变；另一方面，环境对系统中的企业进行选择，产生类似于生物进化的“优胜劣汰”。存活下来的企业随着外部环境的变化，将进行下一个“企业状态 a—企业变异—企业状态 b—市场选择”的循环。企业为了适应多变的环境，将不断进行演化，这也与生物不断进化相类似。

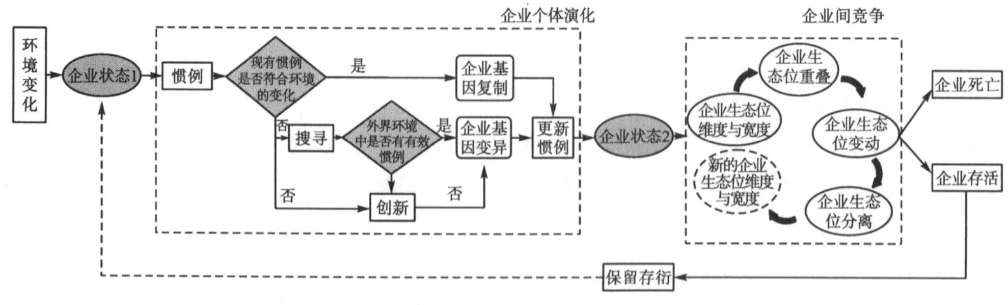

图 7.18　企业演化的一般过程

在外部环境作用下，建筑工业化生态系统时刻发生着变化，但同时本系统呈现一定的阶段性演化特征。结合演化经济学分析，系统将经历初创、发展、成熟、衰退或再创新四个阶段。而企业作为系统中的子系统，一方面外部环境对系统演化的影响将作用于企业，另一方面企业在外部环境的作用下也会将影响反馈到整个系统的演化中。因此，结合系统演化各个阶段的特征，可以分析企业演化在系统演化各阶段中的差异性。

在初创期，当企业刚开始进入某个新的产品市场时，往往鲜有竞争对手，企业处于原始生态位或竞争前生态位状态，消费者对于该产品处于初步认识阶段。但随着进入发展期，企业大量进入，市场资源不断被利用和占据，企业间生态位重叠不断出现，企业竞争将不断加剧。这个阶段是市场活跃的时期，企业通过不断的尝试和演化，达到适应环境的目的，例如部分企业通过一体化演化路径成为全产业链企业，另一部分企业专营某项业务成为专业化企业。当资源逐步分割，建筑工业化生态系统进入成熟期，企业间竞争较少，综合型企业将占据市场中心，专业型企业将形成市场的多样化。

随着市场的不断选择，企业演化过程中的变异特征得到积累，企业间将产生分化现象，原有的种群边界变得模糊，将逐步形成新种群或子种群，这也是企业种群演化的趋势(图 7.19)。

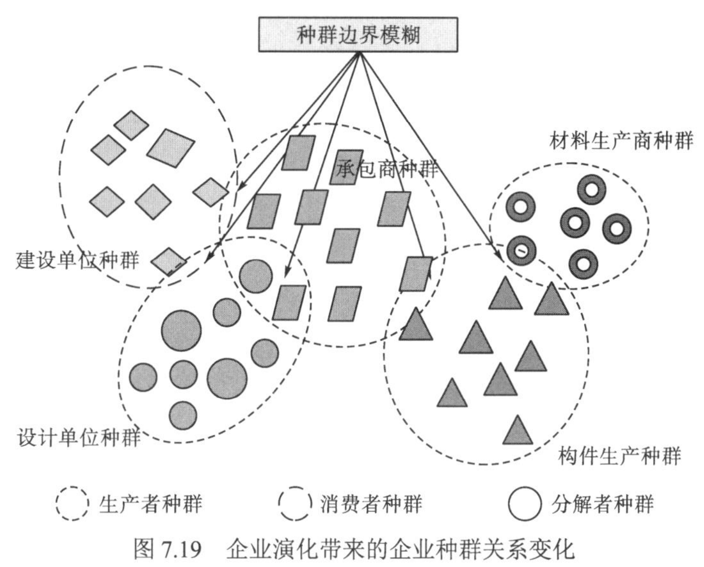

图 7.19　企业演化带来的企业种群关系变化

第三节　建筑工业化产业生态系统种群演化机理

种群作为组织生态学中重要的理论概念，主要是指：在特定边界内具有共同形式的所有组织的组合，即存在于特定系统中的组织形式(Hannan and Freeman，1977)。对于一个种群来说，其演化过程可以分为“出生”、“成长”、“成熟”以及“衰亡”或“重生”等四个主要阶段。而这四个阶段对应的种群演化的生态过程为：种群的种化、种内演化和种间演化(图 7.20)。其中：

(1)种群种化：新种群产生的过程。

(2)种内演化：只考虑种群自身，种群的发展过程包括种群的出生率、死亡率以及迁入迁出、种群密度等的特征，包括合法化和种内竞争两个过程，同时穿插着种群中的传染行为。

(3)种间演化：种群与其他种群之间的关系对种群演化的影响。

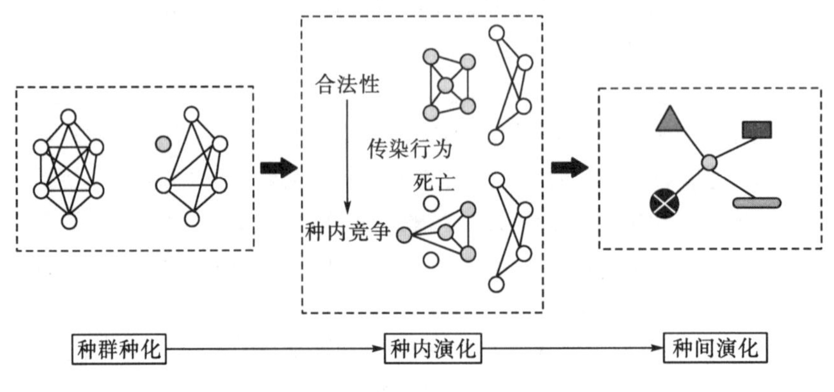

图 7.20 种群演化的基本过程

种群的种化、种内演化以及种间演化分别从不同的时间维度以及层次上诠释了一个种群从出生到死亡(重生)的总体变化过程，而建筑工业化产业生态系统中的企业种群也同样遵循这样的演化规律。

一、建筑工业化产业生态系统企业种群种化

(一)种群"种化"的概念及基本模式

"种化"即物种进化、物种分化，主要是指新物种的形成。从遗传学角度来说，物种种化的过程是种群内生物的基因分化而导致与原有的种群产生了生殖隔离，从而形成新的种群的过程。而从生态学的视角来看，物种种化是物种不断分化的内禀趋势以及生态位不断创造的共同作用。由于地球资源的有限性，物种的分化不断地改造着自然界，这又导致生态位的增加，为物种的生殖隔离提供了可能，进而又会促进物种的再分化(细分)，循环往复。遗传学和生态学分别从微观和中观的角度解释了物种分化的形成机制，说明了物种种化的生物体内生动力和外在驱动力。

"种化"是生物进化的基本过程，也是形成生物多样性的基本机制。任何一个种群的发展，都需要经历"种化"的过程。自然生态系统中种群的"种化"通常分为四种模式，包括：异域种化、边域种化、临域种化以及同域种化(图 7.21)。其中：

(1)异域种化：原始种群由于某种原因造成了地理隔离，从而进一步形成生殖隔离，最后形成新种群的过程。

(2)边域种化：种化过程中，一个群体和原来的大族群隔离，且在隔离过程中该群体的基因发生了剧变，当小群体再跟原始种群相遇时，已经形成了不同物种。

(3)临域种化：原始种群分散为多个小群体，但是相邻；而从一端到另一端之间的各个群体都存在一些差异，但彼此相邻的两群体之间仍能互相杂交；不过，在两边最极端的

族群已经差异太大而形成不同的种类。

(4)同域种化：原始种群在相同的环境，由于行为改变或基因突变等原因导致生殖隔离而演化为不同的物种。

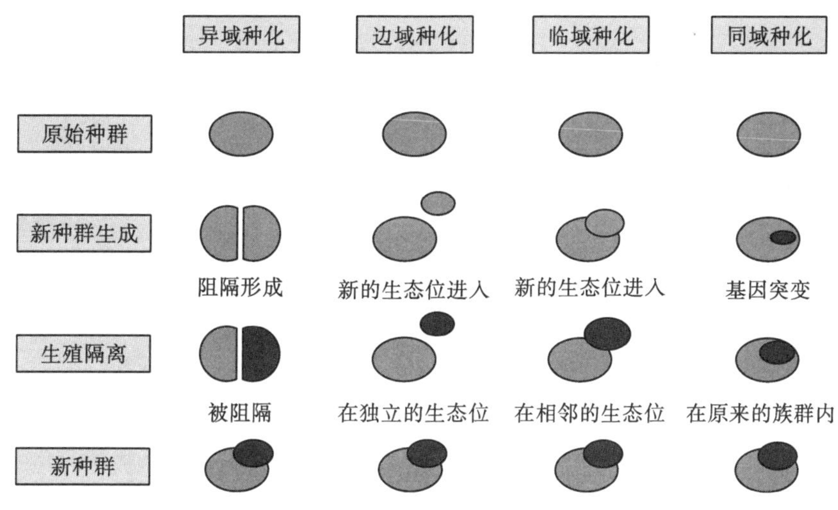

图 7.21 种群“种化”的 4 种模式

如果将种群的种化最终归结为种群基因的分化，那么基因分化的过程也存在两种形式：渐进式和突变式。渐进式是指一个新的物种的形成是经过较长时间的变异积累完成的，从个体的变异到形成一个小的群体，到群体逐渐发展壮大形成一个新的族群；而突变式则是指族群内的个体一次性突变完成了基因的分化，并且与原始族群形成了生殖隔离。

(二)建筑工业化产业生态系统企业种群“种化”内涵

与生物界相似，建筑工业化产业生态系统种群的产生也是企业种群演化的一个必经过程。李兴华(2003)将产业群落的形成与演替过程分成“少数企业出现”、“新企业进入”、“企业间发生关联”、“群落单元产生”、“产业群落形成”和“产业群落升级”等 6 个阶段。而“种化”过程则指代的是前 4 个过程。从前文企业个体演化逻辑中可以看到，由于资源的有限性，当企业种群发展到一定规模之后，企业种群内部竞争加剧，而企业为了获得持续的生存机会，不得不寻找新的企业发展点。当存在新的技术或生产方式的冲击时，便有企业率先尝试新的技术或生产方式，可以理解为企业的变异。单个企业的变异带来了生态位的创造，然而还不能形成一个族群，随着不断有企业复制、学习先行企业或者开始探索新的领域，新的种群的规模不断地增大、扩张，直到其能够占据一定的市场份额，对整个市场的发展具有一定的影响力的时候，一个新的企业族群就产生了(图 7.22)。

我国建筑工业化产业生态系统中企业种群的生成也是从单个企业变异开始的(图 7.23)。自从 20 世纪五六十年代开始，建筑工业化的概念就已经进入了我国。在建筑工业化基因出现的初期，我国主要是学习苏联的建筑工业化发展范式，并且将建筑工业化作为首要的生产方式。但是由于当时我国建筑工业化的技术体系发展还不够成熟，相应的标准规范还不能够指导工业化建筑施工和质量控制，导致建筑质量不能够得到很好的保证，甚至出现部分建筑质量事故，造成了不好的影响。虽然政府政策一直在鼓励推动建筑工业化，但是仍然未形成整个建筑工业化产业集群。

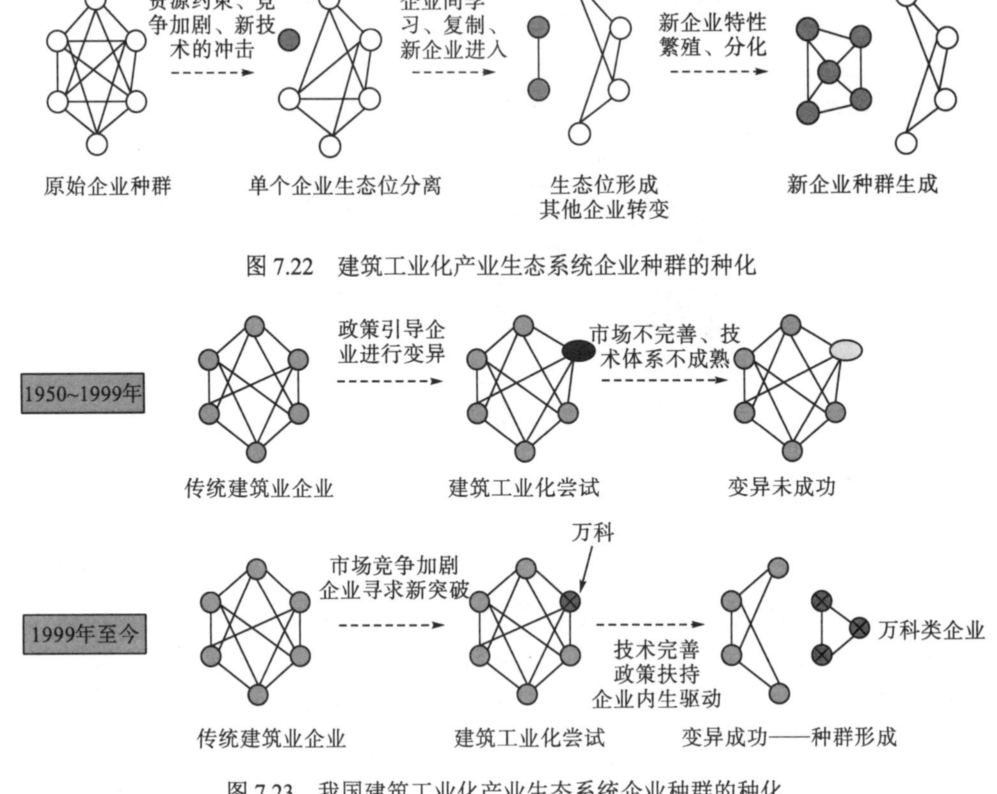

图 7.22 建筑工业化产业生态系统企业种群的种化

图 7.23 我国建筑工业化产业生态系统企业种群的种化

我国从 20 世纪 80 年代起就开始进行住房改革，而直到 1998 年 7 月，国务院发布《关于进一步深化住房制度改革加快住房建设的通知》，房改才真正取得突破性进展，个人购房的积极性才真正得到发挥。从图 7.24 中可以看到，从 1998 年开始商品住宅房屋施工面积开始呈现较大的增长趋势，房地产市场进一步打开，吸引了大量的企业进入。2000～2001 年，房地产法人单位数量几乎翻了一倍，无形间增加了房地产市场的竞争程度。面对逐渐打开的商品房市场以及日渐严峻的竞争趋势，市场资源的不断细分使得以万科为代表的建筑类企业开始思考怎样在如此激烈的竞争中脱颖而出，并保持持续的竞争优势。

无论是从生产技术上，还是生产思想上我国建筑业发展同发达国家、发达地区相比还处于比较明显的落后状态。彼时，发达国家如瑞典、芬兰、日本等早已经摆脱传统的手工湿作业的生产方式，转向更为机械化、自动化的生产方式。万科对其自身的发展及其建筑行业的发展具有一定的前瞻意识，在其他国家建筑工业化发展相对比较成熟的情况下，将日本的建造范式、技术引进中国，并为此做出了较大的努力。从生态学视角来看，万科是企图在当时的建筑业格局中创造新的企业生态位，以此获得竞争和先行优势。

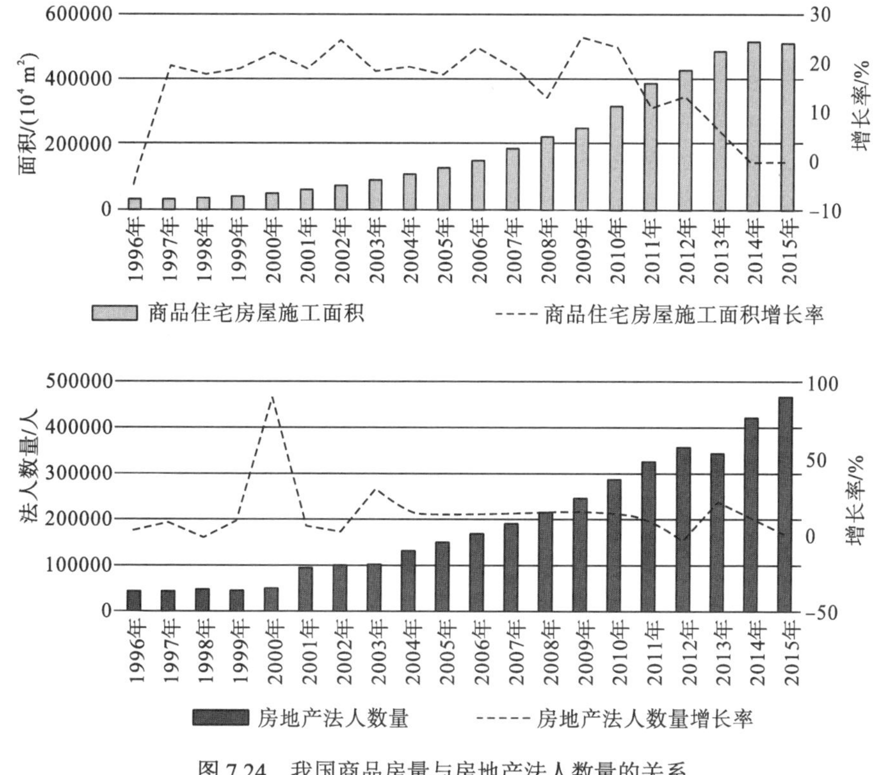

图 7.24 我国商品房量与房地产法人数量的关系

随着国家对建筑工业化的关注度不断提高，以及建筑工业化技术体系越来越成熟，虽然推进的过程中仍然存在大量的困难和障碍，但是已经有越来越多的企业开始进行建筑工业化尝试，并且取得了较大的进展。房地产企业如远大、宝业集团、恒大等，施工单位如江苏龙信、中建集团、上海建工、成都建工等也都进入建筑工业化产业生态圈，并逐步促进了建筑工业化产业链条的完善。而单个的企业从传统的建造方式向工业化建造变异，经过一段时间的发展，也形成了一个小群体，占据了一定的市场。至此可以说传统建筑业实现了种群的种化，而新生种群则是工业化建造方式的种群。

(三)建筑工业化产业生态系统种群“种化”要素

生态物种形成具有 3 个要素(Rundle and Nosil，2005)(图 7.25)：①歧化选择的来源；②生殖隔离的形式；③关联歧化选择与生殖隔离的遗传机制。其中歧化选择主要分为 4 个方面的作用：环境差异、性选择、生态相互作用以及强化选择。物种的生存环境包括气候条件、土壤条件差异等，造成种群内不同群体向着不同的性状发展(Turner，2000)。性选择是指种群中物种在交配过程中，优势性状更容易获得交配的机会，有利于竞争的性状得到巩固和发展。性选择也会直接作用于择偶偏好(Panhuis et al.，2001)。生态相互作用主要指物种之间和物种内部的相互作用关系，强化选择可以理解为杂交的过程。歧化选择 4 方面的作用的最终结果是引起种群内部产生基因变异，且往往是多个作用共同影响的结果。只有歧化作用造成基因变异难以形成一个新的种群，变异的基因在经过环境的考验之后被留存下来，且逐渐偏离原有的族群，最终形成与原有族群之间的生殖隔离。生殖隔离后的个体只能与同样存在变异基因的个体进行交互，且能够将变异的基因一直遗传下去，进而在规模上得到持续性增长，形成新的物种群体。

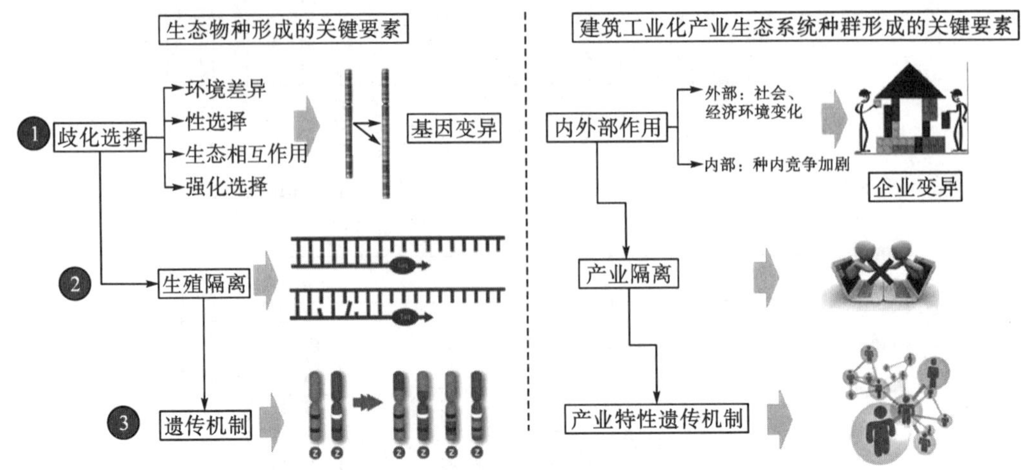

图 7.25 生态系统形成的关键要素对比

对应建筑工业化产业生态系统种群的形成也同样存在 3 个关键要素，即内外部作用机制、产业隔离以及产业特性遗传机制。

1. 内外部作用机制

外部因素主要是指外部环境(如社会、经济等环境)发生改变，如建筑业劳动生产效率低下且劳动力成本在不断提高、社会整体环境保护意识的增强、新兴技术的出现对行业的冲击等都会引导企业思考其未来的发展，从而使企业做出相应的改变；内部因素主要是指建筑行业日渐饱和的发展现状，企业间竞争加剧，迫使企业掌握新的生产技术或者尝试开辟新的领域。内外部共同作用下，传统建筑业企业对企业发展战略进行调整，工业化建造方式就是其变异的方向之一。与生物物种变异的差别在于，企业变异往往是主动的，而且具有一定方向性，企业能够掌握变异的速度和程度，以应对变异过程中的各种阻碍和困难。

2. 产业隔离

产业隔离指原有的建筑类企业发生企业变异，获得工业化建造基因，其所汲取的资源和市场转变为工业化建筑资源和市场，与原来的企业种群发生了偏离。而原有种群中的企业与变异后的企业难以在业务上进行合作和资源共享，于是形成产业隔离的状态。

3. 产业特性遗传机制

工业化建造企业形成后，其工业化建造基因是可以被复制和遗传的。其他企业通过复制和学习已有的工业化建造企业的经验和做法来实现自身的转变。且企业之间可以进行相互合作和帮助实现企业的壮大和发展，并作为标杆企业将工业化建造思想进行传递。

(四) 建筑工业化生态系统种群的种化特征

在前文界定了建筑工业化生态系统中的生物要素，包括建设单位、施工单位、设计单位、咨询单位、材料部品供应商以及预制构件供应商等，这些生物要素即建筑工业化生态系统中的各个种群，每个种群的形成都经历了种群的种化过程。建筑工业化生态系统各个种群的种化存在一定的不连续性和多向性。

建筑工业化生态系统各个种群种化的不连续性主要体现在单个个体从传统建筑方式向建筑工业化转型时往往并不是集中式的，而是间断的，受不同的环境影响和刺激陆陆续续地向工业化方式转型，最终大量的转型个体形成一个规模化的种群组织。如 2007 年以前，有且仅有万科等几家传统建筑企业向工业化转型，2007 年以后当建筑工业化逐渐被行业、市场所接纳，才出现越来越多的企业向建筑工业化转变。且当单个个体进行转型时并不全是一步到位的，以施工单位种群为例，其种群内的个体可能经历了从传统建筑工业化生态系统中的材料供应商转型为预制构件厂商，继而又转型为建筑工业化生态系统中的施工单位。

而多向性主要体现在，传统建筑生态系统中的个体向工业化转型时并不是在其原有职能或生态位上的简单延伸。以图 7.26 中各个形状代替各个种群中的个体，部分个体会基于原有的职能和生态位向工业化职能和生态位延伸，其主营业务并不一定发生改变，而部分个体从传统建筑方式向工业化建筑方式转型时，其主营业务也发生了改变，且在转型的过程中可能存在 2 次或者多次企业个体主营业务调整的情况，形成最终的企业形态。而各个企业转型后，同种主营业务的企业集聚形成新的企业种群。

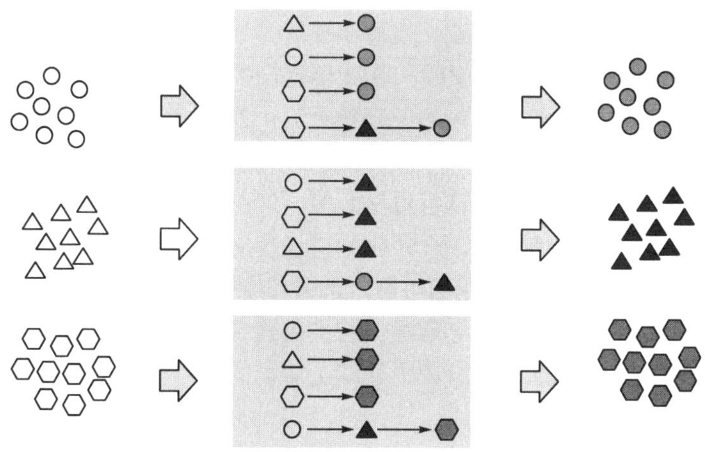

图 7.26 建筑工业化生态系统中种群的种化

二、单一建筑工业化产业生态系统种群演化

在组织生态学中，种群内部的演化可以分为“合法化”和“种内竞争”两个过程。合法化是指种群获得了社会的认同，具备了建立种群的权利。当一个新种群形态出现时，由于得不到社会的认定，其发展往往会受到限制，新制度理论中提到“新组织不适宜生存”的推断也是指新组织在发展早期难以获得认同，从而得到较少的顾客和供应商，且难以寻求到合适的合作伙伴。随着种群的不断发展壮大，种群的合法性也逐渐提升。种群的合法性与环境中的关键制度具有一定的关系，当环境中关键制度的数量比较多时，其为种群提供的社会支持和资源更多，使种群的进入条件更加具备吸引力。环境中的关键制度主要是

指政府部门以及社区组织。但是种群的密度达到一定程度时，种群的合法性也将不再上升。竞争是指当种群依附于一个有限的资源集合，当有的新的个体想要进入的时候会降低这些新个体的生存机会。其前提是种群所在的环境具有一定的环境容量，当种群的密度不断增加时，种群内单个个体获得的资源量降低，从而降低了种群的出生率以及增加了种群的死亡率。

除了“合法化”和“种内竞争”两个种群演化的基本过程外，“传染行为”作为一种企业种群的非理性个体行为，伴随着合法化以及种内竞争两种生态过程发生。其主要是指单个企业在非理性分析的前提下，由于受到社会环境的导向性以及其他企业选择的影响而选择进入或者退出种群。传染行为既能够加速整个种群合法化的进程，其影响种群的数量的增加又会提高种群的竞争程度。

(一)单一建筑工业化产业生态系统中种群合法化及种内竞争

20 世纪五六十年代，中国就开始推行建筑工业化，1960 年，建筑科学研究院工业与民用建筑研究室发表《住宅建筑结构发展趋势》，1979 年全国工业化住宅建筑会议发表《国内工业化住宅建筑概况和意见》，1981 年学者知慧引用中国建筑经济学会资料发表《概述国内几种工业化住宅体系的经济效果》，1993 年北京市建工集团总公司教授级高工胡世德发表《北京住宅建筑工业化的发展与展望》。1996 年正式出台文件促进建筑工业化的发展，建设部发布《建筑工业化发展纲要》，1996 年发布《住宅产业现代化试点工作大纲》，1997 年建设部颁布《1996—2010 年建筑技术政策》，1999 年国务院颁布《关于推进住宅产业现代化提高住宅质量的若干意见》，2005 年建设部颁布《关于加快建筑业改革与发展的若干意见》，2006 年建设部颁布《关于进一步加强建筑业技术创新工作的意见》及《国家住宅产业化基地试行办法》等。2007 年以前我国建筑工业化还停留在实验楼开发阶段，还未有实践项目，合法化推进进程缓慢。从图 7.27 中也可以看到，我国 1996～2007 年每年的政策数量屈指可数，部分年度甚至没有政策性文件的推动。2007 年我国第一栋采用工业化方式的住宅落成，这也是建筑工业化发展史上里程碑式的事件，受到了政府与业界的广泛关注，也验证了建筑工业化的可行性。自 2008 年开始我国国家政府以及地方政府开始高度重视建筑工业化的发展，并将建筑工业化上升至国家战略层面，2014 年和 2015 年国家与地方每年出台政策超过了 40 项，涵盖发展方向、补贴优惠、技术规范、人才培养等各个方面，促进了建筑工业化产业链条的完善，建筑工业化产业生态系统中种群的合法性得到了显著提升。

从 20 世纪五六十年代起，我国建筑工业化产业生态系统种群的合法性提升的过程相对比较漫长，这与我们国家的社会、经济水平存在较大的联系。随着合法性的不断提高，建筑工业化产业生态系统中各个种群的规模也在不断扩大，越来越多的企业向建筑工业化转型，而规模扩大必然会引起竞争的加剧。以建筑工业化产业生态系统中的预制构件厂商为例，2013 年我国预制构件厂数量为 54 家，2014 年为 88 家，到 2015 年已经增加到 104 家，且主要分布在安徽、山东、湖南、江苏、安徽、浙江、河北等地。从区位因素来看，沿海地区预制构件厂发展较快，其次是以北京为中心的河北、天津等地，沈阳、大连、长春等东北老工业区也是发展较为迅速的区域。但是 2015 年以前，虽然建筑工业化受到的关注度相较于之前已经有了质的飞跃，但是建筑工业化项目实践还多停留在政府保障房和公租房层面，还未完全在商品房中铺开。然而，政府保障房项目有限，建筑工业化市场并没有完全被打开。以山东为例，截止到2016年，山东省累积开工装配式建筑1200万m^3，而目前山东全省已有混凝土预制构件企业18家，生产线48条，年生产能力达480万m^3，其每年的装配式建筑预制构件的需求量难以达到所有厂家的设计产能，预制构件企业之间必然会形成一定的竞争。这种竞争能够促进预制构件企业不断地提高自身的企业竞争力，但也会抑制其他企业的进入，增加企业进入的困难。

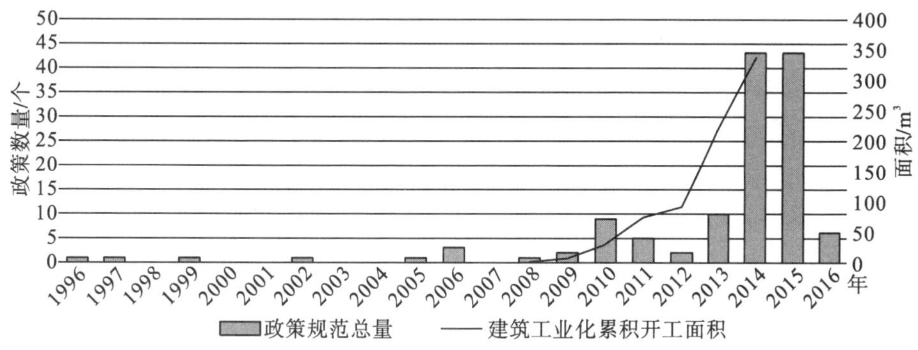

图 7.27 我国建筑工业化政策数量及累积开工面积对比

（二）单一建筑工业化产业生态系统种群增长模型

如果只考虑建筑工业化产业生态系统中的单个种群的增长，而暂时不考虑其他种群对其的影响及作用，则其种群规模的增长可以分为两个阶段(图 7.28)：第一阶段为种群初生，是增长初期阶段，环境以及种群密度对其还不会造成关键影响；第二阶段为成熟增长阶段，由于种群规模的不断扩大，种群内的企业个体需要共享资源，而由于资源的有限性，种群内个体竞争加剧，种群的规模不可能再无限制增长。

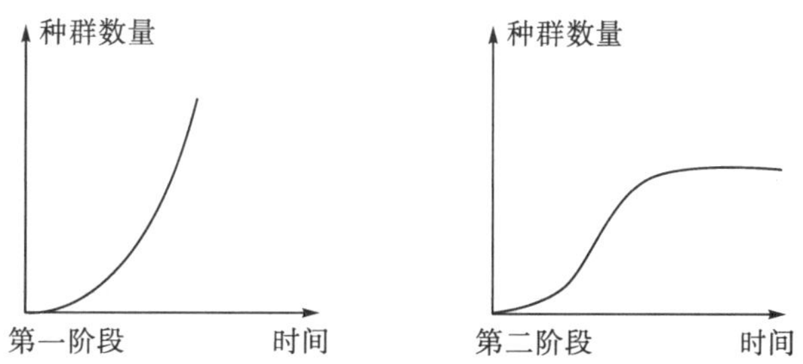

图 7.28 建筑工业化产业生态系统种群规模增长

(1)第一阶段企业种群增长模型可以用 Malthusian 增长模型，即种群 J 形增长模型、人口几何级数增长模型(Malthus，1798)。在建筑工业化产业生态系统发展早期，企业种群规模主要按照 Malthusian 增长模型进行增长。假设建筑工业化产业生态系统中种群的数量是一个连续的函数 $N_{(t)}$，其中 t 代表时间。则建筑工业化产业生态系统中种群的平均增长速率为

$$v = \frac{N_{(t+\Delta t)} - N_t}{N_{\Delta t}} = \frac{\Delta N}{\Delta t} \tag{7.1}$$

建筑工业化产业生态系统中种群的增长速率即单位时间内种群数量的变化，但是没有考虑到企业种群的基数。企业种群的基数越大，则企业发展规模的增长越快，如我国建筑工业化产业生态系统中的预制构件厂商就存在一定的企业基础。我国内地的建筑工业化起步晚于我国香港地区，香港大量的公租房都是采用装配式的建造方式，也产生了大量的预制构件需求。然而，香港本土难以为预制构件厂提供土地和劳动力，建筑企业则将预制构件厂设置在深圳等地，为内地预制构件厂的发展提供了一定的基数。同时，在建筑工业化趋势到来时，道路市政工程的预制混凝土构件厂也扩大从事工业化建筑的预制构件生产。在此基础上，预制构件厂商增长的速度较快。相比于预制构件厂商，开发商、施工单位、设计单位的规模增长相对缓慢，开发商、施工单位以及设计单位种群基数是从无到有的一个过程，因而从建筑工业化发展至今，建筑工业化产业生态系统中开发商、设计单位等的企业种群规模相对较小。

在生态学中，具有一定种群基数的种群规模增长时有时会采用相对增长率来表达其与种群基数之间的关系。相对增长率表达式为

$$v = \frac{N_{(t+\Delta t)} - N_t}{N\Delta t} = \frac{\Delta N}{N\Delta t} \tag{7.2}$$

建筑工业化产业生态系统中种群的增长与自然生态系统中物种种群的增长虽然具有一定的相似性，但是在进行问题的分析时还需要综合考虑二者之间的差异性。企业种群与生物种群相比，其不存在交配生殖繁衍的属性，对于一个企业种群来说，种群规模的扩大主要源于传统企业的转型或者新企业的成立。因而，生物种群中，以某一物种基数成倍增长的规律并不能够映射至企业种群中，而采用单位时间内的增长速率更加科学。

(2) 第二阶段企业种群增长模型可以用 Logistic 增长模型，即 S 形模型。在 Malthusian 增长模型中，种群的数量和规模是会无限增长的，而现实中往往不存在种群规模无限增长的可能。由于生存资源和生活空间的限制，企业种群增长到一定规模时其增长速度便会受到企业密度的限制，当企业种群的数量达到市场饱和度的时候，其增长的速度变为 0。Logistic 增长模型的表达式为

$$\frac{1}{N}\frac{\mathrm{d}N}{\mathrm{d}t} = r\left(1 - \frac{N}{\bar{N}}\right) \tag{7.3}$$

其中，$\bar{N}$ 为建筑工业化产业生态系统中企业种群的饱和数量，那么未饱和的企业种群比例为 $(\bar{N} - N)/\bar{N}$。设企业种群的相对增长率为 r，则当 N=0 时，企业种群处于未饱和的状态，其相对增长率为 r 值；随着企业种群规模 N 的增加，种群逐步向饱和的状态靠近，r 值也就不断减小；当 $\bar{N} = N$ 时，企业种群达到了环境容量，也就不再进行增长。对该方程式进行二次求导得到下列方程：

$$\frac{\mathrm{d}^2 N}{\mathrm{d}t^2} = r^2 N\left(1 - \frac{2N}{\bar{N}}\right)\left(1 - \frac{N}{\bar{N}}\right) \tag{7.4}$$

当二阶导数为 0 时，企业种群的增长速度达到最大值，而后开始下降。而二阶导数为 0 的条件是 N=0、$\bar{N} = N$ 或者 $N = \bar{N}/2$。当 N=0 时，无实际意义；当 $\bar{N} = N$ 时企业种群达

到饱和，不做讨论；而当 $N=\bar{N}/2$ 时，方程曲线出现拐点，拐点之前企业种群的增长速率一直在增加，在拐点处企业种群的增长速率达到最大值，拐点之后企业种群的增长速率开始下降(图 7.29)。

但是 Logistic 增长模型也存在一定的局限性，用于分析建筑工业化产业生态系统中企业种群的增长，未考虑到环境的可变性。与自然生态环境不同，自然物种生活的一个地区或者一定范围内的资源、空间等在一定时间内不会发生较大的变化，而社会经济环境等就不一样了，人为因素比较多，市场容量和可承载力可能会处于不断变化的状态下。而 Logistic 模型假定的环境容量是不变的，因而还需要更深一步的进行研究。

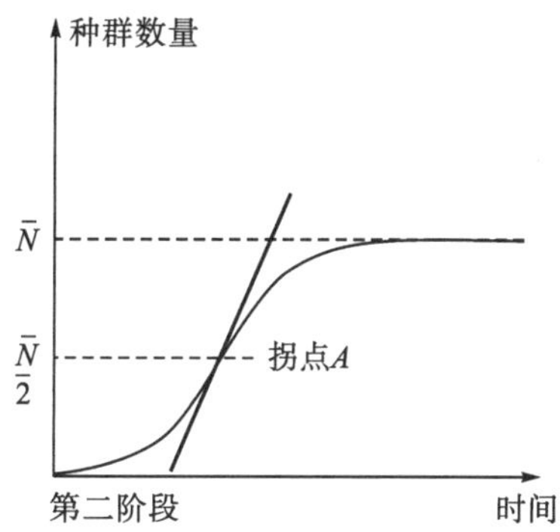

图 7.29　建筑工业化生态系统中种群规模增长变化图

三、建筑工业化产业生态系统多种群协同演化

(一)建筑工业化产业生态系统中种群的种间关系分析

建筑工业化产业生态系统中企业种群的演化通常还需要考虑几个或者多个种群间的相互作用。自然生态系统中同一区域、同一生境中生活的物种往往会存在资源维度上、生存空间维度上的重叠，而这种重叠可能是相互促进的，也可能是相互抑制的。在自然生态系统中对于物种之间的相互作用关系一般存在以下几种(表 7.8)：

(1)中性作用。具有中性作用的两个种群，不存在资源与空间上的相互联系，二者不受对方种群规模的增加或者减少的影响。

(2)竞争-直接干扰型。两个生物种群在生存条件上生态位几乎完全重叠，其生存所需的资源和空间几乎一致，进而出现“有我没它”的生存状态。

(3)竞争-资源利用型。两个物种存在生态位的重叠，但是除了重叠的资源能够供二者生存之外，两个物种还可以通过其他的资源满足生存需求，因此只有在资源非常匮乏的情况下，二者才会存在竞争。

(4)偏害作用。一个物种的生长会对另一物种产生危害因素，从而会抑制另一个物种的生长。

(5)寄生作用。一个物种将另一个物种作为自身生存和资源的来源，从而导致寄生方越来越强大，而被寄生方越来越虚弱的状态。

(6)捕食作用。捕食作用在自然生态系统中比较常见，指一个物种以其他一个或者多个物种为食物，被捕食的物种数量增长受限的情况。

(7)偏利作用。一个物种的生长会产生对另一物种的有利因素，从而会促进另一个物种的生长。

(8)原始合作。两个物种间相互合作能够更有效地促进物种规模的扩大，但不是必要条件。

(9)互利共生。两个物种相互依存，相互辅助，缺少一方另一方难以存活下去，相互提供的因素或者作用是二者生存的必要条件。

表 7.8 生态系统中种群相互关系

相互作用关系	物种 1	物种 2	相关作用的一般特征
中性作用	0	0	相互之间互不影响
竞争-直接干扰型	−	−	相互之间互相抑制
竞争-资源利用型	−	−	只有在资源缺乏的时候相互抑制
偏害作用	−	0	物种 1 受抑制，物种 2 不受影响
寄生作用	+	−	物种 1 获利，物种 2 受抑制
捕食作用	+	−	物种 1 以物种 2 为食
偏利作用	+	0	物种 1 获利，物种 2 不受影响
原始合作	+	+	相互作用对二者都有利，但不是必然的
互利共生	+	+	相互作用对二者都必然有利
+ 得利； − 受损 ； 0 无影响			

虽然在自然生态系统中，生物物种之间的相互关系较为丰富，但是由于建筑工业化产业生态系统的特殊性，并不是所有的自然生态系统中的种间关系都能够映射到建筑工业化产业生态系统中的种群中来，比较常见及重要的相互作用关系为：竞争关系、互利共生关系以及捕食关系。

在本书第五章，绘制了建筑工业化产业生态系统主要产业链条，梳理出建筑工业化产业生态系统中的主要企业种群有：开发商、咨询单位、预制构件厂商、设计单位、装饰装修单位、承包商、材料供应商、部品供应商、运输单位、物业公司、销售公司、监理单位、机械供应商等。其中企业种群之间就会存在相应的竞争关系、互利共生关系以及捕食关系。

建筑工业化产业生态系统中的竞争关系主要指的是两种或者多种企业种群因从事相同的业务，进入同一种资源市场而产生的相互之间的不良影响。如在建筑工业化产业生态系统中除了开发商会从事建筑工业化项目的开发之外，部分承包商以及预制构件厂商为了能够进一步推进建筑工业化的发展以及减少成本，也会进行建筑工业化项目开发，在建筑工业化项目市场尚不成熟、市场容量较小的情况下，开发商和预制构件厂商、施工单位等便会存在一定的竞争关系，但是这种竞争关系还处于一个良性竞争的阶段，能够在一定程度上推动我国建筑工业化的发展。同样的，由于目前我国建筑工业化施工技术还不成熟，部分预制构件厂商为了能够更好提供预制构件服务，开始涉足预制构件施工领域，而施工单位也可能从预制构件生产出发，建立自己的预制构件厂，使得施工单位与预制构件厂商之间在预制构件生产和施工上产生一定的竞争关系。

建筑工业化产业生态系统中的互利共生关系主要是指两个或者多个企业种群之间存在正相关关系，能够同时促进企业种群规模的扩张和发展。如建筑工业化产业生态系统中的预制构件厂商和材料供应商。预制构件厂商和材料供应商是建筑工业化产业链条上的上下游企业，预制构件厂商需要依托原材料供应商提供的原材料才能够进行预制构件的生产，原材料供应商则需要预制构件厂商提供的市场需求来保证企业的生存，尤其是由于采用工业化建造方式而带来的新型材料供应商。

建筑工业化产业生态系统中的捕食关系则主要是指产业链条上的上下游企业存在兼并和整合。如建筑工业化产业链条上大型的建筑施工单位，由于目前建筑工业化设计发展缓慢以及预制构件的采购成本较高，其会整合预制构件生产和预制构件设计部分来更加有效地推进企业建筑工业化的实施，而这种整合方式可能是兼并收购实力较弱的预制构件厂商或者设计单位，从而达到其业务资源上的扩展。

(二)建筑工业化产业生态系统种群种间演化模型及机理

在当前，研究自然生态学的协同演化中，Lotka-Volterra 模型是最为经典，也是最被认可的一种模型。它是由美国学者 Lotka AJ 和意大利学者 Volterra V 于 1925～1926 年提出的，它是研究种间协同配合的重要手段，是对一个包含了竞争机制的扩散过程进行描述的系统。

假定建筑工业化的产业生态系统的系统内部只存在种群 A 和种群 B，两种群之间不存在相互作用，那么两种群的增长规律各自适用 Logistic 曲线。

现假设建筑工业化的产业生态系统中存在种群 A 和种群 B，它们为争夺资源而互为竞争关系，则种群 A 和种群 B 的协同进化模型分别为式(7.5)和式(7.6)：

$$\frac{\mathrm{d}N_1}{\mathrm{d}t}=r_1N_1\left(\frac{K_1-a_{12}N_2-N_1}{K_1}\right) \tag{7.5}$$

$$\frac{\mathrm{d}N_2}{\mathrm{d}t}=r_2N_2\left(\frac{K_2-a_{21}N_1-N_2}{K_2}\right) \tag{7.6}$$

式中，N_1、N_2 分别表示种群 A 和种群 B 的数量；r_1、r_2 分别表示种群 A 和种群 B 在无环境条件限制下的生长增长率；K_1、K_2 分别表示种群 A 和种群 B 单独生长时所能达到的数量临界值，即环境最大容纳量；a_{12} 表示种群 B 对种群 A 的竞争效应，其值越大，表示种群 B 对种群 A 的竞争越强；a_{21} 表示种群 A 对种群 B 的竞争效应，其值越大，表示种群 A 对种群 B 的竞争越强。

为解得方程的平衡点，令 $\frac{\mathrm{d}N_1}{\mathrm{d}t}=\frac{\mathrm{d}N_2}{\mathrm{d}t}=0$，则

$$\frac{\mathrm{d}N_1}{\mathrm{d}t}=r_1N_1\left(\frac{K_1-a_{12}N_2-N_1}{K_1}\right)=0 \tag{7.7}$$

$$\frac{\mathrm{d}N_2}{\mathrm{d}t}=r_2N_2\left(\frac{K_2-a_{21}N_1-N_2}{K_2}\right)=0 \tag{7.8}$$

当 $a_{12}a_{21}\neq 1$时，可得出四个平衡点：

$$P_1(0, 0), P_2(K_1, 0), P_3(0, K_2), P_4\left[\frac{K_1(1-a_{12})}{1-a_{12}a_{21}}, \frac{K_2(1-a_{21})}{1-a_{12}a_{21}}\right]$$

现分析这四个平衡点：对于种群 A，当 $N_1=0$ 时，$N_2=K_1/a_{12}$；当 $N_2=0$ 时，$N_1=K_1$。对于种群 B，当 $N_1=0$ 时，$N_2=K_2$；当 $N_2=0$ 时，$N_1=K_2/a_{21}$。由 K_1/a_{12}、K_1 和 K_2/a_{21}、K_2 分别形成两条直线，表示种群 A 和种群 B 的规模大小：

$$L_1: 1-\frac{N_1}{K_1}-a_{12}\frac{N_2}{K_1}=0 \tag{7.9}$$

$$L_2: 1-\frac{N_2}{K_2}-a_{21}\frac{N_1}{K_2}=0 \tag{7.10}$$

在直线内侧，即 $\mathrm{d}N/\mathrm{d}t>0$，种群的规模会逐渐增加；在直线的外侧，即 $\mathrm{d}N/\mathrm{d}t<0$，种群的规模会逐渐减少。由此，对 K_1、K_2、a_{12} 和 a_{21} 取不同的数值，可表示在竞争过程中出现的四种情况：

(1) 当 $K_1>K_2/a_{21}$，$K_2>K_1/a_{12}$ 时，种群 A 的规模大于种群 B，在由 K_2、K_2/a_{21} 和 K_1、K_1/a_{12} 组成的区域里，种群 A 可以仍然保持增长态势，但是种群 B 数量不再增长，种群竞争结果是种群 A 把种群 B 淘汰。

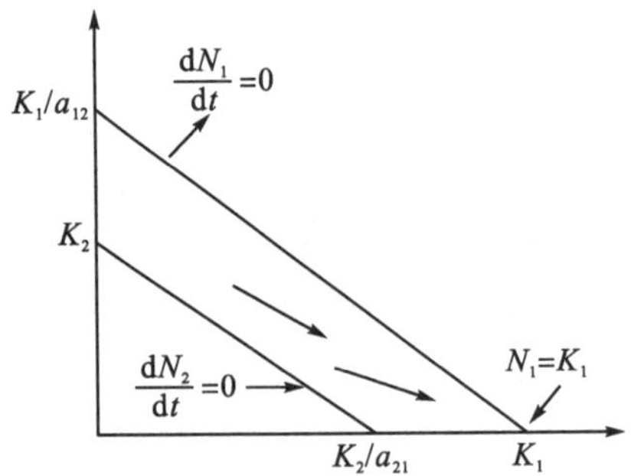

(2) 当 $K_2>K_1/a_{12}$，$K_1<K_2/a_{21}$ 时，由 K_2、K_2/a_{21} 和 K_1、K_1/a_{12} 组成的区域里，种群 A 增长受到限制，而种群 B 仍旧继续增长，竞争结果是种群 B 将种群 A 淘汰。

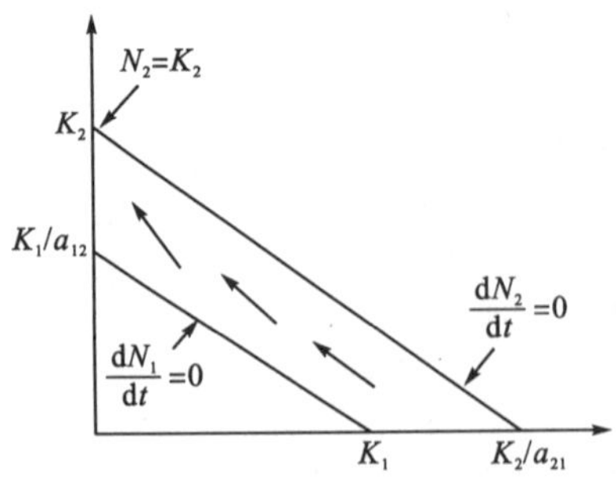

(3) 当 $K_1<K_2/a_{21}$，且 $K_2<K_1/a_{12}$ 时，种群 A 与种群 B 的规模直线在点 E 相交。由于 $K_1<K_2/a_{21}$，由 E、K_1 和 K_2/a_{21} 组成的三角区域内，种群 A 的数量不再增长，而种群 B 的数量仍旧增长，竞争结果接近 E 点。同理，由于 $K_2<K_1/a_{12}$，在三角区域 E、K_1/a_{12} 和 K_2 中，种群 B 的数量不再增长，而种群 A 继续保持增长，当竞争达到 E 点时，种群 A

和种群 B 达到种群共同发展，两者的平衡点是 E 。

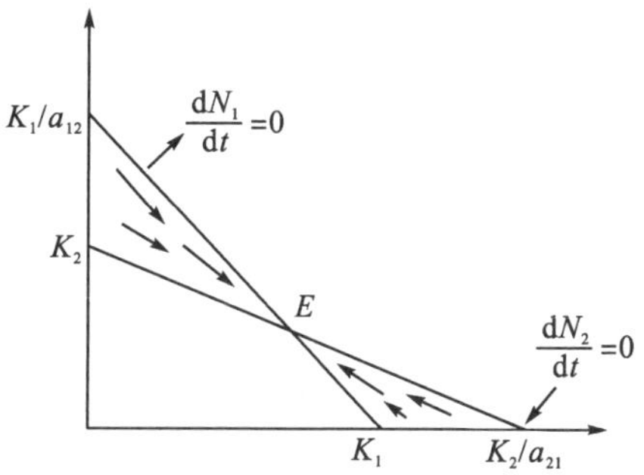

(4) 当 $K_1 > K_2 / a_{21}$，且 $K_2 > K_1 / a_{12}$ 时，两条直线相交于 E' 点。由 E'、K_1 和 K_2 / a_{21} 组成的三角形区域内，种群 B 不可以继续增长而种群 A 可以继续增长，在三角形区域 E'、K_1 / a_{12} 和 K_2 中，种群 A 数量不再增长，而种群 B 继续保持增长，两者达不到平衡状态，种群 A、B 都可以在未来竞争中胜出，这主要受到环境和其他因素的影响。

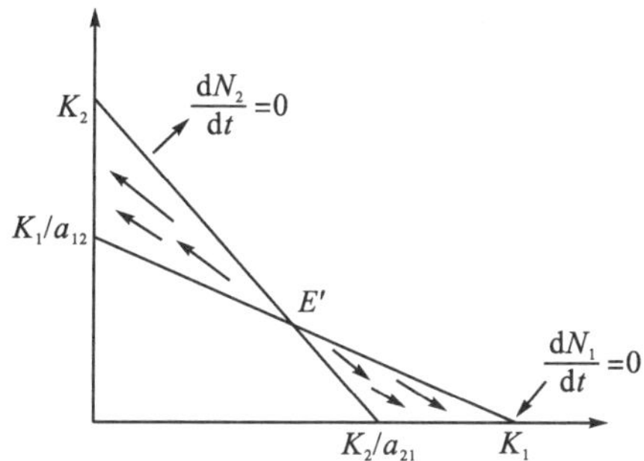

通过分析竞争过程出现的四种情况，发现 (1)、(2) 和 (4) 的情况并不稳定，只有 (3) 是稳定的，即种群间的竞争会在协同进化过程中达到平衡点，在这个平衡点上，受制于系统内的有限资源，两个种群的成长由于竞争关系的存在，都无法获得所有资源，两个种群都不能最大限度地扩充自身规模。种群的竞争效应值越大其所能得到的资源越多。

第四节　外部环境作用下建筑工业化生态系统的多向协同演化

建筑工业化企业个体与企业种群的演化并不是割裂的，而是受到同样的外部环境作用，相互关联，联动为整个系统的演化。

一、建筑工业化生态系统整体的多向协同演化机理

(一) 建筑工业化企业个体与外部环境的双向协同演化

环境对建筑工业化企业群落的直接作用点是一个个的企业个体，因此首先与环境发生

交互作用的也是企业个体，其与环境的相互作用从根本而言体现在企业与环境互动的两个方面：

1. 企业的自组织、自适应性演化

当环境(包括外部无机环境及企业的竞争环境)发生变化时，企业能够对环境的变化做出反应，通过企业内部的自组织，主动调整自身状态，例如企业战略、企业结构等的调整，实现企业个体、企业间关系的改变，增强对环境的适应性。其中，建筑工业化生态系统中主要的外部环境因素及其对企业的驱动作用在第六章做了详细的阐述，而企业在这种环境变化的前提之下，如何进行自身的自适应性调节则主要体现在企业个体及企业间的协同演化机理。

2. 企业对环境的反作用及环境的演化

建筑工业化企业并非单向地从生态环境中摄取生产资料及能源，从政策、市场、技术等环境获取重要的产业扶持、市场价格、消费者偏好等信息及重要的技术支持，而是通过将企业生产的产品、产生的热能等重新投入自然环境对环境进行反向作用，以及通过企业行为反向影响政策、市场、技术环境等，造成自然环境中物质、能量的状态变化，以及市场价格、技术覆盖等状态变化。

值得注意的是，企业虽不是被动地适应环境，但也不能完全地改造环境，而是与环境相互影响、交替作用、共同进化。理想情况下，通过企业对环境的自适应以及与环境的互动能够促使生态系统向更加高效运行的方向演化。但是，现实中却并不总是如此，当环境巨变或环境不利于企业发展时，企业可能因为不能适应环境的变化也不能改变环境而被淘汰。

(二)建筑工业化企业、种群与外部环境的多向协同演化

企业对于环境变化的适应性行为会影响到企业种群的发展及种群间关系，并进一步影响外部环境。例如，在建筑工业化推广的前期，政策环境利好，很多企业会选择进入建筑工业化生态系统，在此过程中企业与企业之间、企业种群与种群之间可能更多的是横向的合作关系。随着企业种群规模的不断扩张，根据 Logistic 模型，种群数量将加速增长。当种群数量的规模和增长速率到达一定的临界值，可以认为产业可以依靠市场的自我调节作用而正常运行，因此政策的推动力度将下降，同时资源的有限性开始显现，企业与企业间、种群与种群间就将出现竞争，通过优胜劣汰，强者更强，而弱者被淘汰出局，种群数量增长放缓甚至可能回落。由此，建筑工业化企业、种群与外部环境之间便形成了“多向协同、多层嵌套”的演化模式。

基于以上分析，本书提出了建筑工业化生态系统演化的多层嵌套理论模型(图 7.30)。演化起于外部环境的状态变化，这种变化最直接的作用对象是单个的企业个体，引起企业个体的状态变化。企业个体的状态变化通过企业间竞争、协同作用的拉动进行扩散，引起其他企业、企业种群的演化。同时，企业个体的行为、企业种群状态的变化通过物质、能量、信息的交流反馈到外部环境，引起外部环境的变化，并进一步导致企业个体、企业种群层次上的演化，从而实现整个生态系统的循环演进。在这个过程中，企业不是完全被动地适应环境的变化，但也不能完全地主动改造环境，而只能实现有限主动。当企业对于环

境变化的应对能够符合环境选择时，则企业能够存活，否则便可能导致企业乃至企业种群的淘汰。

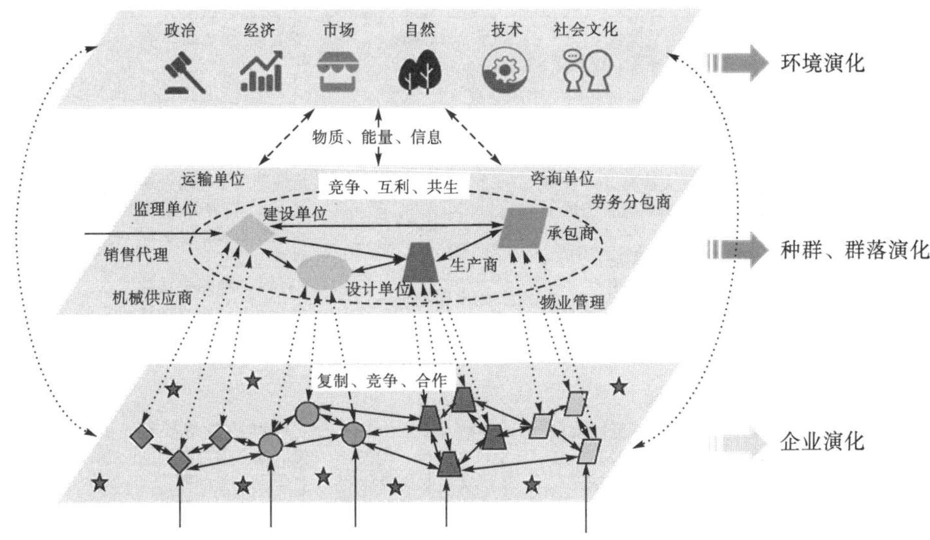

图 7.30　建筑工业化生态系统演化理论模型

二、建筑工业化生态系统整体的多向协同演化状态

建筑工业化生态系统多向协同演化表现为系统的阶段性演化特征。在外部环境的作用下，生态系统会经历初创、发展、成熟、衰落或再创新四个阶段，如图 7.31、表 7-9 所示。

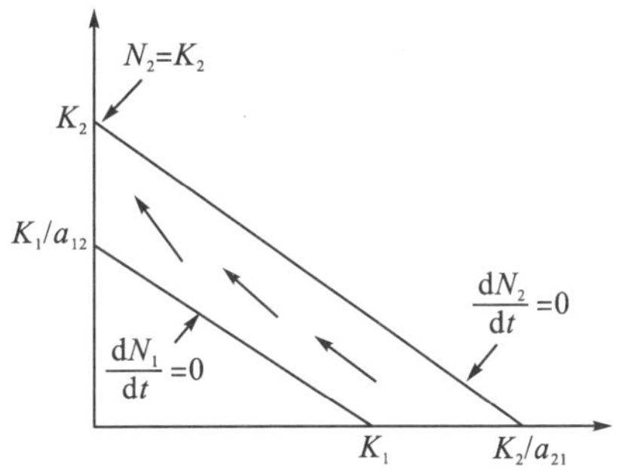

图 7.31　建筑工业化生态系统的时间结构图

表 7.9　建筑工业化生态系统各层次多向协同演化状态

建筑工业化生态系统演化阶段	环境	建筑工业化企业个体	建筑工业化企业种群	建筑工业化生态系统
初创阶段	1.市场环境：资源充足； 2.政策环境：前期缺乏政策支持，后期政策利好； 3.技术环境：技术发展缓慢； 4.生态环境：环保要求突出；	1.转型到建筑工业化的企业有限，且多为实力较强的开拓性企业； 2.建筑工业化企业倾	1.种群类型少，种群数量开始缓慢增长，种群的存活率较低，种群尚未形成； 2.种内及种间关系主	系统结构非常简单，仅有少数几个大型企业的小型产业链，但较为稳定，几乎未

续表

建筑工业化生态系统演化阶段	环境	建筑工业化企业个体	建筑工业化企业种群	建筑工业化生态系统
	5.社会环境：社会接受度低 6.自身附加值环境：提效、提质量，减少污染	向于合作战略	要表现为互助与合作	形成产业规模
成长阶段	1.市场环境：资源开始呈现出有限性； 2.政策环境：政策支持充分，种群增长速度到达临界点后政策力度下降； 3.技术环境：技术快速发展； 4.生态环境：环保要求突出； 5.社会环境：社会接受度上升； 6.自身附加值环境：提效、提质量，减少污染，定制化	1.转型到建筑工业化的企业迅速增多，且大多为跟随性企业； 2.建筑工业化企业间开始出现竞争	1.种群类型增多，数量快速增长，增长速度到达临界点后增长逐渐放缓，但仍保持高速增长； 2.种内、种间关系除合作外，开始出现竞争	系统结构动荡，开始出现系统的垂直、水平结构，产业规模快速扩大
成熟阶段	1.市场环境：资源有限； 2.政策环境：政策多为规范性政策； 3.技术环境：技术较为成熟； 4.生态环境：环保的持续要求； 5.社会环境：社会接受度较高； 6.自身附加值环境：提效、提质量，减少污染，定制化	1.向建筑工业化的转型较为缓慢、均匀； 2.建筑工业化企业间竞争激烈，联盟关系更加稳固	1.种群数量增长缓慢，甚至因为激烈的竞争而少量回落； 2.种内竞争激烈，种间既合作又竞争	系统结构更为清晰、稳定，产业规模达到最大
衰落或再创新阶段	1.市场环境：资源稀缺； 2.技术环境：出现较为剧烈的政策或技术变革； 3.社会环境：社会接受度较高； 4.自身附加值环境：不能满足新阶段的要求	建筑工业化企业或寻求新一轮的创新(转型)，或被淘汰	建筑工业化企业由于转型或淘汰，种群数量下降	系统结构动态，产业规模下降

(一)初创阶段

初创阶段是建筑工业化萌芽和开始产生的阶段，以一、两个大型企业为核心，形成小型的产业链。这一阶段，企业数量较少，资源相对较为丰富，几乎不存在竞争，企业与企业间、种群与种群间多为合作关系。系统中物种类型较少，种群也尚未形成，系统的空间结构不完善，但相对稳定。

(二)发展阶段

发展阶段的显著特征是物种类型增多，种群形成及种群数量快速增长。随着先行企业的实践经验增多，以及为了实现规模效应，增强产业竞争力，政府、先行企业会鼓励和吸引更多的企业进入市场，相互合作，促使企业种群形成且数量快速增长。但由于资源的有限性，同质企业之间渐渐开始产生竞争。种群内的垂直结构在这一阶段也开始形成。同时，随着产业的逐渐发展，产业链不断完善，因此物种类型也不断增多，形成生态系统的水平结构。这一阶段是企业的大规模进入阶段，系统结构相对而言较为动荡。

(三)成熟阶段

建筑工业化生态系统具有一定的市场承载力，发展阶段企业的不断涌入，超过了市场的最大承载力，市场行为也相对不规范。建筑工业化的成熟阶段，实际上也是政府规范市场行为、市场环境对企业进行选择的过程。这一阶段，资源的稀缺性突出，企业间竞争加剧，优势企业进一步得到发展，而弱势企业则被淘汰。企业间的合作关系更为稳固，系统的垂直结构、水平结构都更为稳定。

(四)衰落或再创新阶段

经历了成熟阶段的稳定化发展，系统形成了核心种群与非核心种群水平协同、大型企业与中小型企业垂直互补的格局。此后，系统将面临外部环境的变动，如新技术的冲击、重大政策的颁布等。在这种条件下，如果系统具有足够的调节能力，将能够应对此种冲击并实现自我更新，向前发展。否则，系统将无法适应环境的巨变，失去创新活力而被淘汰，逐渐进入衰落期。

本 章 小 结

本章在第六章建筑工业化演化关键驱动因素识别的基础上，探索了建筑工业化生态系统的演化机理。本章首先阐明了建筑工业化生态系统的演化规则，结果表明建筑工业化生态系统的演化具有层次性、阶段性和适应性。建筑工业化生态系统的演化发生在企业个体层、企业种群层和系统层三个层次。企业演化层关注企业演化机制，包括企业个体演化和企业间竞争，企业个体演化是企业适应环境的行为表现以及可能路径，企业间竞争反映企业与企业之间资源的争夺和竞争。结合企业业务转型的现有研究，企业个体演化路径分为“产能扩张”路径、“新业务拓展”路径，以及“一体化延伸”路径 3 种演化路径。企业间竞争分析主要借助于企业生态位相关理论，利用企业生态位重叠情况分析企业竞争程度，并在此基础上提出可能的变动策略。企业种群层关注企业种群种化、单一种群演化以及多种群演化研究，其中企业种群种化主要受环境影响，分为 4 种种化形式；单一种群演化主要取决于种群种内关系的变化：从无竞争到竞争状态，也使得在一定的环境容量下企业种群数量由指数增长趋于稳定；种间关系主要包含 9 种，企业多种群演化中最重要的是竞争关系、捕食关系以及互利共生关系，竞争关系使得企业种群间相互抑制，捕食关系造成了企业种群中的并购重组机制以及互利共生关系，促进了企业种群间的良性发展。系统层则关注组织与环境之间以及系统内部各层次之间的互动。环境的选择作用是建筑工业化生态系统演化的重要动力。环境的变化直接作用在企业个体，引起企业个体的状态变化及企业间关系的变化。企业个体层的变化反映在种群层面，影响种群的数量增长及种群间关系，进而影响系统结构。系统内部的变化同时又反馈到环境，引起环境的进一步变化，从而形成整体系统的循环演进。

第八章　建筑工业化生态系统中产业演化和企业转型模式及其实证研究

本章通过定性的案例分析与定量的模拟仿真相结合的方式，对第七章建筑工业化生态系统的演化机理进行进一步的印证。以第六章识别的关键政策作为环境层的数据输入；通过问卷调查的方式，获取企业对环境变化的感知和反应，作为智能体处理层的数据输入；在案例分析的基础上，扩大样本量，提取各类企业转型的路径及其各路径的发生概率，作为智能体行动层的数据输入；决策层则是将智能体行动的结果以种群增长的方式进行呈现，并反馈到环境层，影响环境参数。

第一节　建筑工业化生态系统企业个体演化案例研究

随着建筑工业化的发展，企业根据自身优势和外部环境变化，将选择不同的演化路径。这也是自然生态系统与建筑工业化生态系统的区别，自然中个体只能被动地接受环境，而企业能够自主选择竞争战略。但由于当前中国建筑工业化处在快速发展期，企业在市场中的行为大多仍为有限探索，现有文献对企业演化路径的分析比较有限。建筑工业化新型生产方式引起产业链变化和行业变革，相关企业发展并调整自身的业务以适应环境的变化，保持其竞争优势。前文从理论层面分析了企业演化路径，本节将通过对建筑工业化生态系统中实际企业的案例研究，分析先行企业的演化特征，以此为后进入或者准备进入的企业提供可选择路径与相关建议。

一、建筑工业化生态系统企业个体演化案例研究设计

在选择研究方法时，我们需要明确所需研究问题的类型。本书主要研究企业“怎么”变化的问题，而案例研究方法正适用于回答“怎么样”与“为什么”的问题。相对于实验、问卷调查等并列的社会科学研究方法，案例研究能够对案例进行真实的描述和系统的理解，对动态的历程和环境变化也可掌控，获得较为全面和整体的观点（项保华和张建东，2005；刑小强等，2011）。一方面，案例研究适用于观察和研究企业发生的系列变革，能够更好地用于构建理论，同时通过案例的复制可以提高案例研究的效率（Eisenhardt，1989；Pettigrew，1990；罗伯特·K.殷，2014）。另一方面，建筑工业化生态系统是一个复杂巨系统，其包含的企业种群多达 16 个，每个种群中又包含若干个企业，而不同类型企业又具有明显的业务和能力差异。因此，本书采用案例研究方法，研究问题为建筑工业化生态系统中企业的具体演化路径，研究对象为当前建筑工业化发展中的典型企业，分析单位主要为企业业务及其变化措施。

案例研究有一定的步骤可循，罗伯特•K.殷(2014)将案例研究的步骤分为五步，即研究方案的设计、收集研究资料的准备、资料收集、证据分析，以及报告的撰写。案例研究属于“分析性归纳”，多案例研究所遵循的是复杂法则。本书根据现有研究，结合需要研究的内容，制定出本书案例研究的具体步骤。首先，本书将对案例研究范围进行界定，明确研究重心；其次，进行案例企业的选择、资料收集方法的确定，以及个案企业研究框架的搭建，这部分主要是案例研究准备阶段的工作；再次，对个案企业逐一进行分析；最后，在个案研究的基础上，进行跨案例分析。

在选择研究案例时，需要选取具有代表性和典型性的企业。本书所涉及的企业类型较多，考虑到建筑工业化中不同企业情况及其所处环境的不同，加之信息的可获取性及所选案例的代表性，本书研究个案所选择的是具有典型性的 4 家企业，包括房地产开发企业、设计企业、构件生产企业和施工企业。这种案例设计方法属于差别复制，通过不同的企业案例分别验证最初的理论假设，研究的外在效度相对单案例研究有所提高。

通常案例研究的数据来源包括文件、访谈、档案记录、物证、直接观察和参与性观察等多种渠道。同时资料收集的要点包括使用多种来源的资料、建立案例研究资料库，以及形成研究问题、收集资料及结论之间的证据链。鉴于研究案例的多样性，为增加研究的效度，本书采用半结构访谈、深度访谈，以及通过公司官网、文献检索、搜索引擎等收集二手资料。并通过不同来源的证据验证研究的数据和信息，合理调整并组合成证据三角形，解决构建效度的问题。同时，本书采用 4 个案例企业，研究结构具有一定的相互验证效果，确保了研究的外在效度；通过与提出的研究模型进行对比，进一步确保研究的内在效度；建立案例研究资料库，包括访谈录音、文本，以及收集资料汇总等，以便于再检查和再分析，强化研究信度。本书针对企业的研究将从三个方面进行，包括个案公司基本情况介绍、个案公司业务组合与演化路径分析，以及多案例比较分析(图 8.1)。

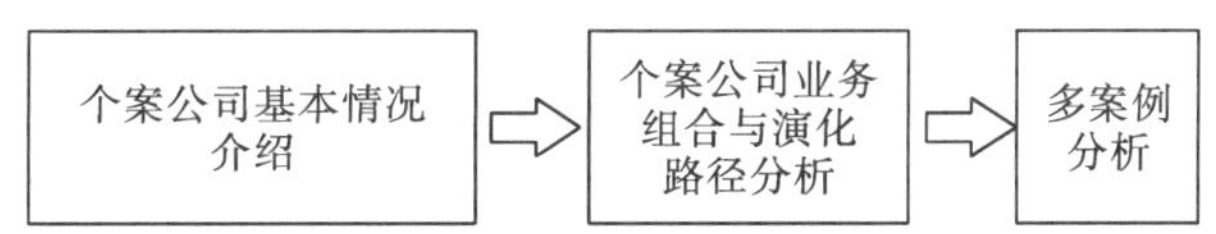

图 8.1　企业演化的案例研究步骤

二、建筑工业化生态系统企业个体演化案例分析结果

(一)A 设计院案例分析

1. 企业建筑工业化发展概况

A 设计院始建于 1950 年，是中国甲级建筑设计院之一，隶属于某建筑工程总公司。A 设计院做装配式建筑设计是跟随集团步伐，集团出于整体考虑大力推广建筑工业化发展。A 设计院从 2010 年开始启动新型工业化研究及实践，并在 2014 年正式成立工业化课题组，展开建筑工业化相关研究。

A 设计院在 2014 年成立工业化课题小组，主要是作为一种前瞻性的考虑，旨在完成部分工业化方面的研究。最初，小组进行了大量的资料收集，并在全国各地区和企业进行了考察，最终确定学习北京建筑工业化体系。之后，课题小组专门派人员到北京进行培训，其预制生产基地也是与北京某家设计院联合设计，之后才是 A 设计院自行完成。2014 年年底，A 设计院承接了第一个建筑工业化项目，总建筑面积为 52.3 万 m^2，属其所在地区首个装配式剪力墙体系试点示范项目。以该项目为契机，A 设计院开始从建筑工业化纯理论研究向实际工程转变。

2016 年建筑工业化设计研究中心成立，标志着 A 设计院将进一步加大在建筑工业化上的发展力度。A 设计院建筑工业化设计研究中心在装配式钢结构、装配式木结构和装配式混凝土结构体系，以及设计与构件生产、加工、安装施工等方面都有研究。建筑工业化设计主要包括项目策划、建筑方案设计、初步设计、施工图设计、构件深化设计和后期配合等六个方面。

2014～2016 年，A 设计院完成装配式建筑设计 10～20 个，其中装配式混凝土结构项目总建设面积约 100 万 m^2(表 8.1、图 8.2)。随着成都市政府对建筑的预制率的规定出台，部分房地产企业也委托 A 设计院开展装配式建筑项目设计。

表 8.1 A 设计院设计的建筑工业化主要项目

项目类型	总建筑面积	预制构件
保障房项目	52.3 万 m^2	预制外墙板、外挂板、外角模、叠合梁板、预制空调板、预制楼梯、装配式内墙等
安置房项目	8.3 万 m^2	预制外墙、叠合梁板、预制内墙、预制楼梯
安置房项目	17.8 万 m^2	叠合梁板、叠合梁板、预制内墙、预制楼梯
工业化预制生产基地办公室	5000m^2	预制柱、预制梁、叠合板、外挂板、预制绿色围墙、预制楼梯、装配式内墙
建筑产业园产业化研发中心	6000m^2	预制剪力墙、预制柱、预制梁、预制阳台、预制遮阳构件等
设计总部	6 万 m^2	预制梁、预制柱、预制空心楼盖等
工业园服务中心	2.2 万 m^2	空心预制楼盖、叠合梁、预制柱、预制外挂版、预制楼梯（装配构件及部品）轻质隔墙、整体卫浴、玻璃栏板
生产基地建设工程研发中心	5000 m^2	外挂板

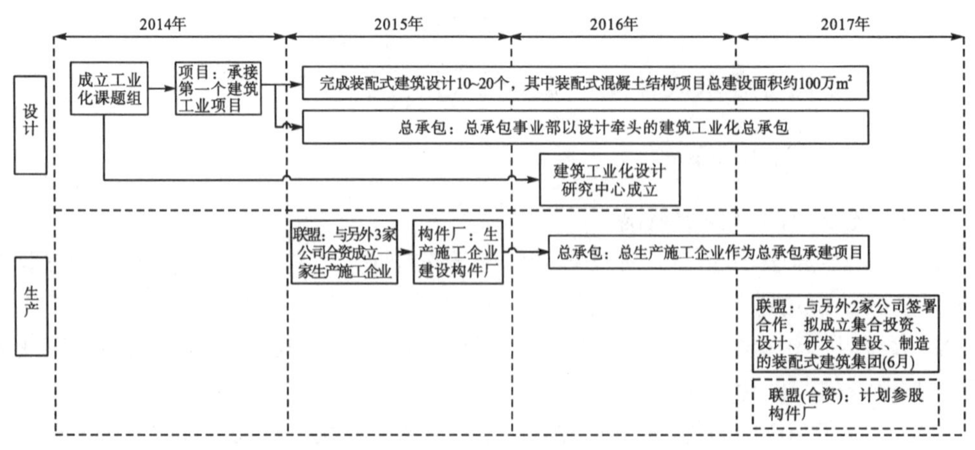

图 8.2 A 设计院建筑工业化业务拓展

A 设计院的业务主要分为勘察设计、总承包和房地产三大板块。目前，建筑工业化涉及勘察设计和总承包两个业务单元。其中，建筑工业化设计开始于 2014 年；A 设计院于 2008 年开始做总承包，直到 2015 年才开始做以设计牵头的建筑工业化总承包。同时，A 设计院和几家企业组建了两个联合体。2015 年 5 月，A 设计院与另外 3 家企业形成第一个联合体，合资成立了某生产施工企业。同年，该生产施工企业开始建设绿色建筑产业园（主要包括钢筋混凝土预制构件厂房），年产能约为 20 万 m^3，装配建筑面积约 300 万 m^2。包括五条生产线，即钢筋生产线、外墙生产线、内墙生产线、叠合板生产线、固定模台生产线，产品类型覆盖房建工程各类构件和基础设施的道路板、地下综合管廊预制构件、地铁管片预制构件等。同时，该生产施工企业作为总承包承建项目，由上述产业园提供构件。通过该项目可以看出，当前建筑工业化联合体成为市场中一种较为新兴的合作方式，这与建筑工业化技术壁垒提高有一定关系。建筑工业化各阶段技术要求增加，各类企业掌握的技术多在培育优化阶段，行业公认技术较少，故上下游企业合作，共享技术分担风险的方式较为普遍。

各方主体的地位发生变化，例如设计单位对施工节点等技术的指导需求加大，在施工阶段的参与增多。同时，建筑工业化项目可以按照技术复杂类工程项目招标，联合体开发商的项目可以通过邀请招标等方式与联合体中的其他企业进行合作。

2017 年 6 月，A 设计院与另外 2 家企业签署合作框架协议，形成第二个联合体，未来三方将共同推进成立以投资和总承包为主要经营模式，集合投资、设计、研发、建设、制造的装配式建筑集团。

2. 演化路径分析

在建筑工业化业务单元中，A 设计院目前主要涉及了设计、生产两个业务单元，其中设计业务单元属于其原有业务，生产业务单元属于其拓展的业务单元。在分析过程中，总承包模式较为特殊，A 设计院的总承包事业部主要进行了以设计牵头的建筑工业化总承包，而 A 设计院投资的生产施工企业是以生产牵头的建筑工业化总承包。因此，为了案例分析的清晰性，本书通过企业在总承包中的职能确定其业务单元，并不将总承包看作一种企业长久的联合形式。

A 设计院在设计板块的拓展途径可以分为四个阶段：一是搭建团队，成立工业化课题组，进行建筑工业化相关课题研究；二是通过调研搜寻成熟的建筑工业化体系，并派遣人员前往相应企业进行学习，同时招聘具有装配式建筑设计经验的员工，进而培育自身的设计团队和装配式建筑设计能力，结合自身研发获取技术壁垒；三是承接实际项目，通过项目合作的方式不断完善设计业务单元；四是通过总承包事业部以设计牵头开始尝试建筑工业化总承包，进一步加大对建筑工业化市场的拓展力度。

A 设计院在生产板块的拓展主要是通过与其他企业纵向联盟，并通过合资公司扩展市场。同时，A 设计院并非仅和固定的企业合作，也在不断寻找新的合作伙伴，目前已成立两个联合体，未来还将继续拓展。未来，A 设计院有意参股构件厂，但 A 设计院中层管理人员表示因为 A 设计院资本较少，不愿意拥有过多负债，更多会采用参股的方式拓展业务，且暂时不会组建独立施工队伍。

通过调研分析（表 8.2），A 设计院的企业演化路径属于“一体化延伸”，企业在建筑工业化设计业务的基础上，进行构件生产业务的拓展。其中，设计业务单元发展采取“搜寻-模仿-变异”和“创新—变异”两种方式，具体市场行为包括成立新业务部门、学习设计方法和科研技术创新。生产业务发展方式主要为“搜寻-模仿-变异”，即企业通过纵向企业之间形成联合体和成立合资公司的方式拓展业务。

表 8.2 A 设计院企业演化业务单元变动策略

业务单元	业务类型	市场行为	
设计业务	保留原有业务	“搜寻-模仿-变异”	成立新业务部门学习相关设计方法
		“创新-变异”	科研技术创新
生产业务	拓展新业务	“搜寻-模仿-变异”	纵向企业成立联合体成立合资公司

（二）B 房地产开发企业案例分析

1. 企业建筑工业化发展概况

如图 8.3 所示，B 房地产开发企业从 2011 年开始推进建筑工业化，并于同年年底开始第一个装配式建筑住宅实验楼建设。该实验楼共两层，总建筑面积不到 1000m^2，于 2012 年 3 月建成。实验楼的目的是进行 B 房地产开发企业的第一个建筑工业化商品住宅楼项目，在此之前各方面的资源和合作方都未进行过建筑工业化相关活动。因此，需要实验楼来整合各方力量，并使其他参与方从技术到管理建立自身的作业标准和流程。该住宅楼项目于 2013 年开始建设，并于 2014 年 4 月交付给业主，属于公司所在地区首个装配式建筑住宅，按现有装配率计算规则计算其装配率达到 36%。B 房地产开发企业对建筑工业化的探索主要是通过 B 集团公司的协助，包括 B 房地产开发企业组织人员前往集团公司和合资咨询公司学习，并且第一个项目也邀请了该咨询公司做咨询。

2014 年后，集团的主流产品都开始采用装配式建筑生产方式，18 层以上的高层建筑都将尝试使用预制构件。目前，使用较多的构件有楼梯、阳台、空调版，有的项目也有叠合板，但是竖向构件，如剪力墙、外墙较少。如果算上轻质隔墙板，B 房地产开发企业 2013～2014 年间有十几个项目。

在建筑工业化发展过程中，B 房地产开发企业通过项目也在培育合作方资源。在预制构件生产方面，B 房地产开发企业与多家构件供应商合作。目前，B 房地产开发企业还在与有一定生产量的企业沟通，希望将采购资源拓宽，通过市场化的方式降低构件商的价格垄断。同时，B 房地产开发企业拟计划与某构件厂合作，参股投资构件生产。

在施工方面，与 B 房地产开发企业合作的 7～8 家总承包单位都有意愿配合进行建筑工业化建设。目前，B 房地产开发企业合作的施工方基本上都是长期合作的单位，都能够满足要求。总承包企业需要研究并了解 B 房地产开发企业的建筑工业化体系，B 房地产开发企业也会提供技术支持。当确定新合作单位后，新合作单位可以通过向原有总承包单位企业学习或者招聘专业施工班组，以保证项目建设。区域公司也成立了总承包公司，培育管理人员，但建筑工人还是通过外包的形式，并且该公司并不是为了建筑工业化项目成立，而是出于企业经营的考虑。

2. 演化路径分析

在建筑工业化业务单元中，B 房地产开发企业目前只涉及房地产开发业务单元，也是其原有的业务单元。B 房地产开发企业在房地产开发业务单元的拓展途径可以分为三个阶段：一是选派人员前往集团公司培训和学习，搭建具备建筑工业化相关知识的团队；二是通过实验楼，整合建设资源，并培育合作单位，通过技术协助和人员培训为实际项目建设搭建团队；三是通过实际的开发项目，将建筑工业化生产方式应用于实际，并通过项目实践检验相关技术，保留适合建设并带来一定效益的技术和产品进行下一步的推广。未来，B 房地产开发企业可能将拓展生产业务单元，拓展主要是通过与其他企业纵向联盟，并通过合资公司扩展市场。

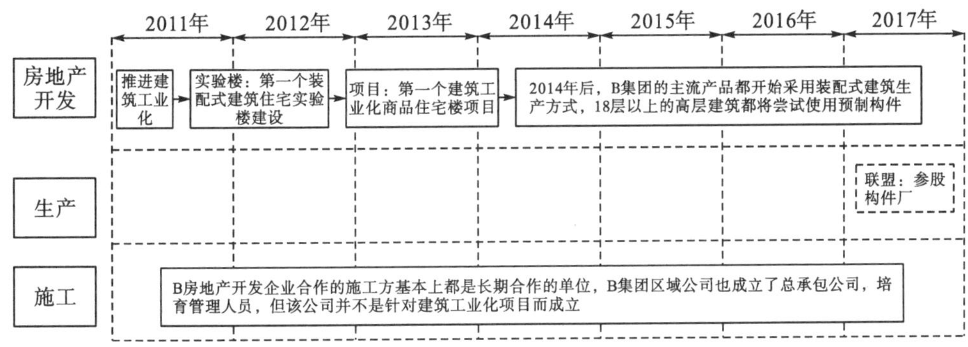

图 8.3 B 房地产开发企业建筑工业化业务拓展

通过调研分析(表 8.3)，目前 B 房地产开发企业的企业演化路径属于“产能扩张”，即企业在建筑工业化项目仅在原有的开发业务上进行拓展。其中，房地产开发业务单元发展包含“搜寻-模仿-变异”和“创新-变异”两种途径，具体市场行为有组建团队、学习技术以及新产品的研发。未来可能的生产业务发展方式主要为“创新-变异”，具体市场行为为合资建厂。

表 8.3 B 房地产开发企业演化业务单元变动策略

业务单元	业务类型	市场行为	
房地产开发业务	保留原有业务	“搜寻-模仿-变异”	组建团队 学习技术
		“创新-变异”	建筑工业化产品研发
生产业务(未来)	拓展新业务	“搜寻-模仿-变异”	合资建构件厂

(三)C 构件生产企业案例分析

1. 企业建筑工业化发展概况

如图 8.4 所示，2017 年 1 月 16 日，C 集团公司与某区域政府投资公司签署建筑工业化投资合作协议，在该地区投资建设建筑工业化研发及生产基地项目，并将共同组建 C 构件生产企业。通过国家企业信用信息公示系统查询，C 构件生产企业于 2017 年 3 月 1 日成立。

C 构件生产企业虽然是 C 集团公司与其他公司合资，但也是 C 集团公司在地区布局的第一步。C 集团公司作为 2017 年才进入地区市场的公司，给本书提供了分析新进企业在区域中拓展建筑工业化的宝贵机会。所以，本书的研究重点是 C 集团公司在地区市场的发展分析。目前，C 集团公司在全国各省市建立的直营工厂和联合工厂有 80 余家，2003 年成立的产品设计研究院累计完成 2000 万 m^2 工业化建筑设计，拥有装配式建筑相关设计专利 270 余项，具备较为丰富的建筑工业化经验。

C 构件生产企业是涉及研发、设计、制造、施工、维护的建筑工业化专业公司，目前其在建的构件厂建筑面积约为 50000m^2，包括 5 条预制构件生产线和 1 条钢筋加工线，年产量为 50 万 m^3。同时，C 构件生产企业计划在 2018 年开发 2 个建筑工业化项目，目的在于推广 C 集团公司的建筑工业化建造体系，也是通过实际项目向其他企业展示其建造体系在成本、工期等方面的优势。C 集团公司进入地区建筑工业化市场时，优先选择与本地国资委公司或国有企业合作。该地区建筑工业化市场远未达到成熟阶段，企业参与度低，C 集团公司希望通过与政府企业的合作，更多地联系当地企业，推动建筑工业化市场发展。

C 集团公司拥有从研发、设计、制造、施工、维护为一体的装配式混凝土建筑建造体系，能够独立完成工业化建筑建设，其希望推广自己的建筑工业化体系。虽然 C 构件生产企业在目前只有构件生产厂的建设，但是 C 集团公司拥有的设计、施工、维护等业务未来也可能在地区进行拓展，比如 C 构件生产企业正与多家设计公司洽谈合作。这也符合企业的定位，为推进建筑工业化发展提供系统化的专业解决方案。

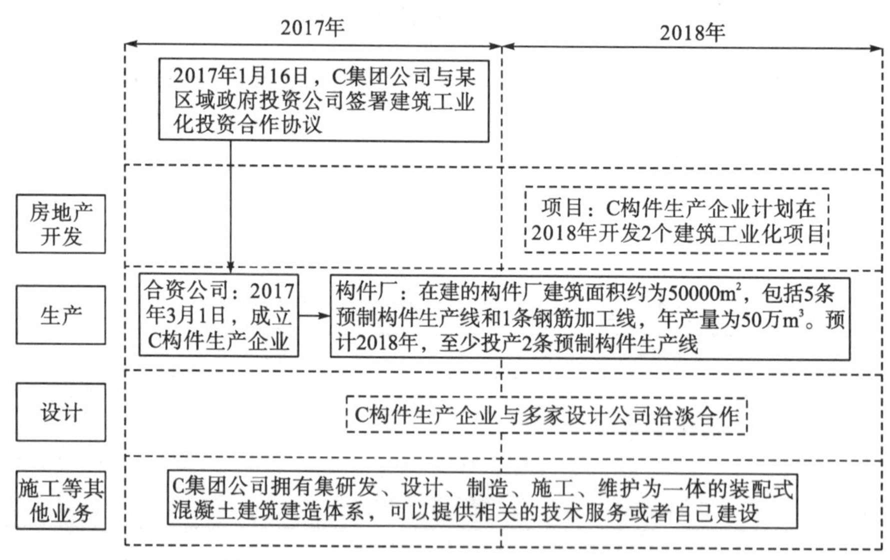

图 8.4 C 构件生产企业建筑工业化业务拓展

2. 演化路径分析

C 集团公司拥有自己的产品技术体系，同时依托其建筑工业化项目经验，旨在推广建筑工业化生态系统化的专业解决方案。C 集团公司在各地区的业务拓展主要是通过构件工厂展开，即可以依靠构件较高的利润获得盈利，也可以保证自开发项目的构件数量和质量。虽然，C 集团公司在各地的工厂布局类似于连锁店的形式，但是各地区建筑市场具有区域特点和行业格局。因此，本书视角聚焦于 C 构件生产企业的演化行为，将总公司建筑体系及其相关技术看作是可复制的惯例。

目前，C 构件生产企业涉及生产业务单元，未来计划拓展房地产开发和设计等其他业务，同时提供建筑工业化相关技术支持。C 构件生产企业是 C 集团公司在地区的合资公司，其技术主要依托于总公司建筑工业化体系，员工大多经过了 C 集团公司的培训。C 构件生产企业目前的主要拓展战略，一是建立构件厂，二是通过自开发项目推广自己的产品技术体系，以期推动重庆建筑工业化市场发展，释放更多的需求。至此，C 构件生产企业就能凭借其先行者优势，在产品和技术等方面占据了市场。

通过调研分析(表 8.4)，目前 C 构件生产企业的企业演化路径为“一体化延伸”，企业在建筑工业化项目各方面进行拓展，业务单元包含“惯例-复制”。该企业在发展中以区域扩展为主，依托于总公司现有的建筑工业化产品体系，各地区分公司根据当地实际进行业务拓展与市场培育，以此扩大企业生产规模并丰富企业服务内容。

表 8.4　C 构件生产企业演化业务单元变动策略

业务单元	业务类型	市场行为	
生产业务	保留原有业务	“惯例-复制”	建立工厂，扩大产能
房地产开发业务	拓展新业务	“惯例-复制”	依托总公司进行项目开发
		“搜寻-模仿-变异”	成立合资公司，与其他公司合作开发项目
设计业务(未来)	拓展新业务	—	—

(四)D 施工企业案例分析

1. 企业建筑工业化发展概况

如图 8.5 所示，D 施工企业成立于 2015 年 6 月，是由 4 家公司共同出资成立的有限责任公司。D 施工企业在 2015 年投资建设的绿色建筑产业园占地面积约 200 亩，年生产预制构件 20 万 m^3，可满足 200 万～300 万 m^2 装配式建筑需要。同年，D 施工企业以总承包参与某工业园服务中心建设。D 施工企业主要有两种形式：一是仅为项目提供构件；二是作为以施工牵头的总承包企业并提供构件，此类项目目前有两个。基于第二个综合管廊项目，D 施工企业预计建立第二个构件工厂。

D 施工企业开始实际运行时，主要通过社会招聘工作人员，大部分人员不具备装配式建筑工作经验。最初工作人员主要通过到各地构件厂和项目参观学习，逐步了解建筑工业化相关知识，并在实践中不断积累。随着市场的逐步完善，企业将培养自己的管理团队并寻找适合的专业施工团队作为合作方。现场施工团队的变化与建筑工业化施工特点有关，未来现场人员将不断趋于专业化，主要分为管理人员和专业施工人员。

2. 演化路径选择

D 施工企业首先开展的业务是构件生产板块，但实质上其原有业务属于施工板块。公司拥有研发和生产能力，能够更快地进入市场，在保障构件供给的前提下，可以更好地拓展施工业务。目前公司有约 40 人的设计团队，包括建筑师、结构师等全套人员，项目可以从建筑方案设计到构件加工再到施工方案设计，并计划成立工业化设计院的分院。

目前，D施工企业拥有生产和施工业务单元，未来计划拓展设计业务。D施工企业属于新公司，首先开展的业务为生产，公司现投产的构件厂生产线由河北新大地提供，未来计划与设计院合作成立设计分院。D施工企业隶属于某建筑股份有限公司，且公司定位以施工牵头的总承包为主，虽然公司最初建设构件厂，但是其原有业务应为施工。

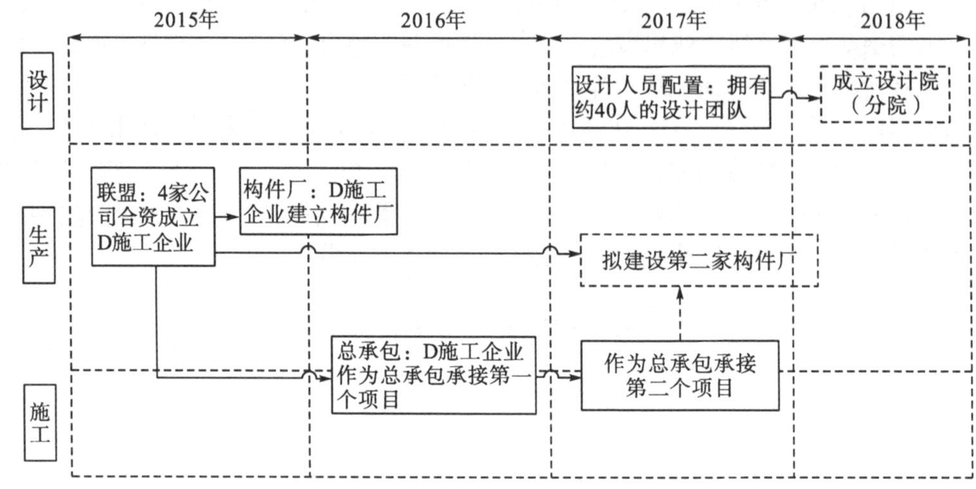

图 8.5 D 施工企业建筑工业化业务拓展

通过调研分析(表 8.5)，目前D施工企业的企业演化路径属于“一体化延伸”，即企业在建筑工业化项目多方面进行拓展，生产、施工以及设计业务单元包含“搜寻-模仿-变异”，但具体行为不同。其中，生产业务单元采取进行构件生产线，施工业务单元采取人员技术培训等提升建筑工业化建造能力，布局未来的设计业务单元采取成立设计部门并与其他企业合作成立公司等手段。

表 8.5 D 施工企业演化业务单元变动策略

业务单元	业务类型	市场行为	
生产业务	拓展新业务	“搜寻-模仿-变异”	引进构件生产线
施工业务	原有业务	“搜寻-模仿-变异”	人员技术学习
设计业务(未来)	拓展新业务	“搜寻-模仿-变异”	设计相关部门 合作成立公司

三、建筑工业化生态系统企业个体演化案例小结

前文对四个案例企业做了案例研究，通过对资料的汇总分析对第六章中提出的企业演化路径进行了验证，本小节通过跨案例从业务角度分析各企业业务变迁、市场行为与演化脉络(表 8.6)。从不同企业类型业务转型分析，企业战略转型存在路径依赖性和技术延续性，大多企业都是在原有业务发展的基础上，再进行其他业务拓展与延伸。而目前企业自身研究和创新形成各自的技术体系并活跃于市场，使得建筑工业化开发项目中多项技术并

存，建筑工业化的技术尚未形成明显的优胜劣汰。而随着市场的逐步发展和规范，企业在初期获得的超额利益逐步减少，企业间的竞争将加剧，优势企业和优质技术、创新将得到存续，劣势企业与不成熟技术将逐步被市场剔除。

表 8.6 跨案例企业演化情况汇总

公司	A 设计院	B 房地产开发企业	C 构件生产企业	D 施工企业
原业务	设计	房地产开发	生产(新公司)	施工(新公司)
路径	一体化延伸	产能扩张	一体化延伸	一体化延伸
房地产开发	—	组建团队； 学习技术； 建筑工业化产品研发	合作开发项目	—
设计业务	成立新业务部门； 学习相关设计方法； 科研技术创新	—	(未来)	(未来)
构件生产业务	纵向企业成立联合体 成立合资公司	(未来)	建立工厂，扩大产能	引进构件生产线
施工业务	—	—	—	人员技术培训

根据案例情况分析，目前企业多倾向于多元化发展，设计院向后延伸到生产业务，生产企业也在向开发与设计延伸，以及施工企业也在向上游产业链发展。究其原因主要包含两方面：一是现有市场存在拓展机遇与盈利可能，企业通过尝试业务单元拓展以期获得潜在业务利益；二是市场的不确定性和部分业务的高成本，企业可以通过供应链拓展以减少不确定风险和中间成本进而降低整体成本。然而，各企业的能力与资源情况不同，且对建筑工业化市场环境(如市场需求、供应商数量与竞争对手情况等)了解存在差异。企业在进行业务拓展时，无论是采用怎样的方式，都将带来一定的成本和风险，所以企业在选择时需要评估新业务拓展是否会带来企业整体效益的提升。但目前，建筑工业化相关企业在新市场环境下的发展存在盲目性，其不仅包括盲目的多元化拓展也包括在新业务选择上的盲从。

(一)企业定位不清晰：一体化发展和专业化发展

通过本书中的企业案例调研和问卷调查结果分析可知，各类型的企业在转型后的演化过程中以及对未来的企业发展的考虑中都有部分涉及对其他业务的扩展，倾向于向一体化发展。但企业选择各业务单元拓展需要具备相应的能力、人员、资金和技术等资源，例如房地产开发需要大量的资金投入，设计业务需要专业人员等。此外，当前企业对建筑工业化行业知之甚少，对市场容量和竞争对手也不清晰，因此企业战略也存在不确定性。企业向多元化发展需要投入资金成本和机会成本，业务单元拓展将增加企业的固定成本比重，增加企业的管理压力。并非所有企业都应该向一体化综合发展，其需要结合自身能力资源与市场变化对企业进行合理定位。

根据资源分割理论可知，随着建筑工业化生态系统发展，一体化综合企业将占据建筑工业化市场资源核心，市场集中程度不断加强，专业化公司在特定环境中具有较强的优势。

最后会出现一体化综合企业和专业企业并存的情况。为了减少各环节间的不确定性、整合各环节的力量，企业通过企业联盟或者联合体等向其上下游业务延伸，实现规模效益或者成本节约。这种趋势与当前政府提出的全产业链和 EPC 承包模式相吻合，能够发挥建筑工业化的优势。而随着行业发展分工不断细化，小型的专业化企业将大量出现并得到发展，例如在生产环节，部分装配工作可以外包给专门企业负责，通过规模生产降低成本。

建筑工业化的标准化设计、工厂化生产、装配式施工等特点使得设计、生产、施工等阶段联系更加紧密，企业之间的合作增加，如联合体或者战略联盟。企业在进行业务扩张和拓展时，可以选择的市场手段也有差别，例如并购、内部技术管理创新、联盟等。当前建筑工业化发展并未成熟，系统中有能力的企业可以通过各自的方式进行业务扩张或拓展，评估业务的效益，再对业务进行重新选择和组合。大型企业可以选择发展成为全产业链企业，降低各环节之间的成本和不确定性；中型企业可以寻找自身的发展方向，向着专业化、差异化方向发展，获得竞争力；小型企业可以向专业领域发展，例如提供劳务、经销商等(图 8.6)。

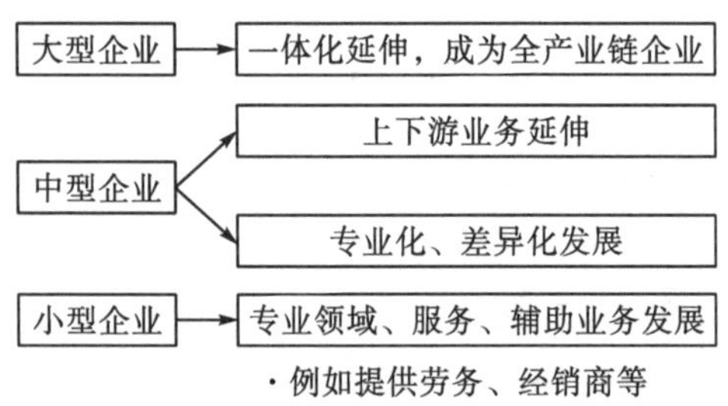

图 8.6 建筑工业化生态系统中企业发展趋势

(二)建筑工业化各业务单元发展不均衡：构件生产快速发展

对于企业而言，相关企业在进入建筑工业化市场时，可以重新选择其参与的业务板块，包括原有业务的延伸，上下游业务板块的延伸等。但企业在选择所要开展的业务板块时，首先需要了解该行业以及市场的变化，其次需要结合企业实际进行选择。但近几年，企业在建筑工业化各业务单元的发展存在不均衡的情况，部分地区出现构件产能过剩的现象。其中，合资构件厂的现象十分普遍，A 设计院和 B 房地产开发企业都选择与现有构件厂进行合资建设，进行构件生产业务单元拓展。不同类型的企业进行生产业务拓展的原因和目的并不一致。对于房地产开发企业和施工企业而言，建设构件厂即能够满足建设项目的供给需求，又能够降低构件购买成本，保证质量，属于后向一体化。而对于设计单位，构件生产业务拓展属于前向一体化。建筑工业化设计环节更加标准，与生产、施工等环节联系更加紧密，同时构件设计是设计中关键的一环，构件设计本身成为产品专有知识的一部分。设计单位与构件生产厂的合作，可以进一步提高构件产品的性能和价值，进而提高企业的竞争力。而 C 构件生产企业作为构件生产企业，在区域市场拓展时选择与当地国资公司合资建厂，这既是为了保证构件的销售，也是为了拓展 C 集团公司的技术体系。虽然构件厂初期投资较高，但目前构件供应市场尚未成熟，构件利润空间较大，企业拓展构件生产业务也可以带来一定的收益。

另外，房地产开发、设计和施工相关企业发展较为缓慢。在房地产开发业务单元，随着建筑工业化建设量的增加，传统现浇建筑的开发商企业将进入建筑工业化生态系统。但因为开发环节涉及较大资本的投入，进入壁垒较大，将开发作为新业务拓展的企业相对较少。同样地，在设计业务单元，目前传统现浇建筑的设计费用已不断被压缩，企业并不愿意花费更多的费用支付增加的设计成本。虽然建筑工业化项目设计从方案设计到深化设计再到设计施工指导都体现出设计的重要性，但建筑工业化项目前期设计的较高成本仍然是妨碍企业从事相关项目的重要原因。目前，设计环节有两个主要发展方向：一是设计企业向构件生产拓展，二是有一定构件设计经验的构件生产企业可以向设计拓展。最后，在施工业务单元，调研中房地产企业和施工企业人员都提及，未来施工现场将更加机械化和自动化，现场人员将分为管理人员和专业施工人员两类，这将使得施工业务单元更具有可操作性，但目前施工业务单元存在专业人员不足的问题，实际上建筑工业化施工企业发展较缓慢。

第二节　建筑工业化生态系统种群演化的案例研究

一、建筑工业化生态系统种群演化案例的选择与分析框架

在第六章已经对建筑工业化生态系统中种群的演化进行了详细的分析，提出建筑工业化生态系统种群演化的三个阶段，即：种群种化、种内竞争以及种间演化。但分析主要停留在理论分析层面，为了验证前文的理论分析中得出的一般性规律假设适用于建筑工业化实践发展情况，需要采用案例分析的方法对建筑工业化生态系统中种群的演化进行深度分析。

案例分析法为研究中较常见的研究方法，已经被广泛用于心理学、社会学、政治学、社会救济、商业以及社区规划方面。案例分析又分为多案例分析和单案例分析，本节主要采用的是单案例分析。单案例研究设计可以对一个广为接受的理论进行批驳或检验，也可以对某一极端案例或独一无二的案例进行分析。本节主要采用单案例分析的方法对第六章提出的理论框架进行检验。

本节主要选取沈阳市预制构件厂商作为案例分析的对象。沈阳市 2009 年起开始大力推广建筑工业化，积累了大量的发展经验和实践成果。相较于其他城市，沈阳市建筑工业化的数据更加丰富，且发展速度快、动作大，政府支持力度强，连续被选为国家建筑工业化试验城市和示范城市。我们能够较为清晰地看出沈阳市建筑工业化生态系统的发展脉络。从收集的资料来看，沈阳市目前已经建成 4 个现代建筑产业园，出台相关政策和技术规范 30 条左右，已将建筑工业化技术全面应用于政府公共投资项目、保障房项目以及商品房项目，其发展具有一定的典型性。

除此之外，由于沈阳市政府的大力推进，沈阳市预制构件厂的发展也如雨后春笋一般，从中华产业网 2016 年的统计以及搜集的资料来看(表 8.7)，截止到 2015 年，沈阳市大大小小预制构件厂数量将近 50 家，虽然其中有一部分并不是由于沈阳市大力推进建筑工业化而建立，但是由于沈阳市部分市政构件厂的存在，也使得沈阳市具备了快速发展预制构件厂的基础。而且，数据中也能够明显地看出沈阳市预制构件厂发展的规律。

因而，选择沈阳市、沈阳市预制构件厂商作为分析的对象具有一定的代表性。

表 8.7 沈阳市部分预制构件厂商

序号	企业名称	主营业务	成立时间	序号	企业名称	主营业务	成立时间
1	沈阳公铁建工程预制构件厂	预制构件制造	1979	21	沈阳市永昌建筑材料厂	水泥混凝土预制构件生产	2007
2	沈阳铁路苏南加气预制构件加工厂	水泥预制件	1984	22	沈阳东方路通公路材料有限公司	沥青砼生产	2007
3	沈阳市东光中朝建筑构件有限公司	水泥制品	1988	23	沈阳欧亚标准件制造有限公司	高强度标准件制造	2007
4	新民市铁北合伙构件厂	水泥构件加工	1991	24	沈阳博泰混凝土构件有限公司大潘分公司	砼结构构件制造	2008
5	沈阳市东英建材厂	水泥制品生产	1993	25	沈阳市盛宏源建材有限公司	砼结构构件制造	2008
6	辽宁银盛水泥集团混凝土有限公司	混凝土制造	1993	26	沈阳兆寰现代建筑产业园有限公司	水泥制品、砼结构构件、轻质建筑材料、其他水泥制品	2009
7	沈阳工业安装工程股份有限公司建筑构件厂	砼结构构件制造	1998	27	沈阳德昊混凝土有限公司	混凝土加工	2009
8	康平县弘宇预制构件厂	预制构件制造	1999	28	辽宁昕煜丰混凝土有限公司	混凝土	2009
9	法库县十间房乡马家店华兴水磨石板场	水磨石板加工	2000	29	沈阳市众赢桥梁预制板有限公司	生产混凝土构件	2009
10	沈阳顺天混凝土制品有限公司	预制构件制造	2000	30	沈阳增福水泥工艺构件有限公司	水泥结构件加工	2010
11	沈阳市联利建材有限公司	水泥构件制造	2001	31	中南建设(沈阳)建筑产业有限公司	建筑构件生产、经营及安装	2011
12	沈阳圣东混凝土构件有限公司	混凝土预制构件生产、加工	2002	32	沈阳万融锦汇建材有限公司	新型环保建材生产	2011
13	沈阳博泰混凝土构件有限公司	混凝土预制构件生产	2002	33	辽宁建盛混凝土有限公司	砼产品生产	2011
14	沈阳市康平东康预制构件有限公司	混凝土结构构件制造	2003	34	辽宁凯帝森科技实业发展有限公司第一分公司	砼件加工	2011
15	沈阳市振兴建材实业有限公司	预应力管制造	2003	35	沈阳玖亿建筑材料有限公司	预件混凝土制造	2011
16	沈阳市城建路桥材料有限公司	砼结构构件制造	2004	36	亚泰集团沈阳现代建筑工业细河有限公司	砼结构构件制造	2011
17	沈阳市建安混凝土外加剂厂	砼结构构件制造	2006	37	沈阳中砼静压管桩有限公司	混凝土管桩制造	2012
18	沈阳市政地铁管片有限公司	砼结构构件制造	2006	38	沈阳万融现代建筑产业有限公司	商品混凝土加工	2012
19	沈阳正高砼建筑材料制造有限公司	砼构件制造	2006	39	沈阳晟普商砼有限公司	砼结构构件制造	2012
20	亚泰集团沈阳现代建筑工业有限公司	生产混凝土管片	2006	40	沈阳中技建业有限公司	混凝土预制构件研发与生产销售及技术咨询	2012

续表

序号	企业名称	主营业务	成立时间	序号	企业名称	主营业务	成立时间
41	沈阳森堡鑫桥梁构件有限公司	桥梁预应力材料制造	2012	45	辽宁方元混凝土有限公司	混凝土及构件生产	2014
42	辽宁宇辉新型建筑材料有限公司	混凝土砌块研发制造	2012	46	沈阳中意商砼有限公司	制造	2014
43	辽宁易筑建筑材料有限公司	预制构件厂	2013	47	沈阳恒生现代建筑产业有限公司	砼结构构件制造	2014
44	辽宁冠隆建设集团有限公司	住宅用混凝土预制件以及市政工程用预制件	2013	48	沈阳秀林钢构件制造有限公司	构件制造	2015

二、建筑工业化生态系统种群演化——以沈阳市预制构件生产种群为例

(一)沈阳市建筑工业化发展历程简介

为了促进东北老工业基地经济产业结构转型，沈阳市委、市政府于 2009 年将“建设现代建筑产业园，大力发展现代建筑产业”作为重大战略部署。至此，沈阳市建筑工业化的发展正式拉开了序幕。

2009 年 4 月，沈阳市铁西区现代建筑产业园正式挂牌，随后总投资 42 亿元的沈阳兆寰现代建筑产业园落户铁西，吸引了以日本鹿岛建设为代表的 12 家日本现代建筑企业集中入驻，成为沈阳市大力发展和推动的产业之一。

2011 年，沈阳成为国家住建部批复的第一个国家现代建筑产业化试点城市，并开始着手从城市基础设施建设以及保障房入手大力推进建筑工业化，计划完成包括廉租住房、经济适用住房、公共租赁住房和各类棚户区改造在内的共 53995 套保障性安居工程建设任务。

2012 年，沈阳市建筑工业化的发展已经卓见成效，新建 1 万套公租房，并在政府投资项目上推进建筑工业化的应用。除了从政府项目出发开辟建筑工业化市场，沈阳市政府还强调建筑工业化培训、培育产业工人，为建筑工业化的发展提供后备力量。

2013 年，沈阳市建筑工业化发展已经进入了正轨，沈阳市政府继续以政府投资项目带动建筑工业化的发展，但同时也开始思考将建筑工业化推向商品房住宅，并将采用装配式建筑技术写入土地出让条件，从需求端扩大建筑工业化市场。

2014 年，沈阳市成为首个通过现代建筑产业化“示范城市”专家评审的城市。但同时，对于沈阳市来说也是建筑工业化发展处于相对瓶颈期的一年。在前两年的大力推动之下，沈阳市新建了一批预制构件生产企业，然而沈阳市的建筑工业化规模并不能够满足所有企业的生存，市场业务主要由几家大型的预制构件厂占据，小型的预制构件厂则出现半开工和停工现象。同年，沈阳市出台 18 项措施促进建筑工业化发展，确保建筑工业化继续往前推进。

2015 年，沈阳市除了开发本地市场，还开始开发周边市场，争取将本市过剩产能向周边转移。同时，大力发展 “互联网+”，开发并推广应用基于 BIM 技术的建筑工程标准设计图集、构件库和部品库支撑设计标准化。

2016 年，为了发挥辽宁省钢铁资源优势，消化钢铁过剩产能，沈阳市建筑工业化向着钢结构方向发展，且于“十三五”时期加大力度推进钢结构技术应用。虽然，大力推广钢结构是促进建筑工业化整体发展的有效措施之一，但同时也是对混凝土预制构件厂的一种冲击。沈阳正处在爬坡过坎的关键时期，经济下行压力增大，房地产去库存形势严峻，市场需求疲软和产能过剩，而且由于装配式建筑发展本身也存在体制机制不够健全、政策落实不够到位、配套体系不够完善、市场气氛不够浓厚等问题，沈阳市建筑工业化的发展也受到了较大的阻力。

截止到 2017 年，沈阳市建筑工业化发展已有 7 年，一方面取得了一系列的研究和实践应用成果，另一方面也出现了很多问题和阻碍，即便如此，沈阳市的建筑工业化发展已经形成了非常鲜明的沈阳模式和示范效应。因而，对沈阳市建筑工业化发展历程的梳理，有助于理解和总结沈阳市建筑工业化生态系统发展的一般性规律，以及沈阳市建筑工业化生态系统中企业种群所处的生存条件和生存环境。

(二)沈阳市预制构件生产种群种化分析

从沈阳市建筑工业化生态系统中预制构件厂商种群来看，其演化的过程能够有效地验证第六章中总结的种群演化的一般性规律。沈阳市预制构件厂商种群的演化也分为 3 个阶段：种群的种化、种群内部竞争阶段以及种间协同发展阶段，整个过程沈阳市预制构件厂商种群经历着从初生到合法化到竞争的转变，具有一定的代表性。

沈阳市建筑工业化生态系统中预制构件厂商种群的种化主要采用的是异域种化和同域种化共存的种化模式。从异域种化的角度来看，沈阳市为了能够更好地促进其现代化建筑产业的发展，市政府打造沈阳铁西现代建筑产业园，随后山东山泰集团有限公司和北京兆寰投资管理有限公司共同出资注册，与日本建筑产业龙头企业鹿岛建设合作，总投资 40 亿元成立沈阳兆寰现代建筑产业园，落户铁西，并引入以鹿岛建设为代表的 12 家日本现代建筑企业，沈阳市预制构件厂商种群的萌芽正式开始。与此同时，除了引进国外先进的现代化建筑企业，国内如宇辉集团、长沙远大住工、中南建设等一批企业也入驻铁西现代建筑产业园，在园区内设厂进行预制构件的生产。沈阳市引进的企业在入驻沈阳之前，其集团公司或者其他区域公司已经具有一定发展建筑工业化的经验，而进入沈阳则是将其已经较为成熟的管理经验、生产技术等带入沈阳，在沈阳扎根并发展壮大。

沈阳市也存在同域种化的现象，以沈阳亚泰为例，其 2006 年在沈阳注册成立，以生产地铁盾构管片为主，并发展了国内首条自主知识产权的全自动化生产线，解决了传统生产方式劳动生产率低、作业环境差、质量难以控制的弊端。自 2008 年起，沈阳亚泰与万科魅力之城合作试验生产，并在现场完成二层试验楼的拼装，标志着公司向建筑工业化业务扩张。2011 年 7 月 12 日，公司在沈北亚泰建材园成立现代建筑工业化基地，并举行奠基仪式，将每年为沈阳市住宅产业化建设提供 12 万 m^2 的预制构件。沈阳预制构件厂商种群中以沈阳亚泰为代表，则是明显的同域种化的模式。

在沈阳市异域种化和同域种化模式的共同作用推动下，沈阳市建筑工业化生态系统中预制构件厂商种群初具规模。在沈阳市建筑工业化生态系统预制构件厂商种群种化过程中，依旧满足种化过程的三个关键要素：内外部的作用机制、产业隔离以及产业特性遗传机制。预制构件厂商种群种化的内外部的作用机制主要是指国家层面发展建筑工业化的趋势、沈阳市政府政策的推动以及企业内部进行战略调整改革的动力；产业隔离是指公司向预制构件厂商方向发展之后，与传统的建筑产业之间已经形成一定的合作壁垒；产业特性的遗传是指在沈阳大力发展预制构件厂商之后，带动了整个地区预制构件生产领域的发展，不断有新的预制构件厂成立和扩张。

在沈阳市建筑工业化生态系统中，预制构件厂商种群种化的过程中政府政策起到了关键性推动作用。2010 年沈阳市出台《关于加速发展现代建筑产业若干政策的通知》《沈阳市现代建筑产业发展规划》，提出沈阳房地产开发企业新开发建筑面积 10 万 m^2 以上的，至少应有 20%的建筑采用现代建筑部品和绿色化、智能化产品等，用强制的政策手段打开了沈阳市建筑工业化的市场，也给传统的建筑业企业较大的政策引导，鼓励其发展建筑工业化。随后，沈阳市又出台了多项装配式建筑技术规程和技术规范，确保了沈阳市建筑工业化发展的科学合理性，也是沈阳市建筑工业化生态系统中预制构件厂商种群不断走向合法化的过程。到目前为止，沈阳市建筑工业化的发展一直呈现着强政策推动的趋势，陆陆续续出台了近 30 项政府政策和规范以促进建筑工业化的发展。

(三)沈阳市预制构件生产单种群演化及种群间演化分析

沈阳市建筑工业化生态系统中预制构件厂商种群在政府政策的推动和鼓励下基本完成种群合法化的过程。随着沈阳预制构件厂商的不断增加，而沈阳市预制构件需求量有限，使得沈阳市预制构件厂种群种内竞争加剧，多数预制构件厂商存在产能过剩的情况。

沈阳市最早的预制构件厂成立于 1979 年，为沈阳公铁建工程预制构件厂，在沈阳市大力推进现代建筑产业之前，沈阳市具备预制构件生产能力的厂家已有 25 家，其主要生产市政构件。在大力推进建筑工业化之后，沈阳市从 2009 年起，新建预制构件厂达 23 家，其中以亚泰集团沈阳现代建筑工业有限公司、沈阳北方建设股份有限公司、中南建设(沈阳)建筑产业有限公司、沈阳万融住宅工业有限公司、辽宁宇辉新型建筑材料有限公司、沈阳兆寰现代建筑产业园有限公司和辽宁易筑建筑材料有限公司为代表的 7 家预制构件生产厂家占据了较大的市场份额。

对于一家标准的预制构件厂来说，其设计产能大致在 10 万 m^3 左右，但由于沈阳市建筑工业化并没有进行大规模、大批量的生产，市场对于预制构件的需求还不大，沈阳市预制构件厂的实际产能难以达到其设计产能，且对于小型的预制构件厂来说，能够分得的市场份额更少。

2014 年沈阳市国民经济和社会发展统计公报显示，房屋施工面积为 11495.8 万 m^2，下降 0.6%；房屋竣工面积为 1225.9 万 m^2，下降了 16.0%，其中住宅竣工面积 993.9 万 m^2，下降了 19.2%。商品房销售面积为 1498.4 万 m^2，下降了 33.8%，其中住宅销售面积为 1342.4 万 m^2，下降了 33.5%；商品房销售额为 931.6 亿元，下降了 35.1%，其中住宅销售额为 787.3 亿元，下降了 35.7%。

沈阳市预制构件厂商的数量不断增加，同时市场容量有限，其预制构件厂商种群的种内竞争加剧，阻碍了沈阳市建筑工业化生态系统中预制构件厂商种群的进一步扩张。从图 8.7 中可以明显看到，沈阳市自 2009 年提出发展现代建筑产业之后，2009～2012 年新增预制构件厂商 17 家，由于市场不断趋于饱和，种内进一步竞争加剧，2013～2015 年预制构件厂商数量仅新增 6 家。

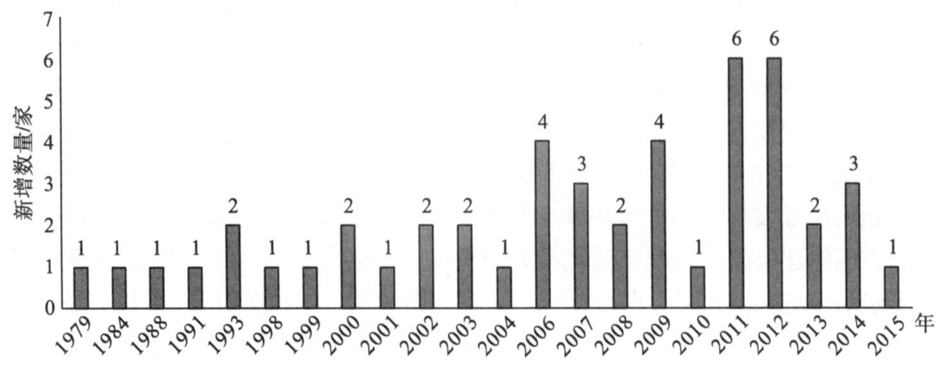

图 8.7　1979～2015 年沈阳市新增预制构件厂商数量

沈阳市建筑工业化生态系统中预制构件厂商种群的演化除了种化过程、种内竞争过程，还存在种群之间的相互作用。预制构件厂商种群与开发商种群、施工单位种群以及设计单位种群之间往往存在共生关系、竞争关系和捕食关系，而在沈阳市建筑工业化生态系统中较为明显的为共生关系和竞争关系。

预制构件厂商种群和开发商种群之间往往存在一定的共生关系。开发商作为建筑工业化项目的产业链的前端是预制构件市场的主要需求方，当沈阳市愿意从事建筑工业化项目的开发商增加时，对于预制构件的量的需求也会增加，即能够增加预制构件厂商的生存空间，促进预制构件厂商的发展。而相对的，当沈阳市具有足够的预制构件厂商时能够为沈阳市建筑工业化项目的开发提供较好的后备支撑，而避免了开发商需要从其他区域协调预制构件生产的成本，有利于沈阳市建筑工业化生态系统中开发商种群的发展。

类似的，预制构件厂商种群与施工单位种群之间存在一定的竞争关系。预制构件厂商在发展过程中会进行生态位的扩张，大型的预制构件厂如沈阳兆寰现代建筑构件有限公司除了进行预制构件的设计和生产，还提供预制构件的现场安装，而这部分生态位的扩张与施工单位种群生态位交叉，无形中形成了竞争关系。且从预制构件厂商的发展来看，大型预制构件厂商都具有向设计、生产、施工一体化发展的趋势，必然会带来与设计单位种群、施工单位种群产生竞争关系。

三、建筑工业化生态系统种群演化案例小结

从以上的分析来看，沈阳市建筑工业化生态系统预制构件厂商种群的发展经历了种群种化、种内竞争、种间演化三个阶段，且从其发展来看，沈阳市预制构件厂商种群的发展具有较强的政策驱动特征。沈阳市预制构件厂商种群规模已经接近当前环境容量，为了能够更好地释放预制构件厂产能，推动沈阳市建筑工业化的发展，还需要同时从需求端和供给端进行推进，扩大沈阳市建筑工业化市场，形成良好的市场循环机制从而渐渐减少政策干预力度。

沈阳市建筑工业化的发展过程能够折射出我国建筑工业化生态系统发展过程中的共性问题，如下：

(1)单个类型企业迅速发展，产业链条上其他企业后劲不足。相较于传统建筑方式，建筑工业化最显著的特征便是出现了预制构件厂这个角色，且在整个建筑工业化产业链条中占据重要位置。因而，政府在鼓励推进建筑工业化发展时，会大力倡导建立预制构件生产线来保障建筑工业化产业链条的关键环节。然而，在政府的积极鼓励以及给予相应的优惠政策的前提下，大量企业开始尝试向预制构件厂商转型或发展，使得预制构件厂遍地开花，甚至产能过剩。而相较于预制构件厂，设计、开发等企业类型明显动力不足，导致整个建筑产业化链条失衡的状况。

(2)市场容量有限，产能无法消化。虽然我国大部分城市都尝试在土地出让环节加入建筑工业化项目要求，或是在政府投资项目、保障性住房中要求采用建筑工业化方式，但由于政府项目有限，开发商对于建筑工业化态度消极，传统建造方式仍然是市场主流，建筑工业化方式市场份额十分有限。有限的市场无法消化预制构件产能，导致预制构件企业产能过剩，而部分企业由于无法承受亏损导致最终破产。

(3)政府政策的倾向性比较严重。目前我国虽然出台了很多建筑工业化政策，但是政策针对的对象主要是预制构件厂商和建设单位，而针对设计单位、材料部品企业、装饰装修企业等产业链条上的其他企业的政策相对薄弱。尤其是设计单位，作为建筑工业化产业链条上非常重要的角色，是建筑工业化发展的关键所在。

(4)大中小企业发展不均衡，中小型企业转型困难。企业从传统建筑方式向建筑工业化方式转型升级，需要大量的资金支撑以及技术学习、研发能力。以开发商为例，建筑工业化项目成本比传统建筑项目成本高，企业利润会受到一定的影响，而大型企业可以通过其他项目进行利润综合，小型企业项目较少，难以承受利润下降带来的影响。

第三节　建筑工业化生态系统整体演化的模拟仿真

如第八章第一节所述，不同的企业往往有不同的发展模式，但这些模式都符合第七章的企业演化机理。因此，通过对大量企业转型模式的分析，可总结企业转型存在的典型路径与概率，用于企业层面的演化仿真。而大量企业转型的结果，表现在种群层面则是如第七章和第八章第二节所述的种群演化过程，满足种群增长的曲线特点，用于模拟种群层面的演化，判别系统发展的阶段性。

建筑工业化生态系统的演化是一个多项协同、多层嵌套的动态过程。各层次内部以及层次之间彼此联系、相互作用，其复杂性、自组织涌现特征不是一般的方程模型或简单的模拟方法能够完成的。因此，本书采用自下而上的建模方式——基于智能体的建模——构建建筑工业化生态系统的仿真模型。

一、基于智能体建模的相关理论

基于智能体的建模(agent-based modelling, ABM)，对应的计算技术叫多智能体仿真

(multi-agent simulation)或基于智能体的计算模型(agent-based computational modelling)，是一种针对智能体形成的演化系统的计算研究，将具有社会属性的智能体作为自主交互的智能体，研究其自主演化，是从复杂自适应系统的角度研究社会系统的重要工具。从这个角度出发，可以反映出宏观现象如何从微观层面的行为中涌现出来。这对于建立建筑工业化生态系统中企业行为、企业互动、企业种群、企业及企业种群与宏观环境的互动仿真模型具有重要的方法论意义。

(一)智能体

智能体(Agent)这一概念最早可追溯到1977年，Carl Hewitt提出了一种具有交互性、自兼容性及并发处理机制的对象，并将其称为“Actor”。“Agent”一词的真正提出是在1986年，Minsky在*Society of Mind*一书中提到，个体都是存在于社会之中，它们产生矛盾后会通过协商或竞争的方式解决问题，而这些个体就称为“Agent”。Agent在不同的学科背景中具有不同的含义，但一般而言，Agent被认为是一类能够在特定的环境下感知环境，并能够通过灵活、自主的运行实现设计目标的计算实体或程序。Agent一般具有如下的特点：

(1)能动性。智能体不只能够感知环境，并对环境变化做出反应，还能够做出目标导向性的行为。

(2)自治性。智能体的运行能够不受他人的控制，而对其内部状态和自身行为具有一定的自我把控。

(3)交互性。智能体能够和外部环境以及智能体之间进行交互，并做出一定的反应，这种交互带来的个体变化也是整个系统变化的基础，是系统演化的重要动力。

(4)持续学习性。智能体能够从环境及工作的成果中不断地学习和自我进化，这也是智能体之所以智能的一个重要体现。

针对不同的研究目的和研究问题，个人、群体、公司、国家等各种实体均可以用Agent表示(Helbing，2012)。事实上，在仿真系统中，Agent的本质就是一些自主计算进程，它本身只会完成一些无须思考的简单行为，但由于其具有一定的社会属性，一旦这些智能体通过某种方法组成一个社会，真正的智能就产生了(张鸿辉，2011)。

(二)多智能体系统

如前所述，单个的Agent虽然具有一定的功能，但它本身只能完成简单的行为，而无法解决现实中的复杂问题。在现实情况下，一个系统也往往包括多个Agent，它们能够相互协作以实现共同的目标。而多智能体系统(multi agent system, MAS)就是由此形成的由多个能够互相交互的Agent计算单元所组成的集合(张鸿辉，2011)。多智能体系统分为同构的多智能体系统和异构的多智能体系统。其中同构的多智能体系统由性质和功能完全相同的多个智能体组成，异构的多智能体系统由性质和功能不相同的多个智能体组成。本书所模拟的建筑工业化生态系统就属于异构的多智能体系统。

多智能体系统通常由四个部分组成：①智能体的集合。在多智能体系统中，每个智能体的生命由其行为进行表征，这些行为包括智能体对环境变化的感知、内部状态的变化及其采取的行动。②环境，即智能体的活动空间。③关系的集合，包括智能体与环境之间的关系、智能体之间的关系。④操作的集合，智能体应对环境变化所才采取的行动(邓宏钟，2002；吴集，2006)。由此，多智能体系统建模也会涉及多个概念层次(张鸿辉，2011)。本书将据此建立建筑工业化生态系统演化模拟仿真的层次概念模型，包含环境层、智能体处理层、智能体行动层及决策层。环境层包含了可供智能体读取的外部环境参数，智能体首先通过读取这些参数对环境进行感知；在智能体处理层，通过对各类环境参数、自身属性、特征及关系数据等进行处理，计算最优方案；智能体行动层决定智能体会采取何种行动，可能是智能体自身的状态改变，也可能是对其他智能体产生影响或反作用于外部环境；智能体行动产生的结果在决策层进行输出，这种输出将辅助决策层进行决策，或直接反馈到环境层，影响外部环境参数。

(三)基于智能体建模

基于智能体建模(ABM)是一种研究复杂系统的新方法，自 20 世纪 90 年代初被越来越多地用于社会科学之中。ABM 采用自下而上的建模思想，利用 Agent 的局部细节模型及局部连接规则等，建立起复杂的整体系统模型，研究如何从小规模行为涌现出大规模的性质(吴集，2006)。首先，系统中的每个个体被描述为一个用行为表征的 Agent，为 Agent 赋予对外界刺激的响应、与其他 Agent 之间的通信以及执行部分活动，系统中的个体便可与 Agent 之间一一对应。再通过程序对 Agent 的行为进行描述，由此便可将个体与程序相关联，这便为仿真一个由计算机进程组成的人工世界提供了可能。对于像建筑工业化生态系统这样的生态经济系统，ABM 被视为是由一群异质的智能体所组成的系统，这些智能体根据社会规范、内部行为规则、正式的和非正式的制度规则、个人和社会学习等来决定与其他智能体及与之所在的环境之间的相互作用。利用 ABM 可以系统地检验与智能体的自身属性、行为规则及其交互类型相关的不同假设情景，以及它们对系统宏观环境的影响。

(四)多智能体建模的特点及适用性

1. 多智能体建模的特点

在社会、经济领域，研究者们对于各种社会经济系统的研究方法具有较大差异，对系统中的行为、关系等的建模方式各异，包括传统的定性描述(qualitative descriptions)和定量的建立精细模型(detailed models)、简易模型(simple models)等方法(Helbing，2012)。比起这些方法，基于智能体的建模通过借助计算机模拟技术，对系统进行定性和定量的分析，以“微观个体的互动-系统整体特性的涌现”的模拟为特点，能够揭示微观互动机理、处理系统宏观现象涌现的复杂性及不确定性问题以及预测不同情景下系统可能的状态等。基于智能体建模的特点主要在于以下几点：

1)强调 Agent 的自主性

Agent 能够自主地活动，具有自适应性、能动性和自治性。每一个 Agent 都能够与环境进行不断的交互，并能通过判断自身环境和状态做出相应的反应。它们的行为不是直接受控于其他因素的，而是有意识的、目标导向的，能够对自己的行为进行一定的自主控制，体现出能动性和自治性。可以说，Agent 的行为是通过自身的感知、推理、决策以及与其他智能体和环境相互作用而产生的(张鸿辉，2011)。

2)擅长处理异质性问题

Agent的自身行为及其互动可以基于方程进行建模，但通过一些决策规则的定义能够更加准确地对其进行表达，例如通过“如果……那么……”的类似语句或逻辑操作对Agent的行为规则进行定义。这就使得建模的方法更加的灵活，也更容易在行为规则定义时更多地考虑Agent的个体差异(即“异质性”)。

3)强调交互性

根据ABM自下而上的建模思想，宏观现象是通过微观个体的行为及其互动而涌现的。因此，Agent与Agent之间的通信、协调是ABM中非常重要的部分。ABM也被视为研究不同人类活动的相互关联(包括合作共生的关系和竞争关系)的理想工具(吴集，2006)。此外，每一个Agent都与环境具有互动作用。因此，May和Mclean(1976)认为ABM能够从“生态”的视角在社会和经济系统研究中提出新的见地。

4)擅长处理复杂系统的非线性、不确定性问题

复杂系统之所以复杂，是因为系统中存在许多相互作用的主体及大量的非线性作用，并且由于系统的涌现性，往往出现很多意想不到的结果，即存在不确定性。这种非线性作用和不确定性很难用完全定量的方程建模的方式进行模拟。而ABM可以采用定性与定量结合的方式，不仅可以用定量表达Agent之间以及Agent与环境的关系，也能利用描述性的语句对Agent的行为规则及其非线性交互进行定性的定义。兼具模块化、灵活性、并行性等特点，ABM能够通过大量Agent的并行行为产生系统的涌现性现象。

5)强调预测条件

由于Agent具有自适应性和能动性，能够对环境的变化做出有意识的自主反应，因此，在不同的环境作用下，Agent所采取的行为是不同的。ABM的一个功能就是对系统的未来状态进行预测，但是这种预测是有条件的，也就是“在什么情况下，可能会产生什么样的结果”。值得注意的是，由于系统的不确定性，这种预测可能和真实的情况有所偏差，但它会告诉模型的使用者在一定的条件下，未来可能的情况是什么样的，从而辅助决策。

2. 适用性和优势

建筑工业化生态系统是一个典型的复杂系统，具有动态演化、异质构成、自组织、自适应等特征。在建筑工业化生态系统中，存在大量的具有独立、自主的行为能力和各自利益诉求的参与主体。一方面，这些主体之间存在着显著的利益差异及偏好差异，具有特定的目标和独特的行为模式，难以达成共识；另一方面，面对共同的政策作用及行业发展趋势，在有限的技术条件、信息不完全、社会网络关系等影响下，这些主体之间又具有局部的合作、互动和相互影响关系。在这种复杂的局部交互关系之下，建筑工业化生态系统整体的特征是通过每个微观企业个体自身的行为及其局部的非线性动态交互作用而涌现出来，表现出较大的不确定性和复杂性。同时，演化本就是一个带有时间维度的概念，具有动态性和时间轴上的变化特征。因此，传统的定性研究或数学建模难以有效地解释其复杂的互动关系。而ABM作为一种自下而上的建模方式，具有从微观的互动到宏观的涌现的独特视角，能够通过构建具有智能行为的企业个体，依据某企业类型的特点、属性赋予其特定的行为规则，通过企业个体之间的交互作用来模拟从企业个体的微观行为到整个生态

系统的宏观涌现，以动态的方法研究建筑工业化的不同政策如何通过对企业个体的直接作用对系统产生影响（May and Mclean，1976）。

需要指出的是，政策研究本身具有较强的社会科学、人文科学属性，而仿真模拟与分析则属于自然科学和技术科学领域的研究技术，因此有必要进一步论证模拟仿真方法是否能够用于政策分析。事实上，关于政策研究究竟应该采用定性方法还是定量方法，一直都是存在争议的（罗杭等，2015）。通过文献研究可以发现，计算机仿真技术应用于社会科学研究始于20世纪60年代初，并在20世纪90年代在社会科学研究领域被真正接受（李大宇等，2011）。李大宇等（2011）从主体一致性、政策环境的复杂性等方面论述了传统政策研究方法对于政策研究的局限性，并提出“将仿真方法应用于公共政策的研究和制定过程既是国际前沿领域，也是我国现实社会发展的巨大需求”。在建筑工业化领域，Park 等（2011）基于新加坡现有的建筑工业化推进政策，提出了三种替代性政策假设，并通过政策模拟，提出政策建议。而将仿真技术用于政策分析的现实研究在我国也已有先例，如阮雅婕等（2015）通过政策仿真，预测了“单独二孩”政策和“完全放开”等生育政策实施的情况下，我国人口规模和变化趋势，并提出了改进“单独二孩”政策制定的相关建议。因此，可以认为将仿真技术用于政策分析是具有科学性和可行性的。此外，本书对政策的分析在于既有政策的作用效果，而不是对政策条款、政策内容的分析和优化，因此其社会、人文属性相对较低，对政策研究的相关系统性专业知识的要求也相对更低，因此在本书中是适用的。

因此，本书采用基于智能体的建模方法建立建筑工业化生态系统演化的仿真模型，其优点体现在：能够对建筑工业化生态系统中不同种类的相关参与方的不同行为模式进行模拟；能对建筑工业化生态系统各层次的演化规律进行定性和定量的描述；能够在没有先验条件的情况下模拟建筑工业化生态系统的整体特征，并在给定的政策情景下，对我国建筑工业化的未来发展趋势做出预测，为决策者提供一定的参考。

二、建筑工业化生态系统演化模型构建的目的与功能

根据多智能体建模的特点，结合本书的预期结果，本章利用多智能体仿真模型对建筑工业化生态系统的演化进行模拟，并在此基础上预测不同的政策组合对建筑工业化演化结果的影响，以期能够为政府决策提供一定的参考。建立此模型的主要目的包括：

（1）进一步对第七章所揭示的建筑工业化生态系统演化机理进行动态的呈现，在演化机理理论分析的基础上，进一步研究企业转型的具体路径，量化每一种路径发生的概率及其对种群增长的影响，可视化地呈现建筑工业化生态系统的演化动态；

（2）通过选取重点推进、积极推进和鼓励推进地区的典型城市，提取其关键政策，分别作用到建筑工业化生态系统，来模拟不同地区政策对建筑工业化生态系统演化的影响。

三、建筑工业化生态系统演化模拟仿真模型的构建

(一)基于智能体的模拟仿真的方法与步骤

基于智能体的建模采用自下而上的建模思想，其核心在于通过 Agent 个体的结构、功能等局部细节模型，及其与系统全局的反馈、循环，研究局部的细节变化如何涌现出复杂的系统行为。尽管其中的个体反映规则、行为模式可能比较简单，但其引起的系统行为却可能非常复杂。图 8.8 展示了一种最简单的 Agent 与 Agent 之间及其与环境相互作用的模型。Agent 通过环境中的信息判定自身所处的状态，并基于自身的属性及其目的采取行动，又反馈到环境。Agent 与 Agent 之间则可以通过物质、信息传递进行直接的相互作用，也可以通过间接的方式进行相互影响，例如通过对共同需要的资源的占用引起变化等。

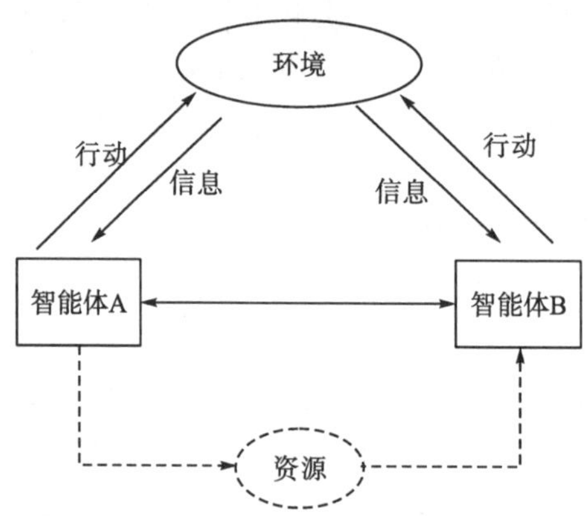

图 8.8 智能体之间及其与环境的相互作用示例

基于智能体的建模流程如图 8.9 所示。

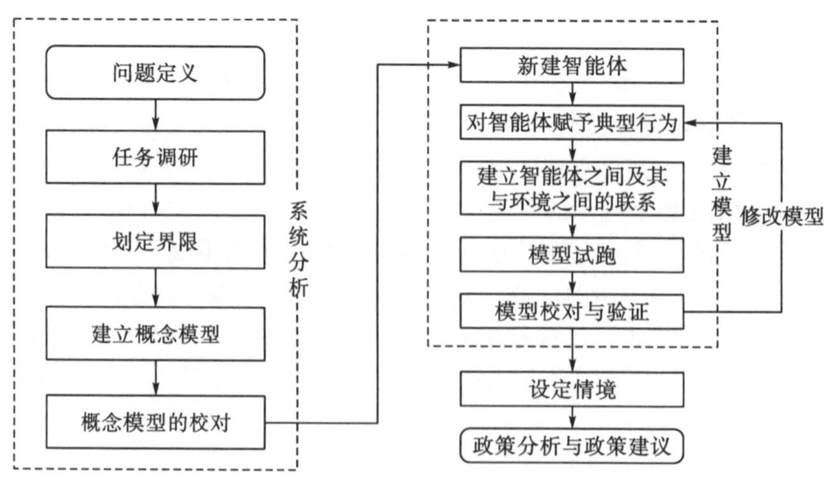

图 8.9 基于智能体建模的流程

(二) 建筑工业化生态系统演化模型构建的基本假设

根据研究对象的特性，提出以下假设：

(1) 未来 10 年内，外部环境不发生剧烈的变动，如毁灭性灾害、工业化施工技术被其他技术所颠覆、政府政策反复变动等；

(2) 同一政策条款对不同企业个体参与建筑工业化意愿的影响程度不同，且多条政策对同一企业个体的影响能够叠加；

(3) 系统中的企业之间存在交流，已经转型的企业会影响未转型企业的转型意愿；

(4) 后进入系统的企业会倾向于学习先行企业的转型经验，即先行企业的转型路径及每条路径的发生概率可以用于模拟后进入者的转型行为；

(5) 并非所有具备转型意愿的企业都会立刻付诸行动，大多数企业会首先进行观望，一定时期内转型的企业数量呈现先增后减的规律。

(三) 建筑工业化生态系统演化仿真概念模型的建立

1. 建筑工业化多智能体系统的基本元素

建筑工业化多智能体系统包含四类基本元素：智能体、环境、关系、操作。

在本书中，每一个企业个体都被视为一个智能体。大量的同类企业(企业种群)属于一类智能体，具有相同的性质及功能。例如，每一个建设单位个体都是一个智能体，它们都属于“建设单位”这一智能体类。简单地说，一个智能体类对应一个物种，一个智能体对应一个企业个体，而一个智能体类的数量就对应着一个企业种群的规模。这些同质的智能体构成的是同构的多智能体系统。除“建设单位”外，还存在“承包商”“设计单位”“构件生产商”等其他的智能体类。

环境是这些智能体的生存和活动空间，具有一系列环境参数，例如政策作用强度、环境中的企业种群密度等。关系则指的是智能体与环境之间的关系、智能体之间的关系，例如智能体能够对政策作用强度、企业种群密度等环境参数的变化进行感知并做出相应的计算处理，决定是否转型。智能体的操作也将反过来影响环境参数。此外，智能体之间还存在着需求拉动、合作、竞争等关系。这些关系是将各要素进行关联，成为系统整体的关键。操作指的是智能体在感知和处理环境参数变化之后，所采取的行为，例如选择某种路径进行企业转型、向其他企业发出合作信号，或者向其他企业传授建筑工业化相关经验等。

这些具有不同性质及功能的智能体，有着各自特定的行为模式，通过与环境以及智能体之间的关系，相互联系、相互影响、相互制约，共同构成建筑工业化多智能体系统(表 8.8)。

表 8.8　建筑工业化多智能体系统与建筑工业化生态系统的对应关系

建筑工业化多智能体系统			建筑工业化生态系统
系统要素		示例	
智能体	智能体类	建设单位，承包商等	物种
	单智能体	单个建设单位、单个承包商等	企业个体

续表

建筑工业化多智能体系统		建筑工业化生态系统
系统要素	示例	
同构的多智能体	多个建设单位、多个承包商等	企业种群
异构的多智能体	多个建设单位+多个承包商+多个设计单位等	企业群落
环境	虚拟的智能体活动空间	政策环境、市场环境等
关系	智能体对环境参数的感知和影响，智能体之间的合作、竞争等关系	环境与企业的相互作用关系，企业之间的合作、竞争等关系
操作	智能体采取的一系列行为，可能自身状态的改变、对其他智能体的影响，并反作用于环境	企业转型，企业间的联盟、并购等行为
建筑工业化多智能体系统	多个建设单位+多个承包商+多个设计单位+其自然、政治、经济、社会等宏观环境	建筑工业化生态系统

2. 建筑工业化生态系统演化模拟仿真的层次概念模型

基于第六章、第七章建筑工业化生态系统的关键驱动因素及演化机理的分析，建筑工业化生态系统演化建模所涉及的技术包括四个概念层次：环境层、智能体处理层、智能体操作层及决策层(图 8.10)。环境层为智能体提供活动的环境，具有政策作用强度、环境中

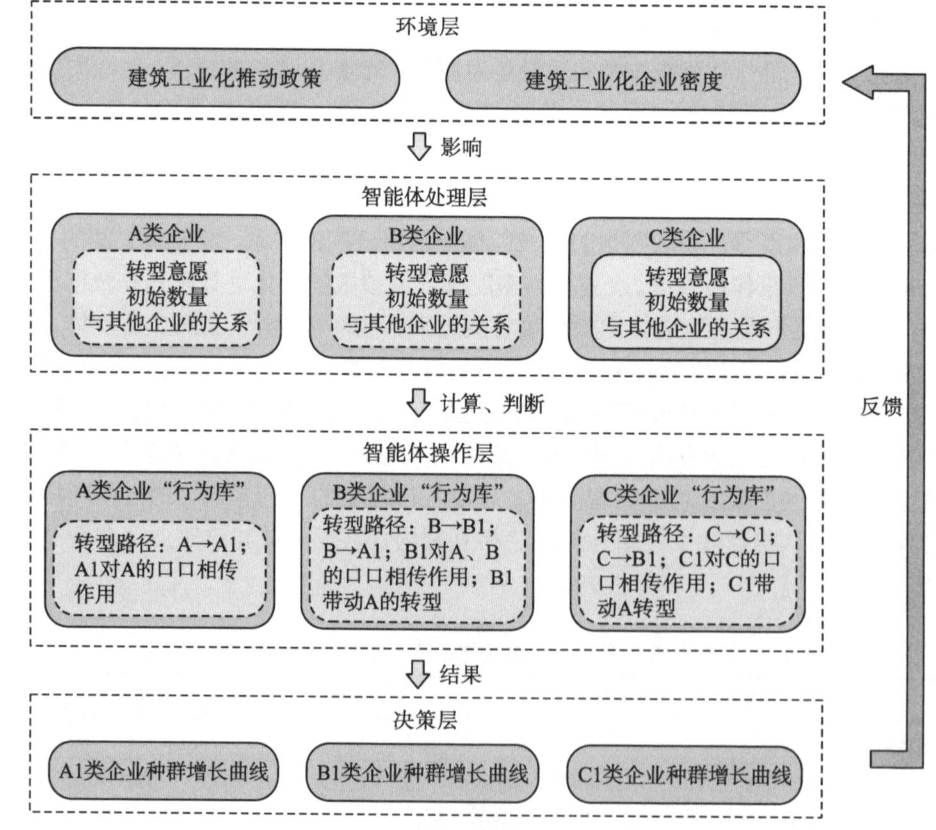

图 8.10 建筑工业化生态系统演化模拟仿真的层次概念模型

的企业种群密度等环境参数。智能体处理层负责智能体对环境参数的感知和处理，做出是否转型的决定。智能体操作层包括智能体的一系列应对环境变化的活动，包括自身转型、对其他企业进行需求拉动、与其他企业合作等。决策层对企业活动的结果进行呈现，展示在不同环境作用下企业种群的增长，以便决策者进行决策。同时，这种活动的结果也会反馈到环境层，引起环境参数的变化，从而进一步影响智能体的感知及行为。

基于上述层次概念模型，结合建筑工业化生态系统演化的层次性，分环境作用模块(M1)、企业个体层面演化模块(M2)及企业种群层面演化模块(M3)三个模块建立建筑工业化生态系统演化仿真的逻辑，如图 8.11 所示。

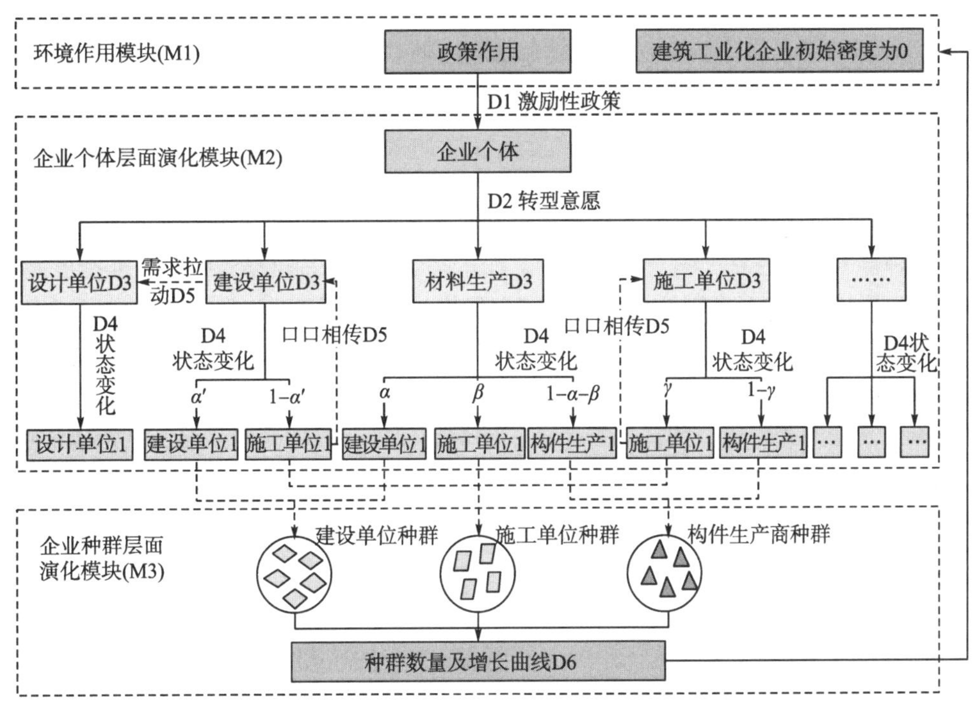

图 8.11　建筑工业化生态系统演化仿真流程图

1. 环境作用模块(M1)

环境作用主要表现为政府的激励政策对企业转型的驱动作用，是整个模型的起点。其基本作用路径如下：政府的激励政策(D1)直接作用于企业个体，影响企业个体的转型意愿；企业个体的转型行为进而影响企业种群的数量增长；企业种群数量增长反馈到环境中。在企业种群增长率达到最大值之前，政府政策将持续作用，当企业种群增长率达到最大值时，认为此时市场已经能够不依赖于政府的作用而自我发展，可撤销政府的激励政策而转为政府的引导和规制作用。另外，企业种群数量增长带来的密度变化也将进一步影响企业所采取的合作、竞争策略。

2. 企业个体层面演化模块(M2)

企业个体层面演化模块融合了智能体处理层及智能体操作层，主要模拟企业个体对政策作用的感知及其转型过程中的具体行为(状态变化，与其他企业的互动等)，包括初始状态→决定转型→企业转型路径选择→实施转型四个流程。①初始状态系统中全部为潜在的转型者(D3)，即传统建造方式下的各类参与方；②在政策的驱动下，部分的潜在转型者转型意愿增加(D2)，达到转型的阈值并决定转型；③通过企业(Agent)的自身属性(企业类别)判定企业转型的可能路径；④最后基于不同种类可能的转型路径及每种路径发生的概率实现企业的转型(D4)，已经转型的企业在进行过一定的项目实践后还会对潜在转型者产生一定的影响(D5)。在建筑工业化发展的初期，种群内部的企业之间、不同种群的企业之间更倾向于合作，很少存在竞争，表现为已转型企业通过口口相传鼓励未转型企业产生更强烈的转型意愿，且已转型的开发商、施工单位很可能会通过项目需求带动一部分设计单位的转型等；而当种群数量达到 $N/2$，即增长速率最大的点时，种群内部竞争加剧，种群内部已转型企业对未转型企业产生抑制作用，不同种群的企业之间的带动作用几乎消失。

3. 企业种群层面演化模块(M3)

企业种群层面演化模块主要模拟种群数量的增长(D6)，具有种群数量(或密度)、增长率等变量。转型后的同类企业个体逐渐形成企业种群，在种群层面表现出种群增长的特征，这种种群的增长往往具有一定的规律。在生态学领域，种群增长模型有非密度制约型模型(“J”形增长)和密度制约型模型(“S”形增长)，满足 Logistic 方程。已有研究在考虑了组织演化的合法性和竞争的扩散性后表明，企业、社团等组织种群的增长也具有类似于生态学的密度依赖特征，并提出了组织种群增长的密度模型。刘桦(2007)在此基础上分析了建筑业企业的种群增长模式，并验证了建筑企业种群的增长也具有密度依赖的特征。因此，建筑业企业的种群增长也符合式(8.1)所示的增长模型，可由此模拟企业种群的基本分布。

$$\frac{N_{i,t+1}}{N_{i,t}} = r_t N_{i,t}^{\omega-1} \exp \varepsilon_{t+1} \tag{8.1}$$

其中，$N_{i,t+1}/N_{i,t}$ 为种群 i 的增长率；$N_{i,t}$ 为种群 i 在 t 时的密度；ε_{t+1} 表示随机误差；ω 是一个参数，$\omega>1$ 时增长率随种群规模增加而增大，反之亦然，等于 0 时则增长模型符合吉布列法则。用 r_i 表示种群在 t 时的内在增长率，可由式(8.2)计算，大小取决于 $N_{i,t}$ 和参数 β 的值，π 则表示其他因素对种群增长的综合影响。

$$r_i = \pi \exp(\beta N_t) \tag{8.2}$$

四、建筑工业化生态系统演化模拟仿真数据收集及分析方法

基于模型的三个模块，确定数据的需求及其数据收集和分析方法(表 8.9)。

(一)环境作用模块(M1)

政策作用主要考虑三个方面：政策条款、作用点、作用效果。首先，不同地区所制定的政策是不同的，不同政策条款的作用也是不同的，不是所有的政策条款都能产生直接的作用效果。因此，需要对不同的政策条款进行选择，筛选出能够对企业产生直接驱动作用的关键政策(D1)。作用点是系统内部潜在的转型企业(D3)，包括传统的设计单位、建设

单位、材料生产商、施工单位等不同种类的企业个体。作用效果则是在不同的政策条款作用下各企业所产生的转型意愿(D2)。

1. 不同地区代表城市的关键政策条款(D1)

根据《国务院办公厅关于大力发展装配式建筑的指导意见》(国办发〔2016〕71 号)的相关规定，划分重点推进地区、积极推进地区和鼓励推进地区三类，其中京津冀、长三角、珠三角三大城市群是重点推进地区，其他常住人口超过 300 万的城市则为积极推进地区，其余城市则是鼓励推进地区。不同类型的地区所出台的政策组合及政策强度是不同的，也因此具有不同的作用效果。此外，在各地区的政策组合中，往往采取保障性政策与激励性政策(如财政政策、税收政策等)进行搭配，但并不是所有政策都会对企业产生激励作用。根据双因素理论，只有具有激励性的因素得到满足时才能调动人们的积极性。可以推知，只有具有激励性的政策出台时才能调动企业的积极性。因此有必要筛选出各类地区出台的激励性政策。考虑到政策的代表性及其组合效应，本书将以城市为单位，而不以单个的政策条款为单位进行筛选。故本书采用文本分析的方法，通过在不同类型的地区中选取具有代表性的城市政策，分析其中的激励性政策条款。

2. 潜在转型企业的数量(D3)

潜在转型企业的数量考虑为传统企业的数量(D3)。由于本书的目的是比较各类政策组合的影响，因此潜在转型企业的数量对比较的结果不会产生实质性影响，可任选一个城市作为模拟对象。而重庆市目前已经转型的企业非常有限，较之企业总数而言几乎可以忽略不计，因此通过重庆市统计年鉴方便地获取重庆市潜在转型企业的数量即可。

3. 不同政策对企业转型意愿的影响程度(D2)

基于筛选出的关键政策条款，通过问卷调查的方式获取各相关参与方对不同政策条款的态度。采用问卷调查的方式主要是出于以下两点考虑：一是由于各地区所实施的政策不同，目前已经实施的激励性政策条款总量较多，要获取每一条政策条款对企业转型意愿的影响，所需问题的量较大，且具有一定的结构性；二是政策的作用点是一群潜在转型的企业，而非单个企业，要获取政策对一群潜在转型企业的作用效果及作用规律，其需要的数据量也较大。因此，采用问卷调查的方式是最可行的。同时，在问卷调查的过程中，还需要确保：①受访者来自不同的企业；②受访者的思维方式能够与企业做出转型决策的思维方式相匹配，也就是说，受访者需要是中级管理者及以上(或同等)的职位。

此外，考虑到政策的组合效应，获取单个政策对企业的影响是不够的，还需要了解当多个政策同时作用时，其作用效果与多个单政策作用叠加效果之间的差异。因此还需辅以个别深度访谈，获取进一步的信息，作为建模过程中确定参数的参考。

(二)企业个体层面演化模块(M2)

企业个体层面的演化需要明确企业决定转型后，每种类型的企业具有几种可能的转型路径及每种路径发生的概率(D4)，以及各企业之间相互影响的模式(D5)。

1. 企业转型路径及每种路径发生的概率(D4)

目前还没有研究说明建筑业企业的转型过程，也无法穷举现实情况下可能存在的所有路径，但由于建筑工业化生态系统存在复制机制，有理由相信后进入者会学习先行者的经验，指导自身的转型。因此，有必要获取现有已经成功转型的建筑工业化企业的转型路径及其选择每条路径的概率。本书采用案例分析和问卷调查相结合的方式，对装配式建筑产业基地(原名“国家住宅产业化基地”，后文简称“基地”)，采用案例分析的方法调查其转型路径，对于非基地企业，则采用问卷调查的方式进行调查，并通过统计分析方法计算出每种路径发生的概率，作为后进入者选择转型路径的参考。

2. 企业间相互影响的模式(D5)

如前所述，企业转型不仅受到他组织作用(即外部环境的作用)，在系统内部还受到企业之间竞争、协同的动力作用。在企业个体层面，企业间的相互影响主要存在需求拉动和口口相传的作用。在建筑工业化发展的初期，由于市场发展不成熟、相关参与方的缺失，为了实现规模效益，降低生产成本，企业会通过经验分享等方式吸引更多的企业参与，而企业之间也往往倾向于合作，具有较高的直接需求拉动作用，例如一个开发商的转型带动一个设计单位的转型。而随着建筑工业化的发展，企业间的竞争增加，这种口口相传和需求拉动的作用也会逐渐降低甚至形成阻碍作用。因此，有必要估计企业间口口相传发生的频率及其影响度，以及企业之间的需求拉动作用。但这种影响和需求拉动的作用较为抽象，不便获取结构化的数据，因此本书主要通过个别深度访谈的方式进行了解。

(三)企业种群层面演化模块(M3)

企业种群层面演化的数据主要为转型后的企业种群数量(D6)，用于对比不同政策的作用效果，并反馈到环境作用模块，主要通过仿真模型的输出结果获得。转型后的企业种群数量为转型后企业个体的个数，因此随着企业个体逐渐转型，企业种群的数量也会产生动态的增长，直接在仿真模型中进行统计即可。

综上，本书的数据收集及分析方法主要包括：①文本分析，主要是对政策文本的搜集和分析；②线上数据搜集，主要数据来源为重庆市统计年鉴的官方数据；③个别深度访谈；④问卷调查；⑤案例分析；⑥模拟仿真法。

表 8.9 数据需求及其对应的数据收集方法一览表

模块	需要获取的数据	数据收集及分析方法
政策作用模块 M1	不同地区代表城市的关键政策条款 D1	来源于第六章
	不同政策对企业转型意愿的影响程度 D3	问卷调查 个别深度访谈(辅)
	各类潜在转型企业的数量 D2	线上数据 (重庆市统计年鉴)
企业个体层面演化模块 M2	企业转型的现有路径选择及每种路径发生的概率 D4	案例分析、问卷调查 个别深度访谈(辅)
	企业间相互影响的模式 D5	
企业种群层面演化模块 M3	企业种群数量 D6	模拟仿真法

五、建筑工业化生态系统仿真模型的数据收集及分析

(一)建筑工业化推进代表城市相关关键政策条款(D1)

本书第六章对重点推进地区、积极推进地区及鼓励推进地区进行了代表性城市的选取，以及各代表城市的最新相关政策分析，在此可直接使用其分析结果。各城市建筑工业化相关政策主要的激励性政策条款的筛选结果见表 8.10。

表 8.10　已转型企业转型路径统计表

转型前	转型后	基地/家	问卷/份	总计/份	占比/%
施工单位	施工单位	12	9	21	66
	全产业链	3	—	3	9
	PC 构件生产商	1	4	5	16
	材料部品生产企业	2	1	3	9
	小计			32	
房地产开发企业	房地产开发企业	6	9	15	79
	全产业链	1	1	2	10.5
	PC 构件生产商	2	—	2	10.5
	小计			19	
设计单位	设计单位	2	4	6	86
	全产业链		1	1	14
	小计			7	
材料部品生产企业	全产业链	1	1	2	9
	材料部品生产企业	6	2	8	36
	PC 构件生产商	7	4	11	50
	施工单位	1	—	1	5
	小计			22	
全产业链	全产业链	—	2	2	50
	材料部品生产企业	—	1	1	25
	设计单位	—	1	1	25
	小计			4	
其他行业	材料部品生产企业	6	—	6	55
	PC 构件生产商	3	—	3	27
	施工单位	2	—	2	18
	小计			11	
总计		55	40	95	

(二)建筑工业化相关参与方的转型路径及其相应的发生概率(D4)

转型路径的统计主要来源于已经转型的企业，采用案例分析和问卷调查两种方式获得

数据：一是对截至2016年底的59家装配式建筑产业基地(原名“国家住宅产业化基地”)进行案例分析，通过住建部官方网站及各企业的官方网站获取企业的相关信息，其中从事装配式混凝土结构领域的转型企业共 55 家(母公司专门为从事建筑工业化而出资成立子公司亦视为转型)；二是通过调查问卷，在2017年8～9月期间对各建筑工业化相关企业的转型路径进行调查，共回收202份问卷，其中161份为有效问卷，筛选出具有建筑工业化相关从业经验的非基地企业的有效问卷共 40 份，因此转型路径统计的样本总量为 95 个，其结果如表8.10所示。

（三）建筑工业化相关参与方在各政策条款影响下的参与意愿(D2)

各参与方的参与意愿主要通过问卷调查获得，辅以个别深度访谈。问卷调查通过两个途径开展：一是基于问卷星平台以及通过校友资源传播的网上问卷调查，二是通过实地走访以及参会等进行的纸质问卷发放。关于建筑工业化相关参与方意愿的问卷首次发放在2017年8～9月开展，共回收202份问卷，其中161份为有效问卷，包括已转型的企业问卷48份(占29.8%)，未转型的企业问卷113份(占70.2%)。此外，被调查企业中，房地产开发企业51家(占31.7%)，施工单位42家(占26.1%)，设计单位28家(占17.4%)，全产业链型企业14家(占8.7%)，构件厂商18家(占11.2%)，其他类型企业8家(占4.9%)。以上所涉及的企业类型均为当前状态。

个别深度访谈的开展主要在2017年3～9月完成，课题组多次赴中华人民共和国住房和城乡建设部、深圳市万科房地产有限公司、中建科技成都有限公司、成都建筑工程集团总公司、中国建筑西南设计研究院有限公司、重庆万泰建设(集团)有限公司、重庆亲禾预制品有限公司、重庆市住房和城乡建设委员会、长沙远大住宅工业集团股份有限公司、龙信建设集团有限公司、贵州省绿筑科建住宅产业化发展有限公司等部门或企业进行参观及对其管理人员进行了深度访谈，其相关结果亦用于本书中。

需要指出的是，对房地产开发企业和施工单位而言：一是样本容量相对较大；二是潜在的转型者可由统计年鉴直接查出；三是这两类企业相对实力较强，多为主动转型，因此也可以直接通过问卷结果分析不同政策条款对其转型意愿的影响。对于设计单位而言：一是在实际数据获取过程中发现潜在转型者数量难以获取；二是样本容量较小；三是在个别深度访谈的过程中获知，设计单位几乎不会自主地从事建筑工业化，而往往是出于项目带动式的转型，即由其他企业带动转型，因此其转型主要通过已经转型的开发企业或施工单位进行带动。对PC构件商而言，其来源较广，潜在转型者难以确定，因此更合理和更具有操作性的分析是通过由施工单位和开发商转型成为PC构件商的比例反算PC构件商的总量。对全产业链企业而言，在当前市场需求较小的情况下，结合个别深度访谈的结果，可以视为自给自足，且由问卷结果也可以看出各政策条款对其影响基本没有差异，激励程度均较高，因此不做单独分析。而材料部品生产企业由于对整个行业转型的影响相对而言较低，因此不做进一步分析。

通过对首次问卷结果进行初步分析，结果表明，对于已经转型的企业和未转型的企业，各类政策对其激励程度存在显著差异，因此利用校友资源，针对未转型的房地产开发企业及施工单位进行第二轮问卷发放，共发出50份问卷，收回有效问卷36份。最终可用于政策作用效果分析的传统房地产企业问卷样本总计为 54 份，传统施工单位问卷样本总计为 57 份，分析结果如表 8.11～表 8.13 所示，另外，“项目财政补贴”政策相关分析见表 8.13。

表 8.11　各政策对房地产开发企业转型意愿的影响

政策编号	1	2	3	4	5	6	7	8	9	10	11
无意愿	11.11%	11.11%	5.56%	5.56%	11.11%	5.56%	5.56%	11.11%	16.66%	5.56%	5.56%
有一点意愿	5.56%	5.56%	38.89%	0.00%	5.56%	0.00%	5.56%	16.67%	5.56%	5.56%	22.22%
意愿较强	38.89%	50.00%	38.89%	44.44%	27.78%	22.22%	22.22%	33.33%	33.33%	38.88%	27.78%
意愿很强	38.89%	27.78%	11.11%	44.44%	44.44%	38.89%	27.78%	38.89%	38.89%	50.00%	38.88%
完全愿意	5.55%	5.55%	5.56%	5.56%	11.11%	33.33%	38.88%	0.00%	5.56%	0.00%	5.56%
总计	100%	100%	100%	100%	100%	100%	100%	100%	100%	100%	100%
政策编号	12	13	15	16	17	18	19	20	21	22	23
无意愿	5.56%	11.11%	77.77%	72.26%	72.26%	72.26%	72.26%	72.26%	72.22%	66.66%	66.66%
有一点意愿	5.56%	11.11%	0.00%	5.56%	5.56%	5.56%	5.56%	5.56%	11.11%	5.56%	0.00%
意愿较强	22.22%	33.33%	11.11%	0.00%	5.56%	5.56%	5.56%	5.56%	0.00%	11.11%	5.56%
意愿很强	38.88%	38.89%	5.56%	16.67%	11.11%	11.11%	5.56%	11.11%	11.11%	11.11%	16.67%
完全愿意	27.78%	5.56%	5.56%	5.56%	5.56%	5.56%	11.11%	5.56%	5.56%	5.56%	11.11%
总计	100%	100%	100%	100%	100%	100%	100%	100%	100%	100%	100%

注：表中政策编号对应第六章的政策内容：1. 面积奖励；2. 容积率优惠；3. 土地金分期；4. 质量保证金返还；5. 预售资金监管；6. 售价认定优惠；7. 预售许可；8. 城市基础设施综合配套费减免；9. 免缴建筑垃圾排放费；10. 免征扬尘排污费等费用；11. 社会保障费征收；12. 减半征收农民工工资保障金；13. 安全措施费优惠；14. 项目财政补贴；15. 生产企业补贴；16. 消费者补贴；17. 增值税退还；18. 企业所得税优惠政策；19. 土地供应；20. 贷款贴息；21. 消费者鼓励；22. 强制性要求；23. 优先推荐。后同。

表 8.12　各政策对施工单位转型意愿的影响

政策编号	1	2	3	4	5	6	7	8	9	10	11
无意愿	5.26%	5.26%	15.79%	10.52%	26.32%	26.32%	26.32%	26.32%	26.32%	26.32%	26.32%
有一点意愿	15.79%	10.53%	0.00%	0.00%	10.53%	5.26%	0.00%	0.00%	5.26%	10.53%	5.26%
意愿较强	21.05%	21.05%	21.05%	31.58%	10.53%	21.05%	15.79%	10.53%	10.53%	5.26%	10.53%
意愿很强	21.05%	21.05%	21.05%	15.79%	26.31%	21.05%	26.32%	31.58%	21.05%	26.32%	21.05%
完全愿意	36.85%	42.11%	42.11%	42.11%	26.31%	26.32%	31.57%	31.57%	36.84%	31.57%	36.84%
总计	100%	100%	100%	100%	100%	100%	100%	100%	100%	100%	100%
政策编号	12	13	15	16	17	18	19	20	21	22	23
无意愿	26.32%	26.32%	10.58%	10.58%	15.78%	10.52%	15.79%	10.53%	10.52%	31.57%	31.58%
有一点意愿	5.26%	5.26%	15.79%	15.79%	10.53%	10.52%	5.26%	10.53%	5.26%	0.00%	0.00%
意愿较强	10.53%	10.53%	21.05%	21.05%	10.53%	26.32%	26.32%	21.05%	15.79%	10.53%	5.26%
意愿很强	21.05%	21.05%	10.53%	10.53%	15.79%	10.53%	5.26%	21.05%	26.32%	15.79%	26.32%
完全愿意	36.84%	36.84%	42.11%	42.11%	47.37%	42.11%	47.37%	36.84%	42.11%	42.11%	36.84%
总计	100%	100%	100%	100%	100%	100%	100%	100%	100%	100%	100%

表 8.13　“项目财政补贴”政策对房地产企业和施工单位转型意愿的影响

项目财政补贴数额	愿意转型的房地产开发单位数量				愿意转型的施工单位数量			
	频数	占比/%	累计频数	累计比例/%	频数	占比/%	累计频数	累计比例/%
没有影响	12	22.22	—	—	12	21.05	—	—
100 元以下	3	5.56	3	5.56	3	5.26	3	5.26
100～200 元（含 100，不含 200）	12	22.22	15	27.78	3	5.26	6	10.53
200～300 元	3	5.56	18	33.33	6	10.53	12	21.05
300～400 元	12	22.22	30	55.56	9	15.79	21	36.84
400 元及以上	12	22.22	42	77.78	24	42.11	45	78.95
总计	54	100	—	—	57	100	—	—

（四）其他相关数据

1. 潜在转型企业数量（D3）

如前所述，仅搜集潜在转型的房地产开发企业及施工单位数量，通过查阅重庆市 2016 年统计年鉴得知，房地产开发企业潜在转型数量为 2585 个，施工单位潜在转型数量为 1743 个。

2. 企业间相互影响的模式（D5）

企业间的相互影响主要通过如第七章所述的个别深度访谈过程进行了解。结果表明，企业间的相互影响主要体现在两个方面：一是企业之间的相互交流；二是企业之间的需求拉动和合作。

企业间交流的主要渠道为类似装配式建筑交流大会、行业论坛等交流会，通过企业经验分享及私下交流等方式，已转型企业会对未转型企业的转型意愿、路径选择等产生一定的影响，这种影响具有两个重要的影响因素，即交流的频率及影响的有效性，在仿真模型中分别取其初始值为每半年交流一次，一个企业的消息接收者为 4，其中接收者中 50%会增加 2 的转型意愿。随着建筑工业化的发展，这种交流频率以及影响的有效性均会逐渐下降甚至为负。

企业之间还存在明显的需求拉动作用和合作模式，其中房地产开发单位对设计单位的需求拉动作用最为明显，在个别深度访谈的对象中，所有的设计单位均是通过项目带动的方式进入到建筑工业化领域，由于资金压力的限制，设计单位本身很难依靠自身的能力进行建筑工业化实践。此外，在当前阶段，企业之间表现出明显的合作关系，这种合作关系在成都市表现得尤为明显，企业与企业（尤其是大型国有企业）间往往会形成联合体，包括开发、设计、构件生产、施工企业，从拿项目到 EPC 总承包一气呵成。

3. 企业种群数量（D6）

企业种群数量在模型中自行生成并动态变化，将在仿真结果输出部分呈现。

六、建筑工业化生态系统仿真模型的建立及模型的检验

建筑工业化生态系统仿真模型的建立在 Anylogic 仿真界面中进行，其主界面及模型中的主要参数如图 8.12 所示，图 8.13 展示了智能体转型的行为逻辑在 Anylogic 界面中的呈现。需要解释的是，图中所示的智能体、变量、参数、事件等的名称均为英文，这是由于 Anylogic 由 Java 语言开发，编程过程中如果使用中文容易产生乱码或格式问题。

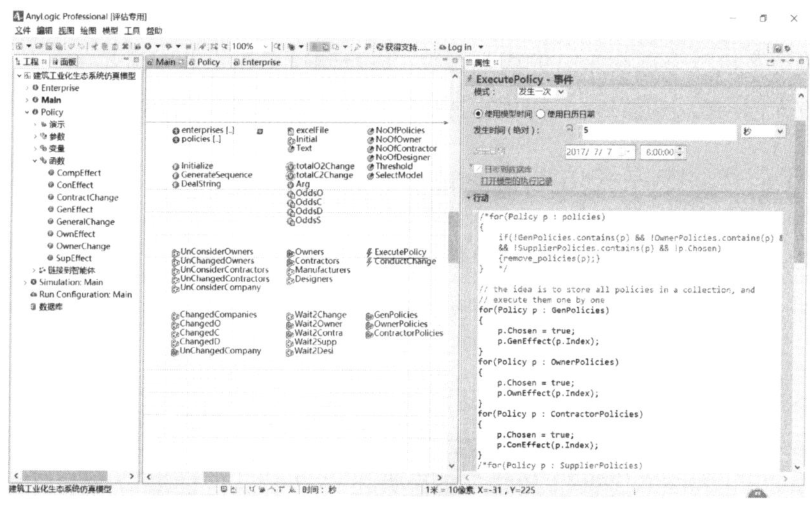

图 8.12 Anylogic 界面及模型中的主要参数、变量

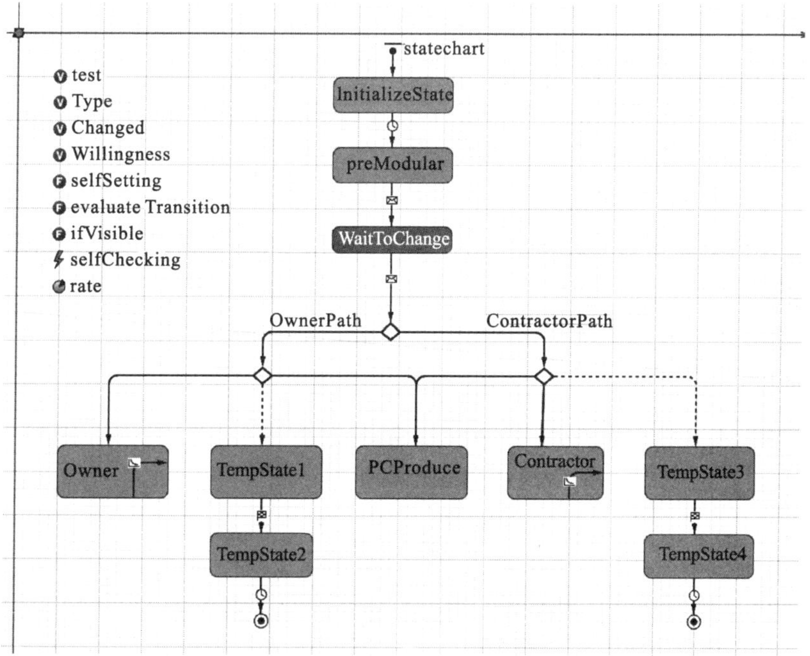

图 8.13 建筑工业化企业转型的行为逻辑在 Anylogic 界面中的呈现

仿真模型的检验包括两个方面：直观检验与运行检验。直观检验主要为了确保模型能够反映真实情况，而运行检验则主要为了保证模型在编译过程中不出现错误。本书按照Mostafa和Chileshe所建议的方法进行了模型的直观检验，通过与具有5年以上工业化实践或研究经验的企业管理者、专家学者进行探讨，确保模型逻辑的正确性及其现实意义。

模型的运行检验在Anylogic仿真界面中进行，按照Mostafa和Chileshe所建议的方法，首先采用低速运行观察运行动画，结果表明模型运行正常。随后采用极端情况检测的方法对模型做进一步的检验，通过对某些参数取极端值，观察模型是否仍然能够运行并输出合理结果，以保证建模过程的正确性。模型分别测试了不同政策投放情况下的模拟结果，包括不投放政策及投放全部政策时的极端情况，以及测试了在企业交流频率、影响的有效性等参数取极大值与极小值时模型的运行情况。结果表明，模型的极端情况检测合格。

七、建筑工业化生态系统仿真模型的政策情景模拟及仿真结果输出

(一)建筑工业化生态系统仿真模型的政策情景

针对本书所选取的6个代表城市，按照表6.4所示政策条款编号，建立以下6种政策情景：

北京模式：1面积奖励+17增值税退还+19土地供应+22强制性要求；

上海模式：14项目财政补贴（60元/m^2）+19土地供应+22强制性要求+23优先推荐；

沈阳模式：2容积率优惠+4质量保证金返还+6售价认定优惠+7预售许可+9免缴建筑垃圾排放费+11社会保障费征收+12减半征收农民工工资保障金+13安全措施费优费+14项目财政补贴（100元/m^2）+15生产企业补贴+19土地供应+21消费者鼓励+22强制性要求；

长沙模式：14项目财政补贴(300元/m^2，400元/m^2)+22强制性要求；

如皋模式：2容积率优惠+3土地金分期+7预售许可+10免征扬尘排污费等费用+14项目财政补贴（40元/m^2）+15生产企业补贴+16消费者补贴+18企业所得税优惠政策+20贷款贴息；

滕州模式：1面积奖励+5预售资金监管+8城市基础设施综合配套费减免+19土地供应+21消费者鼓励。

(二)建筑工业化生态系统仿真结果输出及分析

1. 转型意愿阈值相同时，各政策情景下的结果对比

首先对同一政策条款对企业产生的影响程度赋值，无意愿、有一点意愿、意愿较强、意愿很强、完全愿意所对应的意愿值的增加分别为0,1,2,3,4。根据个别深度访谈的结果，如果只有单一激励政策实施，即使该政策下企业选择“完全愿意”，但也不足以促使企业真正转型。同时考虑到在现实中多条政策作用下企业意愿值的增加很可能呈非线性增长，出现“1+1<2”的情况，如政策1和2均让企业A产生4的意愿，但当政策1和2同时施行时，企业的意愿不会达到8，而可能只有6。假设企业意愿值累加到6时会转型，各政策情景下10年后的转型结果输出如图8.14所示。

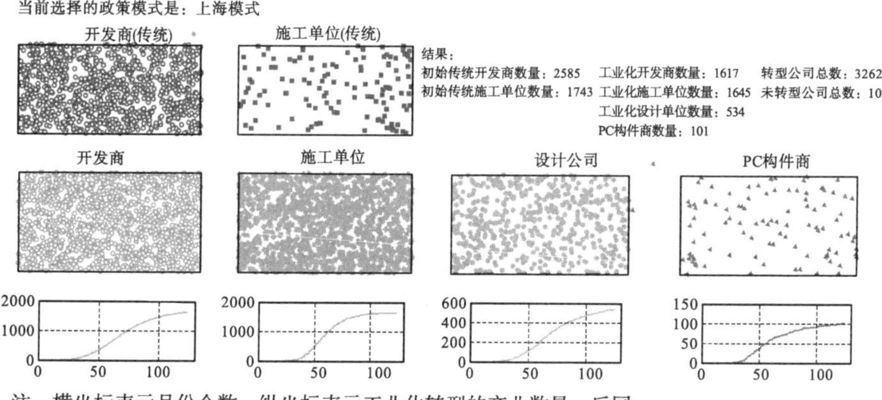

注：横坐标表示月份个数，纵坐标表示工业化转型的产业数量。后同。

(a) 上海模式下的输出结果

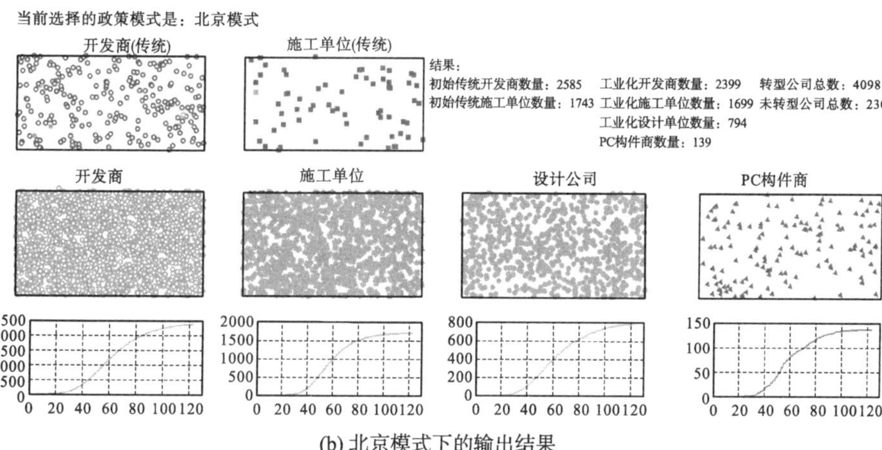

(b) 北京模式下的输出结果

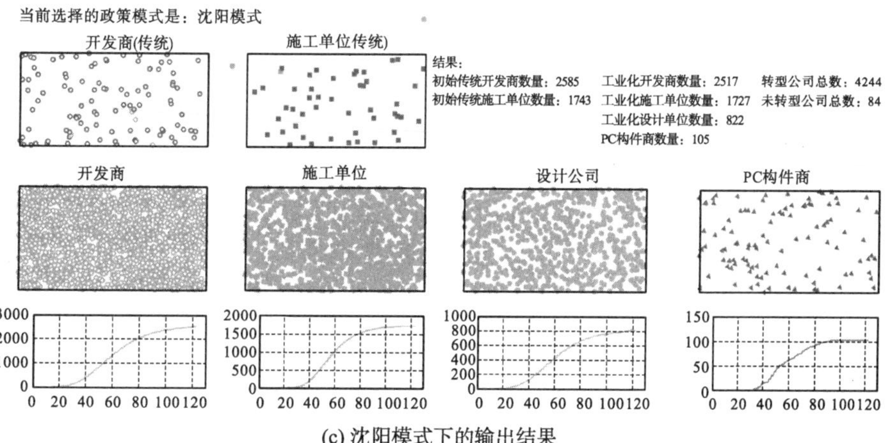

(c) 沈阳模式下的输出结果

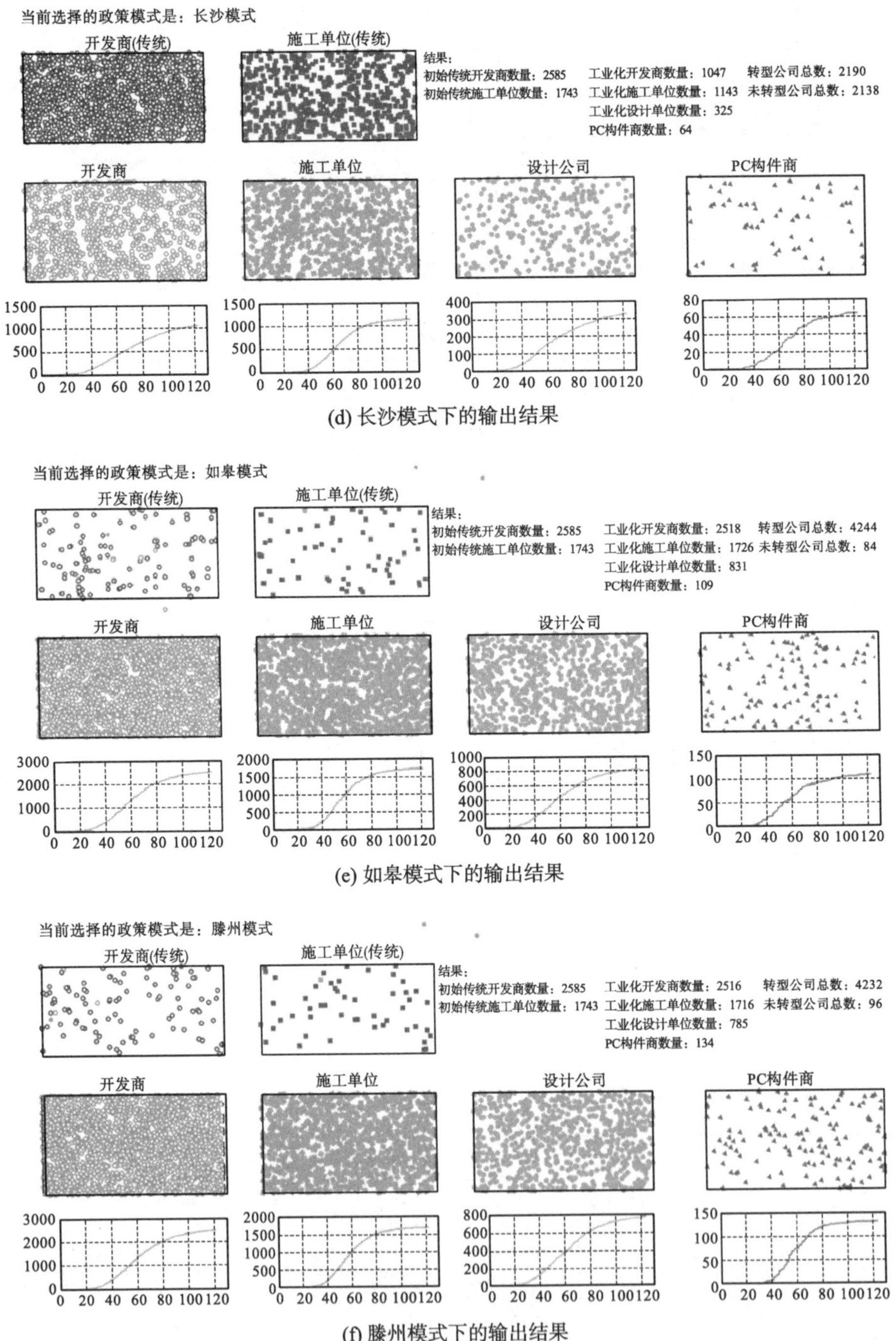

(d) 长沙模式下的输出结果

(e) 如皋模式下的输出结果

(f) 滕州模式下的输出结果

图 8.14　不同政策情景下的模型演化结果(转型意愿阈值：6)

1) 产业链上各相关参与方的匹配度

由以上结果可以看出，如果完全参照当前的转型路径进行企业转型，则设计单位和 PC 构件商相对开发商和施工单位而言非常缺乏(表 8.14)。这也从侧面反映出，当前市场上能够做工业化建筑设计的设计单位以及 PC 构件供应商的供给是不足的。这在很大程度上是由于目前出台的政策大部分是针对开发商和施工单位，而针对 PC 构件商和设计单位的很少，几乎没有。另一个原因是设计单位和 PC 构件供应商受企业规模和资金限制，很难进行独立的转型，而是需要依赖于开发商或大型施工单位的转型，且这种带动作用并非是 1 对 1 的，因此设计单位和 PC 构件商进入建筑工业化生态系统既具有一定的时间滞后性，同时数量也较为有限。

表 8.14 各政策模式下的转型企业数量

初始传统开发商数量/家	初始传统施工单位包商数量/家	转型模式	工业化开发商数量/家	工业化承包商数量/家	工业化设计单位数量/家	PC 构件商数量/家
2585	1743	上海模式	1617	1645	534	101
		北京模式	2399	1699	794	139
		沈阳模式	2517	1727	822	105
		长沙模式	1047	1143	325	64
		如皋模式	2518	1726	831	109
		滕州模式	2516	1716	785	134

2) 不同推进地区之间的对比

对重点推进地区、积极推进地区和鼓励推进地区做横向对比，可以发现，这些地区企业的转型并未像预期的一样转型数量呈现规律性的递减，反而是北京、上海的转型力度不如积极推进地区的沈阳，甚至不如鼓励推进地区的如皋、滕州，而如皋、滕州的转型力度仅次于沈阳。这在一定程度上反映了两个可能的问题：假设政府对各政策实施的效果有较好的把握，则可以看出顶层设计所制定的发展目标与地方政府所制定的发展目标之间存在较大的偏差；反过来，假设顶层设计所制定的发展目标与地方政府一致，则反映出目前各地方政府在建筑工业化相关激励政策的制定方面存在着一定的不合理性。从各地方政策中所提出的建设目标来看，如皋、滕州更可能是前者，提出了高于国家要求的发展目标，而长沙则主要是后者，尽管提出了高于国家要求的发展目标，但从其政策效力来看却出现了较大的偏差。

3) 同一推进地区内两个城市之间的对比

上海与北京的对比：上海与北京同为建筑工业化推行的先行城市，从其实施的政策条款也可以看出，两地之间在政策制定方面有一定的相似之处，但结果表明，北京的转型力度远远高于上海。从政策条款的选择来看，两个城市最大的不同在于上海采用了项目财政补贴(60 元/m^2)和评奖评优优惠，而北京采用了面积奖励政策和增值税退还政策。这说明面对高房价和高成本增量，面积奖励和高额的税收优惠对企业的吸引力更加显著。

沈阳与长沙的对比：沈阳与长沙的差异在三组结果中最为显著。原因主要在于沈阳一方面是建筑工业化早期示范城市，其建筑工业化的发展得到了诸多支持；另一方面沈阳作为典型的老工业基地，面临着巨大的转型压力，政府对发展建筑工业化投入了大量的力量，不管政策数量还是政策强度都处于非常高的水平。而长沙的模拟结果却也有些出乎意料，因为长沙给出的财政补贴是最高的，但结果却不理想。这一方面可能是由于企业对这类看似过好的政策认可度不高，另一方面也反映出单一强政策的实施效果很可能远远不如多个较弱政策的组合效力。

如皋与滕州的对比：从模拟结果而言，如皋与滕州的差异较小。反观两个城市的政策，发现其政策数量均较多，却没有任何重合，说明不同的政策组合往往可达到相同的作用效果。通过分析也可发现，这两个城市的政策具有一定的共性，即都给予了较大程度的优惠，如滕州所提供的面积奖励、土地供应保障、城市基础设施综合配套费减免，如皋所提供的土地金分期、财政补贴、企业所得税优惠政策等。

2. 转型意愿阈值不同时，各政策情景下的结果对比

为消除地区与地区之间本身条件的差异性，进一步考虑各地区的转型意愿阈值。转型意愿的阈值代表着一个地区企业对于革新的态度，这受到该地区地方文化、企业规模、企业文化等多方面的影响。通过调查结果可以看出，已转型企业大多数为大中型企业，小型企业很少，几乎没有微型企业。对于重点推进地区，地区文化相对开放，企业实力较强，可不修改阈值；对于积极推进地区，考虑将阈值修改为 8；而对于鼓励推进地区，由于大中型企业数量非常有限，企业转型能力相对受限，同时也考虑到经验、工人素质等各方面制约因素，考虑调整阈值为 12，调整后的结果如图 8.15 所示。

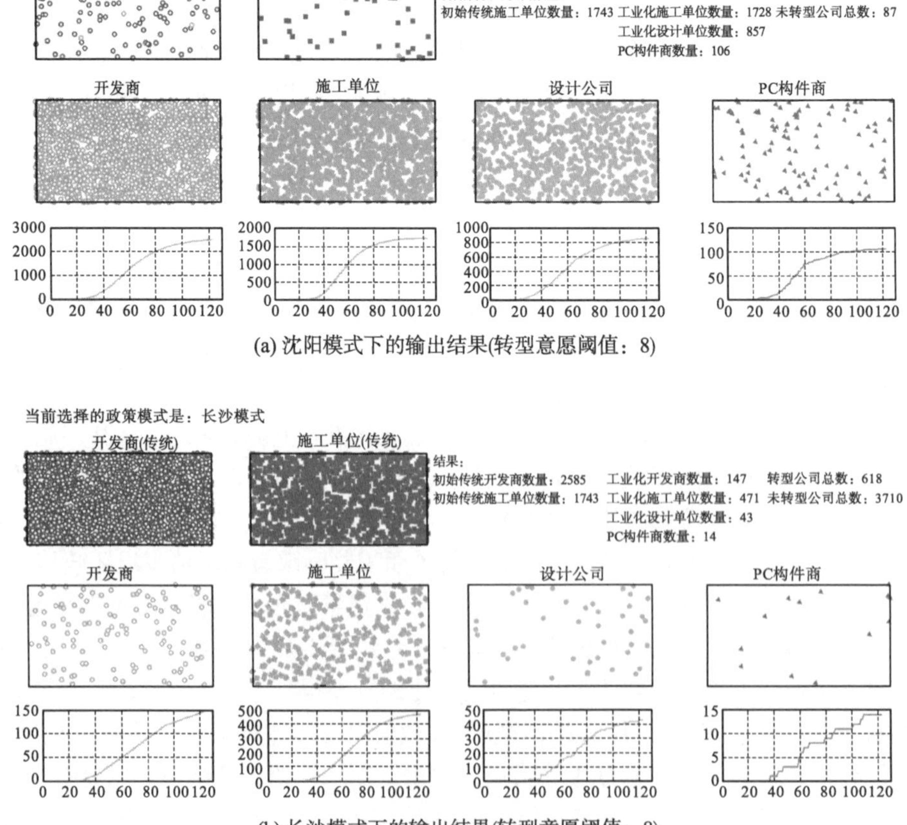

(a) 沈阳模式下的输出结果(转型意愿阈值：8)

(b) 长沙模式下的输出结果(转型意愿阈值：8)

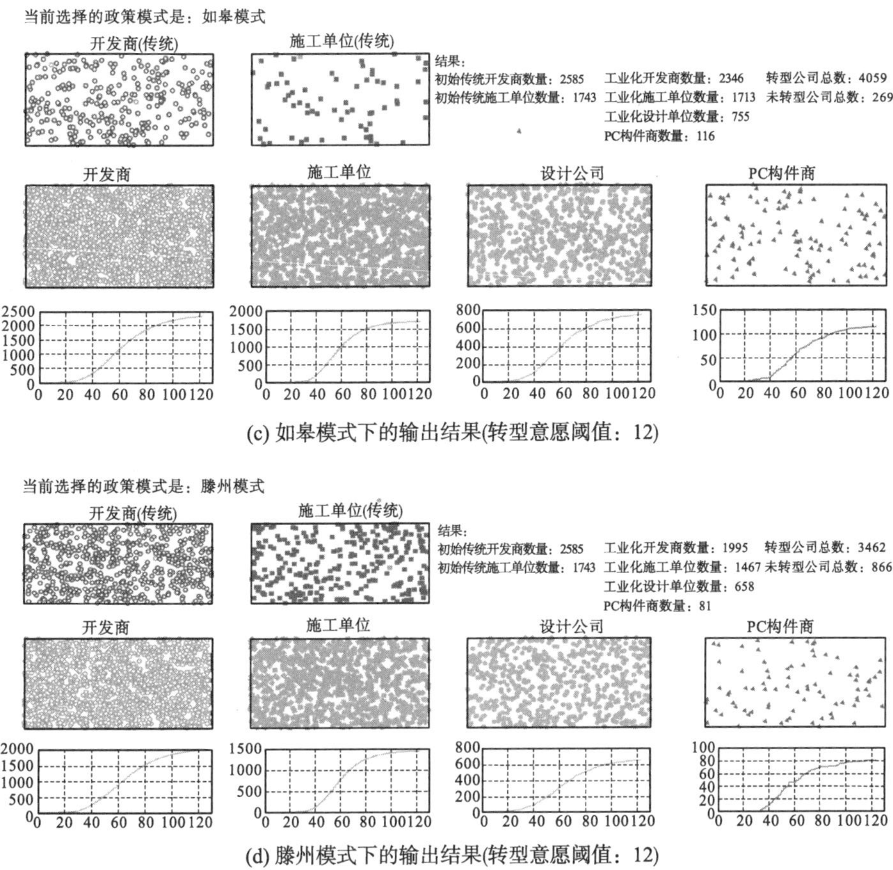

(c) 如皋模式下的输出结果(转型意愿阈值：12)

(d) 滕州模式下的输出结果(转型意愿阈值：12)

图 8.15 调整转型意愿阈值后的模型输出结果

从调整阈值后的结果变化来看，沈阳、如皋几乎不发生变化，始终处于高于 90%的转型率(10 年累积转型企业数量/初始传统企业数量)水平，说明这两种政策模式的作用力度都非常大，甚至过大，在企业转型意愿的阈值大幅提高的情况下依然能够有效地推动企业的转型；长沙转型企业的数量显著下降，转型的企业少于 20%，这一方面是由于长沙出台政策少，政策作用的叠加效应较低，另一方面也可能反映出长沙所出台政策本身对企业的激励作用有限；在企业转型意愿的阈值增加一倍的情况下，滕州转型企业的数量下降了 15%～20%，但总体转型率仍处于较高水平(80%)，说明该政策模式的作用力度较大，但较为合理。

从调整阈值后的结果来看，各政策情景下的转型率出现明显的分层，10 年后沈阳、北京、如皋的企业转型率高于 90%，滕州、上海则分别为 80%、76%，长沙的企业转型率则低于 20%。这说明在当前的政策模式下，大部分的城市是能够实现企业个体的顺利转型和企业种群的成功生存和生长的。另一方面，结果也进一步验证了这三类地区所出台政策与顶层设计对其城市建筑工业化发展定位的不匹配性，这种不匹配可能来自地方政府对该城市建筑工业化发展目标的重新定位(如滕州、如皋对自身定位高于顶层设计)，也可能来自政府对政策作用效力或企业转型阈值的模糊认识。如：长沙过高地估计了单一财政补贴政策对企业的刺激效应，如皋则可能过低地估计了政策作用效力或企业对待技术创新和行业转型的接受态度。

由此可见，目前中国建筑工业化的发展主要存在着以下三个问题：

(1)产业链不匹配，在当前的转型路径及概率选择模式下，设计单位、构件厂商较开发商、承包商而言较为稀缺。

(2)部分地区发展目标定位不合理，如如皋、滕州本身属于鼓励推进地区，人口分别为 145 万和 171 万，国家建议发展目标为 2020 年装配式建筑占新建建筑的比例达到 10%以上。然而，不管从政府文件规定还是政策条款的选择来看，这两个城市都将实际发展目标定位在 30%以上，与顶层设计出现了较大差异。考虑人口规模、企业数量，尤其企业规模等因素，30%的目标对于这两个城市而言都存在着一定的不合理之处。

(3)部分地区地方政府对各政策的作用效果认识模糊，主要体现在长沙，其发展目标定位为 30%，但从其政策选择而言，主要存在着两个问题：一是采用单一强政策，而不是多条政策的组合；二是过分依赖财政补贴政策的激励作用，而未考虑市场对此政策的认可度。

本章小结

本章采用定性的案例分析与定量的模拟仿真相结合的方式，进一步对第七章建筑工业化生态系统的演化机理进行验证，同时定量模拟仿真的结果可对第九章进行传统建筑业向建筑工业化转型升级的路径设计及政策建议提供一定的依据。

企业个体层的演化采用多案例研究的方法对设计单位、施工单位、房地产开发单位及构件供应商四类企业进行了调研和分析。结果表明，在政府鼓励和技术创新的积极推动下，各类企业向建筑工业化进行业务扩张和拓展。因为建筑工业化产业价值链转移和技术壁垒变化，企业获得向多元化拓展的机遇，基于原有业务向其上下游产业链拓展。目前中国建筑工业化企业发展存在不确定性与风险，适度政策引导和企业战略分析可以帮助企业进行定位以及在行业发展过程中调整企业的发展战略和措施。典型案例研究发现，目前中国建筑工业化市场不够成熟，企业发展形式与企业间关系较为复杂。另外，建筑工业化相关企业具有一体化发展的趋势，并且目前具有较高回报率的构件生产业务是企业业务拓展的重点。在案例研究的基础上扩大样本量，以 95 家企业演化路径的发生概率调研结果作为模拟仿真中智能体行动层的数据输入。

企业种群层的演化采用沈阳市的构件供应商种群进行案例分析。结果表明，沈阳市建筑工业化生态系统中预制构件厂商种群的发展经历了种化、单一种群演化以及多种群演化的过程。沈阳市建筑工业化生态系统中预制构件厂商种群主要采用的是异域种化和同域种化两种模式，其增长经历了快速增长和缓慢增长直至饱和的单一种群演化过程，同时建筑工业化生态系统中房地产开发种群、施工企业种群等的发展对其预制构件厂商种群的演化也造成了相应的影响。在沈阳市建筑工业化生态系统中预制构件厂商种化、单一种群演化以及多种群演化过程中，政策均扮演了非常重要的角色，直接影响了其种化过程，政策对于建筑业市场的把控决定了预制构件厂商种群的环境容量，对其他种群的激励、促进政策，有效地完善了预制构件厂商种群的上下游产业链，共同形成了沈阳市建筑工业化生态系统中预制构件厂商的发展特征。

系统层的演化将环境驱动、企业个体层及企业种群层的演化结合起来，通过模拟仿真的方法进行验证。本书采用基于智能体的建模方法，建立并运行建筑工业化生态系统演化的仿真模型，其主要内容包括建立仿真的理论模型、数据获取及数据处理、模型编译、模型校准及模型运行。结果表明，在当前的政策模式下，大部分的城市能够实现建筑工业化企业种群的顺利成长，但也存在一定的问题，包括重点推进地区、积极推进地区、鼓励推进地区的代表城市政策对企业转型的激励作用与顶层设计对各地区的发展目标定位不符，各地方政府在制定政策时对政策的作用效果的预测存在一定的偏差等。

第九章　面向建筑工业化产业转型升级的发展路径及相关政策建议

如第二章关于传统建筑业向建筑工业化转型升级的界定，传统建筑业向建筑工业化的转型升级是一个持续的过程，与建筑工业化的产业成长相互扭结，转型升级的开始也意味着建筑工业化产业开始形成。第三章对中国与发达国家与地区建筑工业化发展现状和政策进行了详细的分析，本章首先对发达国家和地区建筑工业化发展经验进行分析并总结建筑工业化产业转型升级的规律。其次，本章基于第六章、第七章、第八章的驱动因素、演化规律及模拟仿真结果分析，提出传统建筑业向建筑工业化转型升级的路径及相关政策建议。

第一节　建筑工业化产业转型升级的发展规律与一般性规律

随着西方国家的工业化、城市化进程，19 世纪与 20 世纪初人口大量在城市聚集，几乎所有国家都经历了住房短缺时代，从而导致大量的社会问题。到第二次世界大战后，住房的紧缺和劳动力的缺乏，欧洲掀起建筑工业化高潮，到 20 世纪 60 年代扩展到美国、加拿大、日本等经济发达国家(李忠富，2000)。为了解决中低收入阶层的住房需求，各国政府开始通过立法、设立相关机构等一系列措施，对住宅市场进行不同程度的干预，并纷纷致力于进行住房保障方面的实践与研究工作，并开始大力倡导采用工业化的生产方式建造住宅，装配式住宅大量涌现。几十年来，建筑工业化由理念到实践，在发达国家逐步完善，形成了较为体系的设计方法、施工方法，各种新材料、新技术也层出不穷，并形成了完整的建筑工业化体系。

建筑工业化转型升级的界定是传统建筑业向建筑工业化转型升级的持续过程，与建筑工业化的产业成长相互扭结，转型升级的开始也意味着建筑工业化产业开始形成。或者也可以说，其转型升级的过程就是建筑工业化产业成长的过程，表现为建筑工业化产业的生命周期。因此，基于 Raymond Vernon 教授提出的生命周期理论和产业成长中的产业生命周期理论，建筑工业化生态系统会经历类似的四个阶段，包括初创阶段、发展阶段、成熟阶段、衰退或再创新阶段。由于目前国内建筑工业化发展不充分，市场尚没有强大的需求，成本优势并不明显和配套企业的不完善等导致成本无法体现规模优势，我国建筑工业化目前仍旧处于初创阶段。国外比国内更早地实行了建筑工业化，且发展都已经趋于稳定，因此在探索我国的建筑工业化发展规律时，有必要对国外的发展历程进行探索。

一、各发达国家和地区建筑工业化发展规律与经验路径

(一)日本建筑工业化发展经验总结

20 世纪 50 年代以来，日本以大规模的政府公团和公营住宅发展为契机，长期坚持多途径、多方式、多措施地推进建筑工业化发展。根据第三章中发达国家的发展历程研究可知，在政策方面，日本政府(通产省和建设省)在建筑工业化发展中的主导作用明显，日本的协会、社团(如日本预制建筑协会)也发挥了重要作用，在促进 PC 构件认证、相关人员培训和资格认定、地震灾难发生后紧急供应标准住宅等方面发挥了积极作用。在市场方面，20 世纪 70 年代，日本大企业联合组建集团进入住宅产业，在技术上产生了单元住宅等多种形式，保证了产业化住宅的质量和功能。到了 20 世纪 80 年代中期，产业化方式生产的住宅占竣工住宅总数的比例已增至 15%～20%，此比例到 90 年代达到 25%～28%，截至 2008 年日本集合住宅占全部住宅总数的 42%。而在技术方面，日本建筑工业化方面的标准规范主要集中在 PC 和外围护结构上，在 1974 年新建立的 BL 部品(优良住宅部品)认定制度通过对部品性能等的认证来采取民间部品并将其在全国推广以促进民间企业的发展。此外，日本的 PC 结构住宅经历了从 WPC(PC 墙板结构)到 RPC(PC 框架结构)、WRPC(PC 框架-墙板结构)、HRPC(PC-钢混合结构)的发展过程，其 SI(skeleton infill)体系将主体结构和内装工业化有机统一(图 9.1)。

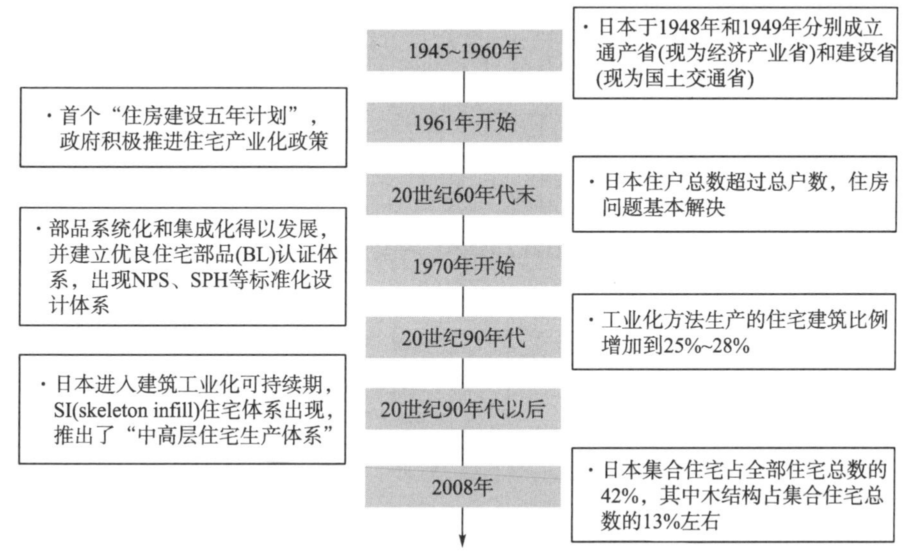

图 9.1　日本建筑工业化发展时间脉络及大事件

日本建筑工业化发展经历了从追求数量到质量再到可持续的过程，其中突出的经验主要有三个方面：一是发展目标明确，日本每五年的住宅建设五年计划都明确了促进住宅产业发展和性能品质提高方面的政策和措施，且政府部门强力推进标准规范和技术指导，以质量和品质为考核指标带动市场化商品房的发展；二是有专门机构推进，如日本国土交通

省设立“国土交通省住宅局住宅生产课木造住宅振兴室”以推广木结构建筑；三是产业链培育，日本大集团企业颁布企业规程和标准，引领行业技术和带动专业公司发展，并形成了大小企业共同发展的产业链体系。

（二）美国建筑工业化发展经验总结

美国的建筑工业化从房车发展而来，在20世纪50年代后随着美国出现严重的住房短缺，政府放宽政策并允许使用汽车房屋，同时住宅生产厂家开始生产外观更像传统建筑的工业化住宅。美国的工业化住宅经历了从追求数量到追求质量的转变，再到注重提升美观、舒适性及个性化。美国工业化住宅是非政府补贴经济适用房的主要形式，因为其成本还不到非工业化住宅的一半。在低收入人群、无福利的购房者中，工业化住宅是住房的主要来源之一。美国建筑工业化的发展存在特殊性是因为工业化建筑被视为解决低收入家庭的住宅需求，虽最初由市场自发形成，但市场资源出现分散。到1968 年的突破行动(Operation Breakthrough)标志着政府开始主导与推进住宅工业化进程，意图集中分散的生产资源与市场。美国建筑工业化发展是社会化分工与集团化发展并重，工厂生产商的产品有15%～25%的销售是直接针对建筑商，一方面大建筑商并购生产商或建立伙伴关系大量购买住宅组件，通过扩大规模降低成本，另一方面普通大建筑商开始并购住宅工厂化生产商或建立伙伴关系大量购买住宅组件。

在技术方面，美国住宅用构件和部品的标准化、系列化、社会化程度很高，部品部件种类达几万种，企业通过产品目录从市场上自由买到所需的产品。模块化技术是美国工业化住宅建设的关键技术，模块化产品具有很大的通用性。美国为了促进工业化住宅的发展，出台了很多法律和产业政策，最主要的就是HUD技术标准。美国住宅以低层钢、木结构装配式为主，注重住宅的舒适性、多样化、个性化。就建设规模而言，美国1997年的新建住宅为147.6万套，其中工业化住宅113万套，均为低层住宅，其中木结构数量为99万套，其他的为钢结构。这取决于他们传统的居住习惯。根据美国工业化住宅协会的统计，美国2001年工业化住宅已经达到了1000万套，占美国住宅总量的7%；2007年，美国的工业化住宅总值达到118亿美元(图9.2)。

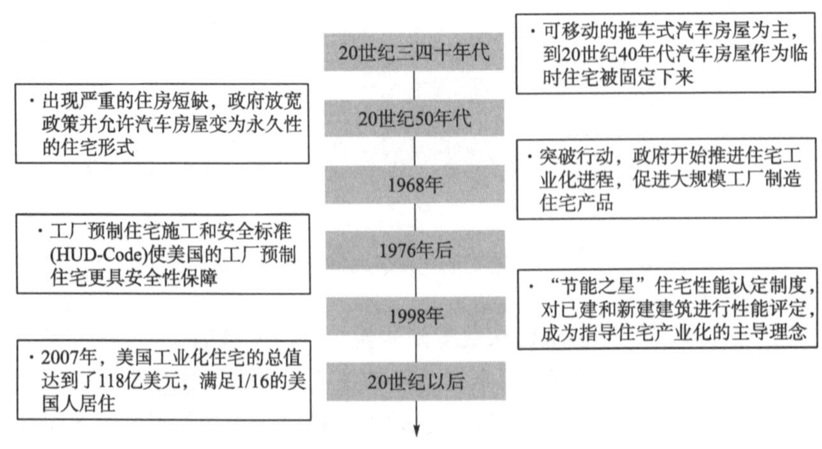

图9.2　美国建筑工业化发展时间脉络及大事件

(三)欧洲国家建筑工业化发展经验总结

欧洲作为第二次世界大战的主要战场之一，战后各国对住宅的需求量都急剧增加，为了快速解决居住问题，采用工业化的生产方式建造住宅。随着欧盟成为能源消耗大户，对建筑节能的要求不断升级，产业化的建造方式不再局限于住宅领域。欧洲国家在发展建筑工业化过程中，将推进标准化作为重要的基础性工作。欧盟的标准化组织通过一系列协调标准、技术规程与导则等，促进了材料、建筑构件、成套设备的规模化生产及应用，为建筑工业化发展营造了良好的环境。欧洲各国在推行建筑工业化发展过程中，根据其自身情况而具有各自的特点，例如瑞典注重模数化、芬兰大力发展木结构等。

早在20世纪40年代，瑞典政府就委托建筑标准研究所研究模数协调，之后又由建筑标准协会开展建筑化标准方面的工作。1959年瑞典政府设置了住宅建设委员会，而在1967年瑞典政府制定了“百万套建房计划”，即在10年时间内建成100万套新居。20世纪60年代制定了瑞典工业标准，标志着规范化的建立。在1960年颁布了浴室设备配管标准，1967年颁布了主体结构平面尺寸和楼梯标准，1968年形成了公寓式住宅竖向尺寸及隔断墙标准，1969年颁布了窗扇、窗框标准，1970年颁布了模数协调基本原则，1971年颁布了厨房水槽标准等。其中包含公寓式住宅的模数协调，各部品的规格、尺寸，通用体系大力发展。为推动住宅工业与通用体系发展，瑞典政府在1967年制定了《住宅标准法》，按照建筑标准制造的建筑材料、部品来建造的住宅，能够获得政府的优惠贷款。

西班牙建筑工业化技术的应用非常普遍，以政府投资为主的医院和学校大部分都是建筑工业化，停车楼等公共建筑也大多采用装配式的建造方式。西班牙十分重视建筑产业现代化全产业链的建设。初期西班牙建筑工业化产业链上的设计、生产与施工等环节相对分离，各方沟通协调成本较高，在发展过程中各主体间联系日趋紧密，形成各类联合体或共同体加强合作，提高了工作效率和项目质量。此外，建筑工业化各企业也开始向产业链上下游延伸，拓展业务。经过多年发展，西班牙建筑工业化产业链条趋于成熟，各专业企业形成紧密合作，降低了沟通成本和技术合作，保证了建筑工业化项目的质量和效率。

芬兰的森林资源丰富，木结构建筑历史悠久，现在芬兰木结构建筑形式仍然得到重视和普及，98%的郊外房屋和90%的单户住宅都是采用木结构。而芬兰木结构建筑的主要建筑形式包括轻型框架结构和原木结构，其木结构的建造拥有较为完善的工业化生产体系。除了新建的木结构建筑外，对已建成的木结构建筑的保护也很重要。结合现代技术和建造要求，推动现代木结构建筑发展，在保持原有木结构特点的同时，提升建筑性能，发挥木结构建筑的优势。

(四)新加坡建筑工业化发展经验总结

新加坡建筑工业化发展始于20世纪60年代，动因是解决房荒问题，政府推出组屋计划，并尝试建筑工业化生产方式进行建造。新加坡的建筑工业化主要是通过其组屋计划得以实现和发展的。20世纪70年代的新加坡，装配式工程技法仅仅使用在预制管涵、预制桥梁构件上。从1963年开始，新加坡建屋发展局(HDB)进行了三次建筑工业化技术和体系的学习、引进和发展，到20世纪80年代早期将建筑工业化理念引入住宅工程(图9.3)。

随着新加坡建筑工业化技术的成熟并形成标准后，政府鼓励企业进行预制装配式结构的设计和施工，预制混凝土组件等在组屋建设中大规模推行并配合使用机械化模板系统。新加坡政府主导并制定了行业规范来推动建筑工业化的发展，从 2001 年 1 月 1 日起，政府以法规的形式对所有新的建筑项目执行易建性评分体系。2000 年发布的《易建设计规范》(Code of Practice on Buildability)经过多次修订，目前为 2017 年版，其规定了不同建筑物的易建性计分要求。建屋发展局还出版了《预制混凝土和预制钢筋建筑指导》(Guide to precast concrete & prefabricated Reinforcement for Buildings)、《预制钢筋手册》(Plefabri cated Reinforcement Handbook)、《结构预制混凝土手册》(Structural Precast Concrete Handbook)和《预制构件尺寸标准化参考指导》(Reference Guide on Standard Prefabricated Building Components)。新加坡住宅多采用装配式技术建造，截至 2015 年，建屋局总共建设了约一百万户的组屋单位，有 87%的新加坡人住进了装配式政府组屋。新建组屋的装配率达到 70%以上，部分组屋装配率达到 90%以上。

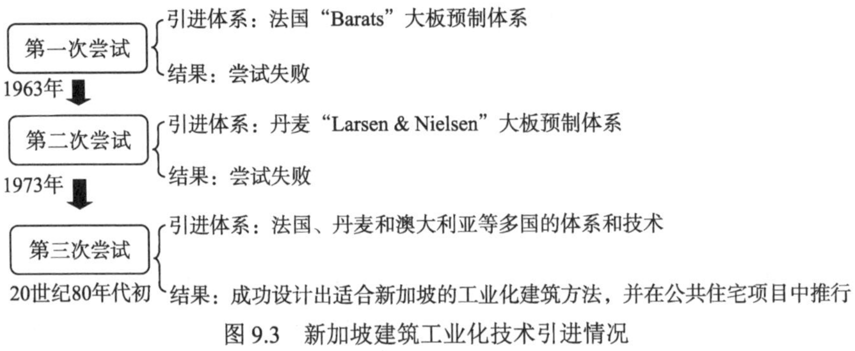

图 9.3 新加坡建筑工业化技术引进情况

(五) 中国香港地区建筑工业化发展经验总结

中国香港地区建筑工业化的发展与公共住房项目(包括公屋和居屋)紧密相关，20 世纪 80 年代预制构件装配式施工率先在公共住房项目中使用。香港发展建筑工业化遵循技术由易到难的进阶发展路线，从简单的部品逐步发展到立体预制，利用标准化尺寸、空间配置和标准化配件使建筑单元组合更加灵活。在技术方面，香港工法提倡预制与现浇相结合，采用装配整体式结构。从市场角度，香港拥有居屋约 42 万套(居住 125 万人)，公屋约 72 万套(居住 213 万人)，居住在公共房屋的人口约占全港总人口的 50%。当前，在公屋建造中强制使用预制构件，并且要求预制比例达到 40%。香港推动建筑工业化不仅从公共住房项目中发展，而且通过优惠政策调动开发商积极性，并以建筑垃圾费倒逼政策推动私人商品房中实施建筑工业化，引导企业进行装配式建造。

二、建筑工业化转型升级的一般规律与启示

(一) 建筑工业化转型升级的阶段性规律

结合发达国家与地区的建筑工业化发展过程来看，大都经历了初创阶段、大力发展阶段、成熟阶段和稳定阶段，发展重点也实现了以数量为中心到以品质和可持续为中心的转

变。结合第三章对各发达国家与地区发展情况的分析，美国、瑞典、日本等发达国家都经历了20世纪30～40年代的建筑工业化初创阶段，20世纪50～70年代战后重建的大量发展阶段，20世纪80～90年代的品质提升及成熟阶段，以及20世纪90年代后期至今的稳定发展阶段。

各国建筑工业化的实质是建筑生产以劳动力密集、资本密集型的外延式增长转变成知识密集、技术密集的内涵式增长，包含“工业化”的标准化、集成化、机械化、组织化和连续性等特点(耿朝辉和王玲，2006；李忠富，2003)。中国建筑工业化的发展目标是机械化、规模化、信息化，要实现其发展目标，必然会经历初创、发展、成熟的阶段，并应当引导其迈入再创新而非衰退阶段。就目前而言，应当首先关注如何实现初创阶段向发展阶段的过渡以及发展阶段向成熟阶段的过渡。结合第八章的演化结果，依据企业种群数量增长特点，将中国建筑工业化10年的发展分为三个阶段(表9.1)：2017～2019年为产业的初创阶段，2020～2023年为产业的发展阶段，2024～2026年为产业的成熟阶段。

表9.1　建筑工业化发展各阶段变化

阶段	企业数量和种类	企业竞争	种群资源占据	系统
初创阶段 2017～2019年	数量和种类较少	数量有限，以合作为主	种群内企业生态位分散，资源较充足	逐渐形成，相对稳定
发展阶段 2020～2023年	数量快速增长，企业种类变化，变异积累的新物种生产，例如同时具备生产和施工能力的企业等	竞争加剧，企业生态位分离，企业分化	种群内企业生态位重叠，资源竞争加剧	系统不断丰富、完善，结构变得复杂
成熟阶段 2024～2026年	数量变动缓慢，综合性企业和专业企业逐步分离	企业分布稳定，竞争有序，企业出生和死亡情况动态稳定	种群内企业生态位相对分离，资源竞争减弱	结构逐渐稳定
衰退/再创新阶段	数量减少	随着可利用的资源空间减少，竞争加剧	可利用资源较少	系统边界模糊，环境混乱

此外，学者们从建筑工业化特点、生产效率、发展重心变迁等方面对国家的建筑工业化转型升级的阶段性进行梳理与分析，一定程度上展现了各国发展情况的规律和异同点。在发达国家和地区，建筑工业化的发展经过了仅追求数量到提高劳动效率的阶段。随着住房短缺问题的缓解，市场提出了新的需求，人们开始注重居住质量和住宅性能。近年来，国际上频繁提及可持续发展理念，同时随着信息化时代的发展，建筑工业化也开始关注可持续、节能环保、人性化和智能化等方面。通过政策、标准、技术、市场、法律等手段，各发达国家已完成了建筑行业的工业化、规模化和产业化的结构调整，现已进入注重可持续、节能环保、自动化和智能化的阶段(郭戈，2009；纪颖波，2011a；李忠富，2000)。纪颖波(2011a)认为发达国家建筑工业化发展划分为“从追求量到质再到可持续发展”的演化路径，而我国因为没有像二战后欧洲的住房短缺问题，将跳过追求数量直接进入追求建筑品质和可持续发展阶段。我国建筑工业化发展不仅要借鉴发达国家的发展经验，制定推进新型建筑工业化发展的法律、法规和制度等政策措施和标准认定政策，完善我国建筑工业化体系，同时还要实现建筑业的可持续发展。

(二)建筑工业化转型升级中政府的角色和作用

日本、新加坡、中国香港等亚洲国家或地区的建筑工业化发展初期起到了一定有益作用,例如住宅产业化在日本之所以能飞速发展,是因为政府将其发展置于国家的战略地位,将大量的研发经费补助给企业,而新加坡则是通过强制性政策对市场需求进行刺激。虽然美国建筑工业化的发展起源于市场自发的行为,但政府通过标准和规范对分散的生产资源与市场做出引导,并在1976年美国联邦政府住房和城市发展部(HUD)出台了一系列行业标准对美国工业化住宅建设和安全标准进行规范,并沿用至今。政府的参与是普及和发展建筑工业化最关键、最有效的方式(Pan,2007),国外建筑工业化的发展离不开政府的有效推动。在建筑工业化的初创期,政府主要扮演主导者的角色,通过政府计划、财政补贴等措施拉动数量增长;在建筑工业化的发展期,则主要由市场主导,政府主要扮演规制者的角色,推动部品化、标准化工作,规范市场行为;而在建筑工业化的成熟期,政府的角色也慢慢弱化,主要依靠市场的自我调节作用(图9.4)。因此,可以看出,建筑工业化的成长过程中,初创期和发展期对于其未来发展是最为关键的,而成熟期则应该回归市场的自我调节,没有必要过多地规划。

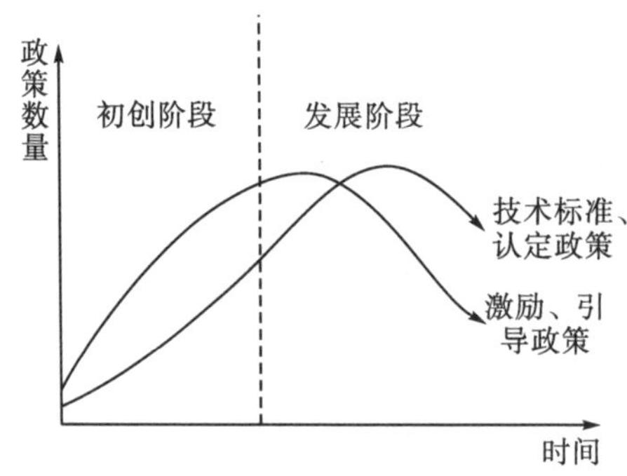

图9.4 建筑工业化政策变化图

在建筑工业化发展的初创阶段,需要政府发挥主导作用,包括政府项目提供需求以及产业政策刺激需求。在此需要注意的是,政府的投资力度也是有限的,因此政府项目能够提供的需求在整个市场中也是很小的一部分,更重要的还是要通过产业政策刺激民间资本对于建筑工业化的需求。在建筑工业化的发展阶段,建筑工业化市场已达到一定规模,政府如果进行过度的干预则可能产生一些消极作用,例如政府的过度干预可能导致市场价格体系的紊乱,可能引发盲目投资,导致资源浪费,政府对产业的过度保护还可能阻碍产业的创新,阻碍其生产力提升(肖文金,2006)。但在此阶段,由于企业数量及种类快速增多,市场中竞争增大,政府需对市场行为进行规范,进一步加强对流程的规范以及加大力度促进构件发展。

政府对市场的激励和需求带动作用降低,主要通过颁布一系列的标准、规范,保障产品质量,促进构件的部品化、标准化。日本于1948年和1949年分别成立通产省(现为经济产业省)和建设省(现为国土交通省),在1970年制定了《住宅性能标准》,1974年建立了《优良住宅部品认定制度》。与此同时,日本还积极促进设计、构配件的标准化、部品化，1963 年将建筑模数纳入日本工业标准，1979 年还提出了评定住宅性能等级的标准以及住宅性能测定的方法(何芳，2010；梁小青，2004)。瑞典和丹麦注重建筑模数与标准，瑞典国家标准和建筑标准协会(BSI)在 20 世纪 60 年代初就开始出台了工业化建筑的设计规格和标准，1967 年制定了《住宅标准法》；丹麦成立国立建筑研究所(SBI)和体系建筑协会(BPS)来推动通用体系化发展，并于 1960 年制定《全国建筑法》规定模式标准(李荣帅和龚剑，2014；夏秋，2000)。1976 年，美国国会通过了国家工业化住宅建造及安全法案，同年联邦政府住房和城市发展部(HUD)开始出台一系列严格的行业规范标准(李荣帅和龚剑，2014)。法国为发展建筑通用体系，于 1977 年成立了构件建筑协会(ACC)，20 世纪 80 年代统一编制了《构件逻辑系统》，90 年代又编制了住宅通用构件 G5 软件系统，而住房部为了评选构建体系，委托建筑科技中心(CSTB) 组成评审委员会(夏秋, 2000)。这些标准及措施都可以作为我国建筑工业化发展阶段政府采取相应措施的参考。

(三)各发达国家和地区建筑工业化转型升级的经验与启示

上述对建筑工业化发展阶段性与政府角色的分析属于各发达国家与地区发展中的一般性规律，而各国家和地区政策环境与建筑市场情况不同，其发展过程也存在差异性。这些根据各国家和地区政策环境而产生的差异性正是不同国家建筑工业化转型升级的重要经验，包括政府进行技术整合与推广、以公共性住房项目为主推进技术扩张，利用强制技术要求和建筑垃圾收费等强制政策倒逼市场，因地制宜地进行技术拓展以及建筑工业化产业链整合等都对我国建筑工业化发展具有一定的启示作用。

(1)政府进行技术发展与整合，以政府项目为主推进技术扩张。根据新加坡和中国香港地区发展经验，最初均通过组屋或公屋等公共住房推广建筑工业化发展。新加坡建屋发展局(HUB)在组屋项目中推行装配式建筑，预制技术的优越性在建屋发展局的公共项目中显现，私人部门也越来越多地运用工业化建筑方法；中国香港的预制技术也随着公屋建设得到快速发展，预制装配化的推广会减少废物的产生，建筑商使用预制部件的积极性就会被调动起来。西班牙政府投资为主的医院和学校大部分都是建筑工业化，停车楼等公共建筑也大多采用装配式的建造方式。近年来，建筑工业化在居住建筑、公共建筑和工业建筑等各类型的建筑中都得到积极推广。中国北京和上海开始推广保障房标准户型，通过完善保障性住房标准化设计和技术要求，实现构件设计、生产和安装节点的高度标准化，这与中国香港通过公租房标准化户型推进建筑工业化设计和技术发展经验相一致。此外，2018 年 3 月 30 日，住房和城乡建设部还与陆军签署了《深化军民融合发展推进陆军军事设施转型建设战略合作协议》，以推进拆装式和装配式营房建设，实现民用建筑先进技术的转移及陆军军事设施的转型。协议还提出，到 2020 年，装配式建筑方式占新建军事建筑的比例力争达到 30%。

(2)通过强制技术要求、建筑垃圾收费等强制政策倒逼市场，引导企业进行建筑工业化技术研发与应用。欧盟通过严格要求建筑各项性能和节能指标，引导欧盟各成员自觉将产业化建造方式与绿色可持续建筑相结合。新加坡政府以法规的形式对所有新的建筑项目实行“建筑物易建性评分”规范，其目的是从设计着手，以减少建筑工地现场工人数量、提高施工效率、改进施工方式。装配式建筑可以有效提高建筑综合质量、提升品质和性能、减少资源能源消耗等，带来的社会、经济和环境效益显著。通过提高建筑设计、施工、验收等标准，凸显装配式建筑的优势，倒逼建造方式的转变。建筑工业化为建筑业全产业链整合带来契机，建设各环节间连接更加紧密，为我国提出的“促进建筑业持续健康发展”提供支持。2018 年 6 月 27 日，国务院印发了《打赢蓝天保卫战三年行动计划》，提出“严格施工扬尘监管，因地制宜地稳步发展装配式建筑”。

(3)因地制宜进行技术拓展，均衡发展预制混凝土结构、装配式钢结构与现代木结构建筑。对于木结构建筑，美国、加拿大、日本、丹麦等发达国家，基于应对气候变化的考虑，将木结构建筑作为防震、抗震、固碳等的重要措施，都在积极鼓励发展木结构。现代木结构建筑技术逐步克服了木材的一些传统缺陷，大量采用以工业化方式生产的复合木材产品，提高了原木的利用率，使木材强度和耐久性能得到大幅度提高。近期，一些国家的建筑结构技术规范已放宽了对木结构住房建筑的高度限制，在发达国家木结构建筑已达到 10 层以上。芬兰在 98%的郊外房屋和 90%的单户住宅都是采用木结构建筑形式。钢结构体系承载强度高 、抗震性能好、结构墙体少，有利于空间的灵活布置，适用于学校和医院等大型公共建筑、异形建筑和大跨度建筑等。日本在多层住宅中开发了钢结构住宅与模块化建筑，以实现多层住宅的高度装配化和集成化。对于中国而言，国土面积较大，不同地区的经济环境和建筑市场存在差异，预制混凝土建筑、钢结构建筑和木结构建筑发展因地区条件而有所侧重，应在有条件的地区积极推动木结构建筑发展，其中吉林省是我国首个现代木结构建筑示范省。安徽省、河北省、云南省、甘肃省和重庆市等省/直辖市出台了相关政策，积极推进装配式钢结构建筑发展。

(4)完善建筑工业化产业链整合，积极发挥市场和行业作用。依据国际发展经验，随着建筑工业化市场的不断发展，产业链将不断完善，社会化大生产和专业化分工将逐步形成，促进企业向集团化或专业化方向发展。日本大企业联合组建集团进入住宅产业；美国建筑工业化发展是社会化分工与集团化发展并重，大建筑商并购生产商或建立伙伴关系购买住宅组件；西班牙建筑工业化相关企业形成各类联合体或共同体加强合作，并向产业链上下游延伸拓展业务。对于中国来说，为增加建筑工业化企业的合法性和市场的规模效益，应该鼓励更多的企业参与，包括：通过战略性措施培育龙头企业并推动全产业链发展，打造具有总承包能力的产业集团或联盟；政府应该保证建筑工业化市场的有序和健康发展，通过资质与能力审查和法规管理等手段对建筑工业项目的市场准入和相关企业的资质进行管理，并加强项目质量监督等。此外，积极发挥行业自律和行业协会作用也将促进建筑工业化发展，例如日本的协会在促进 PC 构件认证和人员培训、认定等方面都发挥了积极作用。目前，我国各地都有相应的建筑工业化协会成立，其对地区的技术交流、行业动态发布、市场培育等方面均起到了积极作用，并通过组织开展培训与讲座等宣传活动加强地区人才建设。

建筑业作为我国国民经济发展的支柱产业，高污染和高能耗的问题日趋严重，中国建筑业改革发展和产业转型升级备受关注且成为必然趋势。推动建筑工业化成了当前政府进行建筑业产业转型升级、实现节能减排与资源节约的必然选择。我国建筑工业化目前仍旧处于初创阶段，且我国建筑工业化不仅追求建设量和建筑品质，而且要满足建筑业可持续发展需要，这无疑对我国建筑工业化发展提出了更高的要求和挑战。

对各发达国家和地区建筑工业化转型升级的经验分析对推进我国建筑工业化发展具有极强的借鉴性。目前我国建筑工业化多项顶层政策设计已完成，各地积极出台激励政策和措施推进建筑工业化的发展，但因为各地区建筑业环境的多样性，各城市的发展也存在差异性和地方特点。各地政府在进行发展规划的产能布局、标准体系健全、技术体系完善和增强企业配套等培育建筑工业化市场工作的同时，还需根据各地情况进行调整和适应，这就导致了我国建筑工业化发展的复杂性。接下来，本书将对我国建筑工业化发展情况与典型城市发展路径等进行深入剖析。

第二节　传统建筑业向建筑工业化产业转型升级的发展路径分析

一、我国建筑工业化产业转型升级的发展路径总结

20 世纪 50 年代起，我国已经开始了建筑工业化的探索，并经历了发展初期、发展起伏期、发展重塑期、发展提速期及快速发展期五个阶段。在发展初期、发展起伏期、发展重塑期间，我国建筑工业化产业并没有取得较大的进步，主要处于建筑工业化的探索及尝试阶段。但经历过这三个阶段的发展及问题总结，我国逐渐摸索出一条适合我国建筑工业化产业发展的道路，并于发展提速期及快速发展期取得了相应的成绩。到目前为止，我国国家层面以及地方政府出台了大量的政策、技术等文件支持建筑工业化的发展，而这些政策、技术文件中所传达的信息也间接反映了我国这几十年建筑工业化探索发展的关键路径及发展规律。

前文总结了欧美国家、日本、新加坡以及中国香港地区的建筑工业化发展的一般性规律，发现我国建筑工业化的发展与其他国家具有一定的相似性，其他国家发展的经验能够有效地指导我国建筑工业化产业未来的发展。但是我国建筑工业化的发展路径并不能完全借鉴其发展经验，而应该与我国自身的发展情况相结合。而且，由于我国幅员辽阔且各地的发展基础差别明显，我国建筑工业化的发展路径具有整体性发展以及区域性发展的特征。为了能够更好地掌握我国建筑工业化产业发展路径，本书搜集了我国 121 个地级市、27 个省份及 4 个直辖市 2018 年 6 月以前的所有含有具体措施的政策、技术文件，并结合各个区域的发展历程，对我国建筑工业化产业发展路径的整体性及差异性进行相应的总结，找出目前我国建筑工业化发展的特征及存在的问题，为未来建筑工业化的发展提供相应的建议。

(一)我国建筑工业化产业转型升级整体发展路径

截止到 2018 年 6 月，我国 121 个地级市、27 个省市以及 4 个直辖市共出台 366 项政策、技术文件，其中政策措施文件共 294 项，技术标准规范 72 项。这 366 项文件均是针对建筑工业化发展的具体措施，如第六章中所提及的土地政策(在土地出让条件中加入建筑工业化项目要求等)、财政政策(针对建筑工业化项目进行相应的财政补贴等)、税收政策(给予从事建筑工业化项目的建设、施工、生产企业一定的税收优惠等)、奖励优惠(给予建筑工业化项目容积率奖励等)，金融支持(给予购买建筑工业化项目的消费者贷款优惠

等）、政府项目（强制要求在政府投资的项目中采用建筑工业化方式等）以及评奖评优（采用建筑工业化的项目可以优先评选各类建筑类奖励等），而相关的技术文件则是建筑工业化项目图集、技术规程、操作指南等。各个地区为了促进建筑工业化的发展，还出台了大量的纲领性文件，但由于纲领性文件的主旨在于引导各个相关方对于建筑工业化的关注及重视，强调建筑工业化的重要性及必要性，而一般不包含具体的促进建筑工业化的措施，因而未对其进行细致的研究。

表 9.2 是我国建筑工业化发展政策、技术、城市发展状况的概览。自 2002 年起，我国陕西省便出台了 2 个具体的促进陕西省建筑工业化发展的措施，即《陕西省人民政府办公厅转发省建设厅等部门关于推进住宅产业现代化提高住宅质量实施意见的通知》和《陕西省建设厅关于印发推进住宅产业现代化工作方案的通知》，明确指出“以康居示范工程为载体，逐步扩大住宅产业现代化试点规模”，并给予相关企业减免 15%的企业所得税税率。即便如此，当时并没有其他省市相继出台类似的政策文件，一直到 2008 年深圳市出台《关于推进住宅产业现代化的行动方案》，指出“利用住宅产业现代化手段，加快保障性住房建设，在我市保障性住房住宅区项目中率先实施住宅产业现代化政策，提高住宅品质和质量，有效降低能耗，充分发挥其示范引导作用。所有保障性住房，一律按‘四节二环保’的原则进行建设。”而后，各个省市开始相继出台相关的政策促进建筑工业化的发展。从表中可以看到，2008～2013 年政策、技术文件出台的速度相对较慢，而 2014～2017 年我国政策、技术文件的数量呈现显著提升，这也与我国国家层面加大推广建筑工业化的力度紧密相关，国办发〔2016〕71 号文《国务院办公厅关于大力发展装配式建筑的指导意见》更是将建筑工业化的发展推向新的高潮。

表 9.2 我国建筑工业化政策、技术、城市发展状况概览

序号	年份	政策数量/个	技术规程/个	每年新增省份数量/个	每年新增城市数量/个
1	2002	2	0	1	0
2	2008	2	1	2	1
3	2009	2	2	1	0
4	2010	4	3	1	1
5	2011	8	3	2	3
6	2012	6	3	1	0
7	2013	7	3	2	2
8	2014	35	6	2	9
9	2015	60	17	3	24
10	2016	67	22	3	21
11	2017	125	8	8	45
12	2018	48	4	1	15
合计		366	72	27	121

与此同步，我国推动建筑工业化的省份及城市也发生了较大的变化。继陕西省出台了具体促进建筑工业化发展的政策文件之后，安徽省、广东省以及深圳市也出台了相关激励文件促进建筑工业化的发展，2009 年江苏省也加入了推进建筑工业化的行列，2010 年辽

宁省、北京市，2011 年山东省、宁夏回族自治区以及上海市、济南市、沈阳市，2012 年浙江省，2013 年湖南省、吉林省以及绍兴市、合肥市，2014 年四川省、福建省以及另外 8 个城市也相继出台了政策助力建筑工业化项目落地与实施，2014 年之后全国所有的省份基本上都开始落实具体推动建筑工业化的政策，而相应地级市数量增加到 121 个。

逐个分析我国各个省(区、市)的 366 项建筑工业化相关政策、技术文件，并进行我国建筑工业化产业发展路径的规律总结，发现以下 4 项特征：

(1)政府是我国建筑工业化产业转型升级的主要推手及重要保障；

(2)政府的发力点主要集中在建筑工业化生态系统环境；

(3)我国建筑工业化产业转型升级经历了由被动要求到主动引导的转变；

(4)企业带动政策是我国早期建筑工业化发展的主要形式。

我国建筑工业化产业发展路径的 4 项特征主要包括发展推动主体、发展对象、发展模式 3 个方面，明确了目前我国建筑工业化产业主要的发展推动主体为政府，发展对象为建筑工业化生态环境，发展模式为由被动到主动、由微观到宏观的形式。从 4 项特征中发现，在我国建筑工业化发展路径中，对建筑工业化生态系统的发展起关键作用的是环境要素和企业要素，因而针对未来建筑工业化的发展也需要从这两方面入手。

(二)我国建筑工业化产业转型升级整体发展路径特征描述

1. 政府是我国建筑工业化产业转型升级的主要推手及重要保障

在前文中通过对比分析欧美国家、新加坡、日本以及中国香港地区，发现政府在建筑工业化产业发展过程中扮演了非常重要的角色。同样的，在我国长达几十年的建筑工业化探索中，政府是主要的发起者、推动者以及变革者。1956 年我国出台第一个政策性文件《国务院关于加强和发展建筑工业化的决定》，提出实现机械化、工业化施工，必须完成对建筑工业的技术改造，逐步地完成向建筑工业化的过渡。19 世纪 80 年代，我国实现改革开放，提出“四化、三改、两加强”发展目标(即：房屋建造体系化、制品生产工厂化、施工操作机械化、组织管理科学化)，又重新掀起了一波建筑工业化发展的热潮。但由于当时我国建筑工业化技术的不成熟，导致建筑出现大量的质量问题，以及农村劳动力进入城市带来的劳动力成本的降低，使得建筑工业化的发展逐步放缓。1996 年《建筑工业化发展纲要》的出台，强调“建筑工业化是我国建筑业的发展方向”，引起了全国各地、建筑行业、企业的广泛关注。至此，开启了我国建筑工业化探索的新的路程。1997 年建设部颁布《1996—2010 年建筑技术政策》，1999 年国务院转发建设部等部门的《关于推进住宅产业现代化提高住宅质量的若干意见》，2005 年建设部颁布《关于加快建筑业改革与发展的若干意见》，2006 年建设部颁布《关于进一步加强建筑业技术创新工作的意见》及《国家住宅产业化基地试行办法》等，一系列政策的出台，使得建筑工业化逐渐成为建筑行业发展的重要方向，也引起了行业、企业的广泛关注，进一步鼓励了像万科企业股份有限公司、长沙远大住宅工业集团股份有限公司、中国建筑集团股份有限公司、华阳国际设计集团等开始进行建筑工业化项目落地、建筑工业化技术的探索。

2007 年我国第一个装配式项目落地，也暴露出了我国在推进建筑工业化过程中的诸多问题，根据行业及企业的反馈，政府思考并相继出台相关政策，保证建筑工业化的顺利推进。2010 年，住建部颁布《CSI 住宅建设技术导则》等规范，2013 年发改委、建设部颁布《绿色建筑行动方案》，2014 年建设部颁布《装配式混凝土结构技术规程》《住房城乡建设部关于推进建筑业发展和改革的若干意见》，2016 年国务院颁布《国务院办公厅关于大力发展装配式建筑的指导意见》等。各个地方政府也积极响应国家号召，在省市内大力推进住宅工业化的发展。截止到 2015 年，我国已获批建筑产业化基地 70 家，建成 PC 工厂 100 家，全国主要城市都已经开始推进建筑工业化，部分城市如北京、上海、深圳等住宅工业化的发展已经相对成熟。

在整个建筑工业化发展的过程中，政府成了一个必不可少的且十分关键的角色。其一，政府是建筑工业化的发起者：政府站在更宏观的产业视角及经济视角，能够更清楚及时地看到整个行业及产业存在的问题及弊端，能够及时学习国外先进的经验及做法，从而鼓励促进我国建筑工业化的发展。其二，政府是主要的推动者：政府在建筑工业化发展的过程中，一直在发现问题、解决问题，对于企业及行业自身短期内无法解决的问题，需通过政府出台相应的政策解决，能够有效地加速建筑工业化的发展。其三，政府是建筑工业化的变革者：政府鼓励科研机构、企业本身进行建筑工业化创新，同时依据我国国情，合理地制定相应的技术规程、标准规范以及政策文件，能够促进技术创新，不断地进行建筑工业化设计、施工、验收、维护等过程的优化。

2. 政府的发力点主要在于建筑工业化生态系统环境

本书第六章对建筑工业化生态系统产业演化及企业转型的关键因素进行分析时，将我国建筑工业化生态系统的驱动环境分为了政策环境、生态环境、社会环境、市场环境、技术环境以及自身附加值环境，并明确指出政策是驱动产业演化及企业转型的关键因素，以及政策在促进建筑工业化过程中的中介作用。通过对我国各个区域建筑工业化发展情况的梳理，不难发现政府通过出台相关政策直接改变的是建筑工业化生态系统中的政策环境，而通过政府政策中的各类条款条文又是为了改变建筑工业化的社会环境、生态环境、市场环境、技术环境以及自身附加值环境。以国家层面的政策为例，我国自 1956 年到目前出台的政策直接改变了我国建筑工业化的政策环境，使得建筑工业化从最初的无人关注到现在的遍地开花，有效地促进了建筑工业化的发展；国办发〔1999〕72 号文件《国务院办公厅转发建设部等部门关于推进住宅产业现代化提高住宅质量的若干意见》的出台能够改变整个社会对于建筑工业化的认知与接收程度，从而改善建筑工业化的社会环境；2014 年《2014—2015 年节能减排低碳发展行动方案》提出，实施绿色建筑全产业链发展计划，推行绿色施工方式，推广节能绿色建材、装配式和钢结构建筑，将建筑工业化的发展与节能减排、环境保护建立密切联系，可以改善建筑工业化的生态环境；2014 年 9 月住建部出台《工程质量治理两年行动方案》明确将在新建政府投资工程以及保障性安居工程中率先使用建筑产业现代化方式建造，强制打开建筑工业化市场；2016 年住建部印发《装配式建筑工程消耗量定额》《装配式混凝土结构建筑工程施工图设计文件技术审查要点》等技术文件，目的是有效完善建筑工业化的技术环境；2014 年出台的《住房城乡建设部关于推进建筑业发展和改革的若干意见》中提出的土地政策、财政政策、税收优惠等，则是为了提高建筑工业化的自身附加值环境。

社会环境、生态环境的改善主要是为了提高建筑工业化生态系统中的相关参与方对于建筑工业化的认知、理解以及接受，而市场环境、技术环境以及自身附加值环境的改善则是为了能够更好地促进建筑工业化项目落地以及技术创新。以北京市为例(表9.3)，其2010年首先出台的《关于产业化住宅项目实施面积奖励等优惠措施的暂行办法》提到的“对于产业化住宅，在符合相关政策法规和技术标准的前提下，在原规划的建筑面积基础上，奖励一定数量的建筑面积”则是为了加大建筑工业化的自身附加值，使得采用建筑工业化方法能够比采用传统建造方式得到更多的收益，而2012年《关于在保障性住房建设中推进住宅产业化工作任务的通知》主要是挖掘建筑工业化市场，在建筑工业化方式还不成熟的情况下，建筑工业化与传统建造方式相比在市场上不具备较强的竞争性，因而通过强制要求在政府项目上采用建筑工业化方式来扩大建筑工业化市场。而2014年《北京市住房和城乡建设委员会关于加强装配式混凝土结构产业化住宅工程质量管理的通知》则是为了给建筑工业化项目提供相应的技术保障。北京仅仅是一个代表，其他城市所出台的具体的政策也主要集中在改善建筑工业化的市场环境、自身附加值环境以及技术环境上。

表9.3　北京市建筑工业化政策一览表

政策文件	时间	政策对象
《关于产业化住宅项目实施面积奖励等优惠措施的暂行办法》	2010	自身附加值环境
《关于在保障性住房建设中推进住宅产业化工作任务的通知》	2012	市场环境
《北京市发展绿色建筑推动生态城市建设实施方案》	2013	自身附加值环境
《北京市绿色建筑行动实施方案》	2013	自身附加值环境
《北京市民用建筑节能管理办法》	2014	自身附加值环境
《北京市住房和城乡建设委员会关于在本市保障性住房中实施绿色建筑行动的若干指导意见》	2014	市场环境
《北京市住房和城乡建设委员会关于加强装配式混凝土结构产业化住宅工程质量管理的通知》	2014	技术环境
《北京市住房和城乡建设委员会关于实施保障性住房全装修成品交房的若干规定的通知》	2015	技术环境
《北京市产业化住宅部品评审细则》	2016	技术环境
《北京市建材工业调整优化实施方案》	2017	企业
《北京市人民政府办公厅关于加快发展装配式建筑的实施意见》	2017	市场环境
《北京市发展装配式建筑2017年工作计划》	2017	市场环境
《北京市超低能耗建筑示范工程项目及奖励资金管理暂行办法》	2017	自身附加值环境
《关于加强装配式混凝土建筑工程设计施工质量全过程管控的通知》	2018	—

3. 我国建筑工业化产业转型升级经历由被动要求到主动引导的转变

在第六章中，通过分析6个典型城市的政策将推动建筑工业化具体的措施分为了7类，即：土地政策、财政政策、税收政策、奖励优惠、金融支持、政府项目、评奖评优(表9.4、表9.5)。为了了解我国整体的建筑工业化发展路径特征，将各个区域的政策措施也进行了相应的分类，并统计出每一年这7类政策的出台比例，从而能够清晰地了解我国建筑工业化发展路径的转折过程。

2002年我国陕西省出台相应的政策规范，指出在政府康居示范工程项目中采用建筑工业化的方式；2008 年深圳市也出台相应的政策，要求在土地出让条件中加入建筑工业化要求，以及政府保障房项目要求采用建筑工业化项目；2010 年北京所出台的政策条款，没有要求土地出让及政府项目的要求，而是指出采用建筑工业化方式施工的项目，可以享受一定的面积奖励优惠；2013 年奖励优惠类政策与财政类政策均占到了当年所出台政策的 42.86%，而土地政策及政府项目所占比例减少了很多；2014 年之后土地政策和政府项目政策也开始增加，但是奖励优惠类政策依旧占到了比较高的比例；2015～2018 年，土地政策与奖励优惠类政策基本上处于一个持平的状态，且所占的比例都居于前列。土地政策、政府项目类政策主要是为了促进市场的发展，而财政政策、税收政策、奖励优惠、金融支持、评奖评优类政策主要是为了改善建筑工业化的自身附加值。

在第六章中将不同类政策分为了主体激励及市场激励两大类。主体激励政策通过改善建筑工业化自身附加值环境带动建筑工业化企业主动地进行建筑工业化项目开发、设计、施工等，而市场激励则是通过政策完善建筑工业化市场，迫使建筑工业化企业为了能够在市场竞争中占据竞争优势以及占领一定的市场份额而从事建筑工业化相关业务。因而，从我国 2002 年起的具体促进建筑工业化的措施来看，我国建筑工业化发展路径经历了由建筑工业化企业被动从事建筑工业化项目，转向激励建筑工业化企业主动从事建筑工业化项目。由于目前即使增加了建筑工业化的自身附加值，相较于传统建造方式，我国建筑工业化无论是成本、收益、技术成熟度都处于弱势的状态，因此依然需要大量的市场保障来推动建筑工业化的进步。未来，随着人口红利的下降，建筑工业化优势将日渐明显，市场可以自发地向建筑工业化项目倾斜，则我国将不再需要强制性要求建筑工业化项目，而是仅以部分主体激励政策便能够较好地保障建筑工业化的发展。

表 9.4　我国建筑工业化相关政策分类统计表

年份	政策文件量/个	各类条款数量/个							
		土地政策	财政政策	税收政策	奖励优惠	金融支持	政府项目	评奖评优	技术规程
2002	2			1			2		
2008	2	1					1		1
2009	2								2
2010	4	1			1				3
2011	8	3	2		3	1	1		3
2012	6	1			1		3		3
2013	9	1	5	2	4	1			3
2014	36	16	16	8	18	6	13	3	6
2015	60	25	21	15	25	10	17	10	17
2016	67	30	29	20	28	22	15	12	22
2017	125	74	58	48	68	54	49	25	8
2018	48	21	20	11	18	13	14	5	4

表 9.5　我国建筑工业化相关政策比例分布表

年份	土地政策比例/%	财政政策比例/%	税收政策比例/%	奖励优惠比例/%	金融支持比例/%	政府项目比例/%	评奖评优比例/%	技术规程比例/%
2002	0.00	0.00	50.00	0.00	0.00	100.00	0.00	0.00
2008	50.00	0.00	0.00	0.00	0.00	50.00	0.00	50.00
2009	0.00	0.00	0.00	0.00	0.00	0.00	0.00	100.00
2010	0.00	0.00	0.00	25.00	0.00	0.00	0.00	75.00
2011	37.50	25.00	0.00	37.50	12.50	12.50	0.00	37.50
2012	16.67	0.00	0.00	16.67	0.00	50.00	0.00	50.00
2013	14.29	42.86	14.29	42.86	0.00	0.00	0.00	42.86
2014	45.71	42.86	20.00	48.57	17.14	37.14	8.57	17.14
2015	41.67	35.00	25.00	41.67	16.67	28.33	16.67	28.33
2016	44.78	43.28	29.85	41.79	32.84	22.39	17.91	32.84
2017	59.20	46.40	38.40	54.40	43.20	39.20	20.00	6.40
2018	43.75	41.67	22.92	37.50	27.08	29.17	10.42	8.33

注：各政策比例为该政策条款占当年总政策数量的比例。

4. 企业促进政策是我国早期建筑工业化发展的主要形式

本书第七章中主要讲述建筑工业化生态系统中企业、企业种群如何应对环境变化以及与环境产生互动的过程。虽然我国在 20 世纪 50 年代就已经出台相应的政策来推广建筑工业化项目，但距离第一个具体的推动建筑工业化措施出台，相隔了 50 余年。政府政策会受到整个经济环境、政治环境、社会环境的影响，其对于环境变化的敏感度远不及在市场竞争中谋求生存的企业。我国建筑工业化项目的落地，主要依赖于我国部分先行企业的探索与推动，它们在社会环境、市场环境轻微改变的情况下，能够对市场、经济进行长远的判断，从而改变企业战略以应对未来的变化。这些少数派企业在我国建筑工业化发展的历程中，起到了关键性的作用。

国内较早接触建筑工业化的房地产开发商为万科、瑞安、远大等。其中，万科于 1999 年成立万科建筑研究中心致力于住宅工业化的研究，2001 年启动部品战略采购，2003 年标准化项目启动，2004 年万科工厂化中心成立，2005 年万科的第一栋实验楼落成，2006 年万科产业化基地项目成立。在万科逐步进行住宅工业化的探索过程中，为建筑工业化搭建了一个系统平台。长沙远大于 1996 年启程探索建筑工业化，确定进入住宅工业领域，着手实施首个十年工业发展规划；2001 年，完成全球各建筑流派代表作原址考察，建立远大集成住宅建筑体系，形成全套部品模块；2002 年，建立工厂化生产线、生产组，全面完成远大集成住宅工业定型，“远铃”整体浴室通过建设部部品认证；1999～2015 年实现了 6 代建筑工业化技术的更替。上海建工于 2006 年与万科公司进行合作，完成了全国首幢预制装配式商品住宅“万科新里程”，2007 年开始，上海建工每年持续投入近 2000 万元研发成本，投资几亿元建设了两条生产线，2010 年 10 月，上海建工集团建造的万科广州 3 栋 30 层预制装配住宅是目前国内最高的 PC 住宅，且上海建工设计研究院主编或参与编制完成了预制装配式住宅体系设计规范等 5 部上海地方标准规范。

从表 9.5 中也可以明显看到，2009～2012 年是我国建筑工业化标准规范集中出台的年份，也是各个企业前期探索建筑工业化的成果，而相应的针对建筑工业化项目自身附加值政策的出台则集中在 2012 年之后，也说明了政策对于建筑工业化项目应对的滞后性。政府政策是在这些少数派企业不断尝试建筑工业化过程的结果，是企业对其遇到的相关、而不能很好解决的问题的反馈，这些政策为后期进入建筑工业化的企业提供了非常好的保障。

（三）我国建筑工业化产业转型升级发展路径区域差异

我国建筑工业化的发展具有其整体性的特征，但因我国地域辽阔，省（区、市）众多，且各个省（区、市）所具备的资源基础、地理位置、经济条件、社会基础等参差不齐，各个省市的发展也具有一定的差异性。图 9.5 和图 9.6 主要表现的是我国不同省（区、市）建筑工业化政策文件及技术标准规范的出台情况。对比 4 个直辖市的情况，北京、上海在 4 个直辖市中无论是政策文件还是技术标准规范的出台数量都处于前列。天津市虽然政策文件出台得较少，但其技术标准规范在直辖市中为最多，而重庆市无论是推动建筑工业化的政策，还是促进建筑工业化落地的技术标准都相对较少。

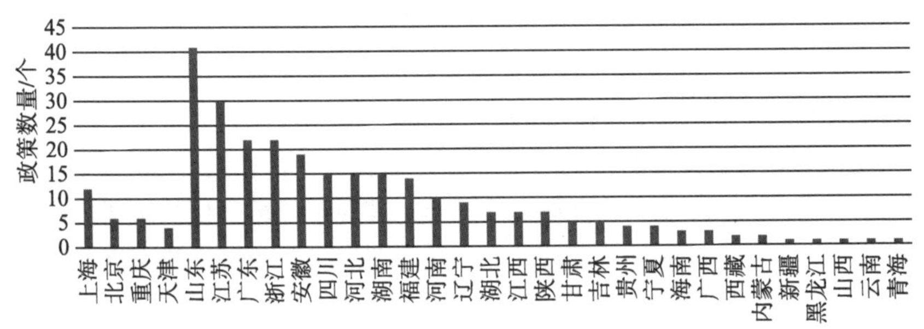

图 9.5　我国各个城市建筑工业化相关政策数量

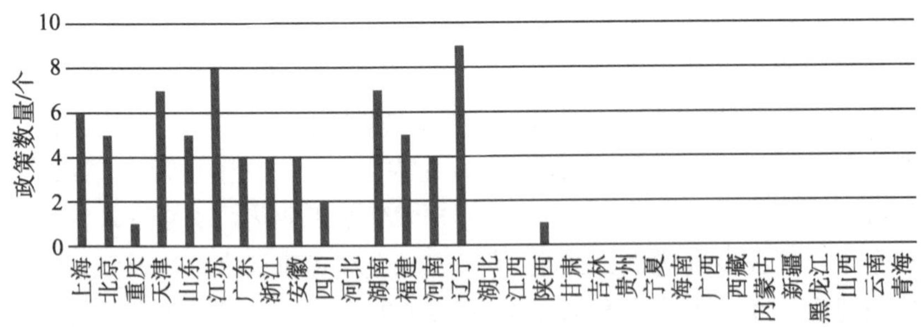

图 9.6　我国各个省市建筑工业化相关技术文件

而针对剩下的 27 个省份，山东省、江苏省、广东省、浙江省、安徽省出台的建筑工业化相关政策数量较多，江苏省、辽宁省、湖南省出台的技术标准规范较多，这些省份也确为我国建筑工业化发展较快的省份。不同省份的情况可以基本分为三种建筑工业化发展路径：诱导式发展、强制式发展以及主动式发展。

(1)诱导式发展。以提高建筑工业化自身附加值为动力，即通过出台相应的奖励优惠政策，加大建筑工业化项目相对于传统建筑项目的优势，从而调动建筑工业化企业从事建筑工业化项目的积极性。诱导式发展的发展路径为：自身附加值环境—市场环境—技术环境。在31个省(区、市)中，北京、上海、海南、四川、河北、浙江、西藏、广西、河南、甘肃、吉林、贵州、黑龙江、江西、宁夏、内蒙古、陕西、山西、云南、青海、天津、湖北、重庆主要采用的是诱导式发展路径。北京、上海作为我国建筑工业化重点推进地区，且作为我国的一线城市，其发展建筑工业化具有先天的优势。首先，北京、上海对于住宅的需求量一直较大，且房价相对于其他城市较高，虽然建筑工业化相较于传统建筑方式会产生较高的成本，但并没有对住宅销售的利润产生严重的影响。此时，政府采取相应的激励政策，能够很快引导相关企业采用建筑工业化的方式。待渐渐形成建筑工业化发展的共识，要求每年的新建建筑中一定比例采用建筑工业化方式，进一步打开市场，加强建筑工业化的发展。

而其他采用诱导式发展路径的省份，存在建筑工业化起步晚、发展缓慢的情况，这些省份更多的是学习发展迅速省份的经验及政策，而北京市、上海市以自身附加值出发制定的政策相较于技术、市场相关政策来说，更容易进行学习和模仿。而且并不是所有的城市都具有大量的保障性住房建设的需求，给建筑工业化项目以一定的容积率奖励、贷款优惠、税收优惠等更容易操作和快速实施。

(2)强制式发展。以强制建筑工业化市场为动力，即强制要求在政府投资项目、保障性住房以及土地出让等环节加入建筑工业化条件，迫使建筑工业化企业采用建筑工业化方式。强制式发展最为典型的代表性省份为广东省。广东省尤其是深圳市是我国建筑工业化发展速度快、推进范围广的城市，2008年深圳市出台的《关于推进住宅产业现代化的行动方案》中明确指出“在2009年底前将住宅产业现代化的条件和要求作为土地出让的条件之一；所有保障性住房，一律按四节二环保的原则进行建设，2010年底前，完成龙华拓展区住宅项目工业化生产试点工作，并制订实施保障性住房的装修标准”，强制要求在保障房项目以及商品房项目中推广建筑工业化。且由于深圳市的保障房需求量大，建设量大，因而在保障房中强制推行建筑工业化能够起到较大的作用，而在深圳进行项目开发的建设单位、施工单位、设计单位等也更多地参与到建筑工业化的探索研究当中，形成了良好的建筑工业化项目链条。

深圳市并不是2008年才开始接触建筑工业化，早在20世纪90年代深圳市人民政府批准成立的深圳海龙公司便在深圳市建立了5万m^2的住宅产业化基地，并通过香港品质保证局ISO9000质量体系认证，被香港房屋署、屋宇署、渠务署、路政署等多个部门认定为香港混凝土预制构件的合格供应商。深圳海龙预制构件生产公司为香港工业化建筑提供相应的预制构件，加强了其技术能力，为后面转向深圳市市场奠定了基础，为深圳市发展建筑工业化提供了有效的技术力量。同时，万科集团也较早在深圳市开展建筑工业化的技术研究、设计研究、管理模式研究，因而在深圳市大力发展建筑工业化保障房项目时，承担了大量深圳市建筑工业化保障房的开发建设工作。深圳市的技术基础一直存在，因而2009年深圳市便已经出台了《预制装配整体式钢筋混凝土结构技术规范》，2012年又出台了《深圳市标准SJG 24—2012预制装配钢筋混凝土外墙技术规程》，将企业技术较快的转化成行业标准，能够为其他企业开展建筑工业化项目提供一定的方向指引。

强制性市场干预以及保障性技术标准为早期深圳市的建筑工业化发展提供了基础，随着深圳市需要建设的保障性住房数量不断减少，政府亦开始思考增加建筑工业化项目的附加值来吸引开发商、设计、施工等单位主动采用建筑工业化的方式进行项目开发。

(3)主动式发展。以推动建筑工业化技术为动力，即在建筑工业化企业积极性较高的情况下，协同企业完善建筑工业化技术方面的规范、标准编制，保障建筑工业化项目的顺利实施。主动式发展路径的典型代表为安徽、江苏、福建、辽宁、湖南以及山东省，这6个省均是先完善建筑工业化技术规范，再思考出台相应的市场、自身附加值政策促进建筑工业化的发展。其中不同的是，安徽、江苏、福建、辽宁、湖南为先出台相应的技术标准，而后制定政策增加建筑工业化项目的附加值；而山东省则是在出台相应的技术标准规范之后，便开始加强建筑工业化项目市场，而后再加强建筑工业化项目的附加值来保证建筑工业化的稳步发展。

与其他省份相比，这6个省份是所有统计的省份中建筑工业化发展时间较早、发展进程靠前的省份。2015年以前成立的59家企业层面的国家住宅产业化基地中共有21家来自这6个省，且沈阳市、济南市、合肥市、厦门市、长沙市也均为国家住宅产业现代化的综合试点城市。这6个省份之所以会形成技术引导的主动式发展路径，主要依赖于这几个省大型的建筑类企业的推动，形成了以企业带动城市，以城市带动省份的自下而上的发展模式。

安徽海龙建筑有限公司隶属于中国建筑国际集团有限公司，而中国建筑国际有限公司1998年在深圳成立深圳海龙建筑制品有限公司积累了大量的建筑工业化经验技术，这些经验技术也在安徽海龙建筑有限公司得以延续及推广。安徽海龙建筑有限公司作为国内最大的建筑工业化研发生产基地，获得了30余项专利且拥有多项建筑产业化施工技术，已成为港澳及内地工业化建筑产品的品牌企业之一。正因为有安徽海龙这样的企业存在，使得合肥市能够快速发展建筑工业化技术，促进建筑工业化项目的落地，从而带动整个安徽省的建筑工业化发展。同样的，江苏省具有新城地产房地产开发企业推进建筑工业化项目开发，龙信集团进行建筑工业化项目设计研发、构件生产及施工，苏州科逸集团进行建筑工业化功能性部品的生产研究，使得江苏省的建筑工业化发展能够保持较快的增速。同理，福建省建超建设集团、辽宁沈阳万融现代建筑有限公司、湖南长沙远大住宅工业有限公司均有效地促进了所在城市的建筑工业化的发展，从而延伸至整个省份。略有不同的是，安徽省、江苏省、辽宁省、湖南省以及福建省都有本土较为大型的建筑施工单位进行支撑，这些施工单位在掌握建筑工业化技术之后，愿意扩展企业生态位至项目开发，而无须政府强制增加市场来刺激建筑工业化技术的应用。而山东省建筑工业化的发展主要依赖于构件生产单位的推动，因而在发展建筑工业化技术之后，依然需要强制性的增加市场需求才能够更好消化构件生产企业的产能，实现建筑工业化产业的顺利运作。

二、我国建筑工业化发展现有路径存在的问题

本书第八章针对第六章及第七章提出的建筑工业化生态系统环境因素、建筑工业化生

态系统中企业和企业种群演化的方式进行了案例论证及仿真模拟，结合案例论证及仿真模拟的结果也对我国建筑工业化产业发展路径进行了总结描述。同时，针对我国建筑工业化产业转型升级的发展路径，从整体性发展特征和区域性发展差异两个方面进行了总结分析。在对我国建筑工业化产业转型升级发展路径研究的过程中，总结出目前路径存在的2类5个主要问题(表9.6)。一是产业发展的表象问题，包括城市定位不清晰、市场与企业发展不匹配、政策范围及对象问题；二是产业发展内核问题，包括产业链横向发展不均衡和产业链纵向发展不一致。

表9.6　我国建筑工业化发展路径现存问题归类

序号	类型	主要问题	问题描述
1	产业发展表象问题	城市定位不清晰	部分地区发展目标定位不合理 城市定位未考虑与周边城市的协同作用
		市场与企业发展不匹配	市场容量有限，产能过剩无法消化 企业发展单一化，未形成多样化发展模式
		政策范围及对象问题	部分地区地方政府对各政策的作用效果认识模糊 政策倾向性严重，发展着力点单一
2	产业发展内核问题	产业链横向发展不均衡	产业链不匹配 大力支持单个类型企业迅速发展，产业链条上其他企业后劲不足 建筑工业化各业务发展情况不匹配，构件生产快速发展，而设计与施工单位配合延缓
		产业链纵向发展不一致	大中小型企业参差不齐，中小型企业转型困难

(一)产业发展表象问题

1. 城市定位不清晰

我国各个城市在发展建筑工业化的过程中，很容易出现市场定位不清晰的问题，主要体现在两个方面：①城市设定的建筑工业化目标过高，并不能与自身的城市特征、社会经济状况相匹配，②大部分城市并未结合城市所在环境进行定位，而是片面的只看到城市自身。

国办发〔2016〕71 号文《国务院办公厅关于大力发展装配式建筑的指导意见》中提出“以京津冀、长三角、珠三角三大城市群为重点推进地区，常住人口超过300万的其他城市为积极推进地区，其余城市为鼓励推进地区”，并指出“力争用10年左右的时间，使装配式建筑占新建建筑面积的比例达到30%”。同时，住建部印发的《“十三五”装配式建筑行动方案》中也指出“2020 年装配式建筑发展目标：全国装配式建筑占新建建筑的比例达到15%以上，其中重点推进地区达到20%以上，积极推进地区达到15%以上，鼓励推进地区达到10%以上”。国家的两项政策针对不同区位、不同规模的城市已经做了一定的区分，但部分城市的建筑工业化的目标仍然超出标准线太多。

虽然较高的目标能够激励城市快速推进城市发展建筑工业化，但是也容易导致好高骛远、不切实际的情况发生。如如皋市出台的《加快推进建筑产业现代化促进建筑产业转型升级实施意见》中提出“到2020年，全市建筑产业现代方式施工的建筑面积占同期新开工建筑面积的比例达到30%以上”；滕州市出台的《关于加快推进建筑产业现代化发展的指导意见》中提出“到 2020 年，建筑产业现代化施工的建筑面积占同期新开工建筑面积的比例达到 30%以上，建筑产业现代化施工的建筑预制装配率达到 50%以上”；常州市出台的《常州市人民政府关于加快推进建筑产业现代化发展的实施意见》中要求“到 2025 年，全市建筑产业现代化方式施工的建筑面积占同期新开工建筑面积的比例和新建建筑的装配化率达到 50%”等。这些政策的制定能够有效地激励所在市的建筑工业化热情，但也仍需注意政策目标的可行性及落地性。

同时，国办发〔2016〕71 号文中也指出“以京津冀、长三角、珠三角三大城市群为重点推进地区”，强调区域的协同发展，则地方政府在制定相应的政策文件时应结合城市所在城市群的战略定位，推进区域共同发展，而不是只着眼于城市本身发展目标的实现。以京津冀城市群为例，北京在整个城市群中更易于实现项目开发、研发环节，着重在提供服务；而天津、河北省则可以更关注于施工技术应用、构件生产等环节，着重于提供技术与产品。《河北省装配式建筑“十三五”发展规划》中将北京、天津、河北的发展定位进行了细化分解(表 9.7)，文件中明确北京作为国家智库、科技创新、设计创新等的中心，而天津重点打造示范基地，河北省则重点提供部品生产及物流配送等。将城市置于城市群或城市圈大环境中进行理解，能够更有效地协助城市进行发展定位。

表 9.7 河北省关于京津冀装配式建筑发展定位

地区	协同定位
北京	国家智库、科技创新、设计创新、人才培训、标准制定、大数据管理
天津	示范基地、科技创新、设计研发、云计算服务
河北省率先发展地区	京津科技推广基地，部品生产、物流配送、展示交易、区域辐射中心

资料来源：《河北省装配式建筑“十三五”发展规划》。

2. 市场与企业发展不匹配

在本书第七章对建筑工业化生态系统中的企业、企业种群进行了分析，明确建筑工业化生态系统的发展依赖于生态系统中相关参与方(尤其是各类建筑业企业)与环境之间的联动作用。环境能够刺激生态系统中企业、企业种群的发展，但环境具有一定的容量，并不允许企业的无限制生长，一旦超过环境可以承受的极限，部分企业将会被淘汰。与自然生态系统不同的是，建筑工业化生态系统的发展可以进行预测分析，在评估建筑工业化生态系统的环境容量后，有序地发展建筑工业化相关企业，能够促进资源的合理配置以及企业的健康发展。但是目前我国建筑工业化的发展依然存在无序性。

虽然目前土地政策及政府项目政策是我国各个城市促进建筑工业化项目发展的重要政策，但其对于建筑工业化产业市场的促进作用依然有限，使得我国建筑工业化市场的产业市场与产业内企业发展存在不匹配的情况。在本书第八章的案例论证中，沈阳市的发展则很好地说明了这个问题。沈阳市早在 2009 年便提出了发展建筑产业现代化，并建立了铁西现代建筑产业园，大力发展建筑装配式构件。沈阳市共有 7 家大型的建筑构件厂，其中 5 家具有自己的产品生产线，2 家以生产小型建筑构件为主。沈阳万融住宅工业有限公司拥有从德国引进的现代化的大型 PC 构件、钢筋加工全自动生产线和混凝土生产设备。公司年生产能力达 150 万 m^3。亚泰集团沈阳现代建筑工业有限公司具备年产预制构件 12

万 m^3、年产盾构管片 1.8 万环的生产能力。然而 2014 年，沈阳市整个预制构件的销量仅为 2 万 m^3，预制装配式混凝土构件厂产能释放率仅为 8%，且 2014 年沈阳市住宅销售面积、商品房销售面积以及住宅销售额均下降了 30%左右。

显然，沈阳只是我国建筑工业化过程中市场与企业发展不平衡的代表，在哈尔滨、合肥、江苏等地区也不同程度出现了类似情况。我国积极发展建筑工业化，也是希望能借此解决传统建筑方式产能过剩的问题，然后建筑工业化发展过程中却带来了另一类产能过剩。因而，在城市统筹制定建筑工业化发展战略、发展政策时，需要更多地思考建筑工业化生态系统中环境与企业的互动作用，而不是盲目无序地推动建筑工业化。

3. 政策范围及对象问题

经过政府及先行企业长达 10 余年的探索，我国建筑工业化发展已经积累了大量的发展经验，也摸索出了多项适用于促进建筑工业化发展的政策措施，涵盖土地、财政、税收、金融、奖励优惠、评奖评优、政府项目等方面。但由于不同的地区具有其区域特性，并不是应用所有的政策便能够有效地促进建筑工业化的发展，而是应该针对城市特征有的放矢，重在解决城市发展建筑工业化的关键问题，才能够促进建筑工业化的进步。2016 年至今是发展建筑工业化城市数量增长最快的区间，所有出台具体措施的 121 个城市中有 81 个城市来源于这个区间，共出台了 185 条政策。在这些出台的政策中，有超过 30%的政策文件涵盖了 5 个或 5 个以上方面的政策措施。虽然出台多个方面的政策能够从多个方面保障建筑工业化的实施，但也可能无法充分发挥每条政策的作用。

相反的，部分城市仅仅制定一个方面的政策推动建筑工业化亦可能存在政策着力点过于单一的问题，且市场对于政策的接受度有待考虑。如长沙市的发展定位目标在 30%，但其政策主要集中在每平方米补贴 100 元以及在政府项目中推广应用建筑工业化。虽然长沙市建筑工业化在长沙远大住工的推动下，取得了一定的成绩，但是长远看对于长沙建筑工业化的促进作用有限。

此外，在政策制定的过程中还容易出现政策对象不明晰以及政策对象过于单一的情况。在所有 294 条政策中，仅有 19.7%的政策文件在文件中明确说明了该条政策的作用对象，如《厦门市新型建筑工业化实施方案》中提到“给予开发建设单位以下不同的市级财政奖励……，鼓励施工企业采用新型建筑工业化模式建造……，对工厂型建筑业企业可按建筑业税目征收营业税……”等；宁波市《宁波市人民政府办公厅关于进一步加快装配式建筑发展的通知》中提到“施工企业缴纳的质量保证金以合同总价扣除预制构件总价作为基数乘以 2%费率计取，建设单位缴纳的住宅物业保修金以物业建筑安装总造价扣除预制构件总价作为基数乘以 2%费率计取”等；娄底市《娄底市人民政府关于加快推进住宅产业化的实施意见》中指出“(一)对建设单位的扶持……，(二)对生产企业的扶持……，(三)对消费市场的扶持……”等。

建筑工业化政策文件对不同的作用对象进行区分能够明确建筑工业化重点的推进对象，有助于提高相关参与方的积极主动性。但是目前我国政策对构件、部品生产企业、建设单位的关注度较高，而针对施工企业、设计单位等的关注度较少。在所有明确区分政策对象的政策文件中，超过 62%提出了针对构件、部品生产的政策措施，14%的文件提出了针对开发商、建设单位的政策措施，仅有 2 个政策明确提出了该条政策为针对工程总承包企业及施工单位，而几乎没有任何一个政策提出具体针对设计单位的政策措施。

(二)产业发展内核问题

我国建筑工业化产业发展的表象问题是我国建筑工业化生态系统发展过程中直接表现出的各类问题，但是如果要真正解决这些问题，需要同时考虑建筑工业化生态系统中环境要素和企业要素之间的相互作用。而我国建筑工业化产业发展的内核则是建筑工业化生态系统中的各个相关参与企业以及企业之间的互动关系。建筑工业化生态系统的环境要素需要与企业要素的发展相协调，从之前的分析中可以看到，我国目前出台的相关政策主要针对建筑工业化生态系统的环境要素发力，针对企业的自身及产业链条的构建上的政策相对较少，阻碍了我国建筑工业化的协调发展。

1. 产业链横向发展不均衡

在第五章第二节中，对比了传统建筑方式产业链条和建筑工业化方式的产业链条，明确了建筑工业化生态系统产业链条上的关键主体包括开发商、设计单位、PC 构件厂商、材料部品供应商、承包商、机械设备供应商、装饰装修单位、咨询单位、物业管理单位、销售代理机构、回收单位等，其中销售代理机构、回收机构、物业管理机构与传统建造方式基本无差，而产业链条上最为核心的主体即是开发商、设计单位、PC 构件厂商、材料部品供应商以及承包商。从我国建筑工业化目前的发展状况来看，发展最快的为预制构件厂商和施工单位，其次为材料部品供应商和开发商，设计单位发展非常缓慢。截止到 2015 年，我国 PC 构件厂已经有 100 多家，且各个省市还在不断进行预制构件厂的建设。截止到 2016 年，我国共成立了 70 家国家住宅产业化基地(其中包括 11 个综合试点城市)，包括 28%施工单位，25%部品生产单位，23%构件生产单位，11%房地产企业以及 4%设计单位。2017 年我国又成立了 195 家国家装配式建筑产业基地，其中施工承包商 66 家，构件厂商 45 家，材料部品 22 家，设计单位 29 家，开发商仅为 2 家。虽然新成立的 195 家装配式建筑产业基地中设计单位占比有所提高，但是由于建筑工业化设计在整个产业链环节难度较高，其整体的发展依然比较缓慢。

在我国建筑业产业链条上，房地产开发商一直处于一个主导性的地位，也是中国建筑业由传统建造方式向工业化转型的关键角色。房地产开发商本身并不具备较强的技术特征，其在产业链条上的功能主要是发现市场需求以及创造建设业务，从而实现整个产业的联动。由于目前在中国，工业化建筑的建造成本居高不下，相较于传统建造方式会损失较大的利润，因而并没有大量的房地产开发商自发地从事建筑工业化业务，而进行建筑工业化转型的房地产开发商主要动力是为了响应国家政策以获取其他方面的政策优惠，或者是为了获得率先进入新领域所带来的先行优势，所以房地产开发商相较于施工单位及部品构件生产商表现较差。

与开发商不同，施工单位更多的是市场驱动，我国政府越来越重视建筑业转型，并将建筑工业化作为建筑业转型的重要方向，这也就意味着将带来较大的市场需求。而施工单位的性质决定其受建筑成本的影响较小，其向建筑工业化转型的关键问题在于工业化建筑施工技术。而相较于市场，工业化建筑的施工技术已经相对比较成熟，施工单位向工业化转型更容易实现。建筑工业化部品、构件供应商主要来源于建筑材料供应商的转型，在建筑产业化链条中，预制构件厂商、部品供应商的出现减少了开发商、施工单位对原材料的直接需求。随着预制化率的不断提高，开发商、施工单位更多的对接预制构件厂商以及部品供应商，因而对于建筑材料供应商来说，预制构件供应商和部品供应商的出现既是一种冲击也是一种商机，更加刺激了建筑材料供应商的转型。

我国社会经济环境以及原有的建筑行业现状形成了我国建筑工业化产业链条横向发展不均衡的局面，且我国出台的政策中并没有非常重视我国建筑工业化产业链条的构建，有且仅有 24 个文件要求装配式建筑必须采用 EPC 总承包模式，只有济南市出台的《济南住宅产业化工作领导小组办公室关于推动建筑产业化相关产业链企业转型升级的指导意见》以及长沙市出台的《长沙市装配式建筑产业链三年发展规划(2018—2020 年)》强调了建筑工业化产业链条发展的重要性。

2. 产业链纵向发展不一致

我国建筑工业化产业链纵向发展不一致主要指我国推广且有实力推广的建筑工业化企业主要为大型企业，中小型企业难以在建筑工业化市场上占据一席之地。建筑工业化发展存在前期投入多、回报少的情况，如果没有雄厚的经济实力支撑难以维持建筑工业化项目的推进、技术研发等。以预制构件厂为例，预制构件厂在正式投产之前，需要建立生产厂房、车间、购置预制构件生产线，前期需要投入大量的土地成本、机械设备成本。且由于当前我国建筑工业化市场不成熟，大量的预制构件厂都无法实现其设计产能，导致产能过剩的情况，多数预制构件厂都处于亏损的情况，而小型企业难以承受长期亏损的情况，因而只有大型企业可以满足条件。以沈阳市为例，沈阳市的预制构件厂有几十家，但是大型预制构件厂有 7 家，但即使是这 7 家，预制构件的生产产能一半集中在沈阳万融现代建筑产业有限公司，其他企业基本上都无法按照计划产能生产。

建筑工业化方式相较于传统建造方式会增加一定的建造成本。而对于开发企业来说，追求利润是企业的终极目标。小型开发企业本身建设项目较少、对资金的要求较高，从事建筑工业化项目会降低企业利润，如果企业资金难以周转可能会导致企业破产。而对于施工单位来说，需要掌握更多的建筑工业化施工技术，甚至进行建筑工业化技术的研发及实验，也需要投入相应的资金。而且，大量的建筑工业化预制构件厂主要是依托于建筑施工单位建设，大型施工单位具有集开发、设计、施工于一体的能力，而建筑工业化项目的生产方式要求设计与施工的协同合作，因而在推广建筑工业化过程中，大型施工单位更具有优势。

建筑工业化产业链各个相关参与方都更倾向于大型企业，以及具备一体化生产能力的企业，而小型建筑类企业则无法跻身建筑工业化产业链条中。随着建筑工业化应用越来越普遍，国家对建筑工业化项目的重视度越来越高，小型企业在传统建筑业向建筑工业化转型的过程中不具备竞争优势，可能带来小型企业的大面积破产倒闭的情况。因而，在发展建筑工业化的过程中，鼓励大型企业兼并、收购小型企业，形成一体化企业集团，助力建筑工业化的发展。

第三节 我国传统建筑业向建筑工业化转型升级政策建议

一、我国传统建筑业向建筑工业化转型升级政策框架

基于第八章对全球其他国家及地区建筑工业化发展的路径及政策分析，以及对我国建筑工业化目前发展的路径及政策分析，发现在传统建筑业向建筑工业化转型以及建筑工业化产业不断升级的过程中政府扮演了非常重要的角色。政府通过制定相应的政策规范，直接改变政策环境，并有赖于不同的政策条款改变市场、技术、生态、自身附加值等环境以及企业和产业链条。正因如此，科学的政策对于传统建筑业向建筑工业化转型升级显得尤为重要。在前文的研究中，对于我国目前建筑工业化政策进行了梳理，并总结出政策的有效性、政策的作用范围、政策的作用对象三类问题。本书第五章对我国建筑工业化生态系统进行了界定及构建，第六章对我国建筑工业化生态系统的环境要素进行了分析，第七章对我国建筑工业化生物要素进行了分析，结合第五章、第六章、第七章分析的结果以及第八章的实证分析，根据本章所提出的我国建筑工业化发展过程中存在的问题，提出了我国传统建筑业向建筑工业化转型升级的政策框架(图 9.7)。我国传统建筑业向建筑工业化转型升级的政策框架分为政策分类原则、政策对象及政策措施三个层次。

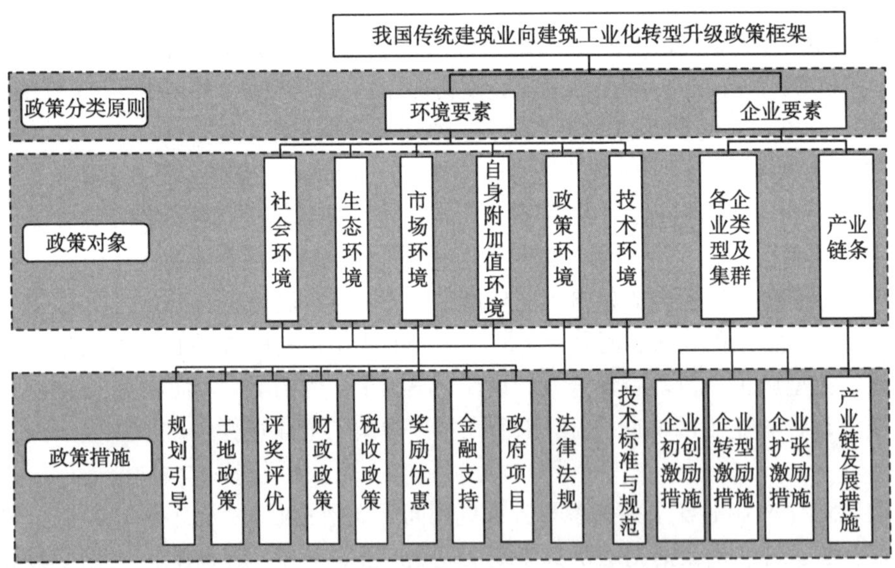

图 9.7 我国传统建筑业向建筑工业化转型升级政策框架

(一)政策原则

本书第五章界定了“建筑工业化生态系统是在一定的地域空间和同一时间内，从事建筑工业化相关活动的组织群体相互作用、相互依赖，并与其所处的自然、政治、经济及社会等环境进行互动而形成的具有一定结构的有机功能整体和动态演化系统”，并且明确指出建筑工业化的生态系统包括环境成分及生物成分。环境成分与生物成分之间相互作用促

进了建筑工业化生态系统的发展。而在针对建筑工业化生态系统的政策上也需要覆盖到环境成分与生物成分，一方面刺激建筑工业化生态系统环境的完善及改变，另一方面刺激建筑工业化生态系统中的生物成分对环境的改变做出应对及反馈，同时能够有效地引导环境的变化。因而，在进行我国传统建筑业向建筑工业化转型升级的政策框架中，将“环境要素”及“企业要素”作为政策框架的分类原则，确保政策的范围能够同时覆盖到建筑工业化的环境和生物部分。

（二）政策对象

基于“环境要素”及“企业要素”分类原则，结合第六章将建筑工业化的环境要素分为了 6 类政策对象，即社会环境、生态环境、市场环境、自身附加值环境、政策环境以及技术环境；依据第六章对建筑工业化生态系统中企业及企业种群的分析，将企业要素的政策对象分为企业类型及集群和产业链条。针对不同的政策对象，需要侧重不同的政策措施。针对环境要素中的社会环境、生态环境、市场环境、自身附加值环境、政策环境主要采用的政策措施有规划引导、土地政策、评奖评优、财政政策、税收政策、奖励优惠、金融支持和政府项目等，而针对政策环境还需要制定相应的法律条款、规定。针对环境要素中的技术环境主要是制定相应的技术体系、技术标准、技术规程等。针对生物环境中的企业个体和企业种群主要从企业初创激励、企业转型激励以及企业扩张激烈这三个方面制定相应的政策措施，而对于产业链条则主要从产业链发展方面制定政策措施。

（三）政策措施

在对建筑工业化环境要素的识别中，第七章给出了详细的分析解释。建筑工业化生态系统环境包括：社会环境、生态环境、市场环境、自身附加值环境、政策环境以及技术环境。社会环境主要体现在社会主流的价值观念、社会责任感以及对建筑工业化的认知和接受程度上，而生态系统环境则主要体现在节能减排现状、污染问题现状、生态环境的成本代价问题等方面。针对社会环境和生态环境问题更多的是加强社会对建筑工业化的认可，加强整个社会的环境保护意识。所以相关政策一方面要给予社会整体对于建筑工业化的看法的正面引导，另一方面给予破坏生态环境的负面惩戒。如发改委、住建部 2013 年出台的《绿色建筑行动方案》中提出“推动建筑工业化，加快建立促进建筑工业化的设计、施工、部品生产等环节的标准体系”等；中共中央、国务院 2014 年印发的《国家新型城镇化规划(2014—2020 年)》指出“大力发展绿色建材，强力推进建筑工业化”；国务院 2016 年印发的《“十三五”节能减排综合工作方案》提到“推行绿色施工方式，推广节能绿色建材、装配式和钢结构建筑。”这些政策虽然没有具体的措施，但给出了强调建筑工业化的信号，能够加深行业、企业对建筑工业化的认知和接受度。

由于市场环境的改变能够刺激建筑业企业从事建筑工业化项目，而改变自身附加值环境能够增加建筑工业化相较于传统建造方式的优势。无论是国家层面还是地方政府在改变市场环境和自身附加值环境时，通常会从土地政策、税收政策、奖励优惠、财政政策、评奖评优、金融支持和政府项目等方面着手制定具体的激励政策。北京市 2010 年出台《关于产业化住宅项目实施面积奖励等优惠措施的暂行办法》，从奖励优惠方面吸引企业参与建筑工业化项目；重庆市2015年颁布《重庆市建筑产业现代化示范工程项目补助资金管理办法》则是从财政补贴角度出发降低企业参与建筑工业化项目成本。政策环境虽然包含了所有出台的政策措施，但还需要完善相应的法律法规。目前，我国在推动建筑工业化的过程中，主要在于刺激市场及企业能动性，而对于法律法规的完善及思考还有所欠缺。技术环境方面的政策措施则主要在于促进技术标准规范编制、技术体系的完善以及技术创新。截止到2016年，我国出台了16项国家、行业层面的技术标准规程，至2018年地方政府共出台了72项地方图集、标准规范。现行的技术标准规范还有待进一步完善。针对企业要素的政策措施主要从企业个体及种群和产业链条两个方面入手。在企业个体及种群方面制定政策措施，宜考虑到初创类企业、转型类企业之间的差异以及企业扩张方面的政策需求；而针对产业链条方面，则需要考虑产业链条完善、发展方面的措施。

目前关于建筑工业化的政策措施主要集中在建筑工业化环境要素上，而鲜有具体的措施直接刺激建筑工业化企业要素及企业要素产业链条的发展。因而在完善我国传统建筑业向建筑工业化转型升级的政策上除了在土地、财政、税收等方面，还需要关注企业要素方面的政策措施。

二、我国传统建筑业向建筑工业化转型升级一般性政策建议

(一)建筑工业化推进政策制定的一般性政策建议

1.“强激励+弱激励”政策双重作用

在所有的激励政策中，土地金分期政策、面积奖励政策、售价认定优惠政策对企业转型的驱动作用明显，此外土地供应保障政策、综合配套费减免政策、企业所得税优惠政策等对企业转型也具有较好的驱动作用，本书称其为“强激励政策”。这些政策的共同特点在于，都属于主体激励型政策，而非市场激励型政策。多条政策的组合对于企业转型的驱动作用往往大于单一政策的作用。政策制定过程中，政府对激励政策的选取应尽量避免采用单一的“强激励政策”(主体激励型政策，尤其是主要主体激励型政策)或激励政策条款过少，采用“强激励政策”+若干“弱激励政策”(市场激励型政策)的组合往往能够取得更好的效果。

经济激励性政策如财政、税收和金融支持对于激励企业参与起到了积极作用，在产业中有助于增加建设量以扩大综合税基，从而促进产业发展。但项目财政补贴等政策亦属于“强激励政策”，当单独使用时对企业转型的驱动作用是有限的，这很可能是受制于财政补贴的数额及其发放的滞后性。因此，在进行财政与税收等激励政策设计时，政府应结合市场和参与主体进行综合考虑，并坚持在政策实施过程中进行检测和控制。根据相关行为者在创造价值和稳定价值之间达到一个折中，从而使相关的政策措施取得回报最大化。此外，政策作用对象应该广泛涉及建筑工业化产业中的各类参与方，包括对开发商的容积率奖励和配套费减免，消费者的购房补贴，以及施工方的扬尘排污费减免和安全措施费优惠等。根据前文分析，构件生产需要更多的前期投资，但目前我国对构件厂建设和生产的政策并不多，建议政府可以适当增加对构件商的激励政策，以促进建筑工业化市场发展。

2.“定性+定量”双面分析

由于政策作用的显现具有滞后性，如果政策效力不够，很可能影响建筑工业化推进的进程；而如果政策效力过高，则可能加重政府的负担，甚至造成企业对政府的依赖性过强而难以发挥市场本身的作用。并且建筑工业化发展不能长期依靠金融和税收等激励政策，一方面大额的政府支出无法维持，另一方面企业组织的学习潜力将通过战略改变自己的行为方式规避一些政策效果，从而使政策效率逐渐缩小。在交易成本过高而市场不足以降低成本影响的情况下，政策作为外部力拉动市场，逐步形成市场的调整和监控。而随着政府引导建筑工业化发展和市场机制完善，政府可以淡化相关激励政策的支持。

因此，各城市在政策制定的过程中不仅要在考虑政策连续性的基础上以政策分析框架进行定性分析，同时还应尽可能地采用科学的方法对政策实施的结果进行一定的预测，尽量防止对政策实施效果的错误估计。本书采用自下而上的基于智能体搭建建筑工业化生态系统的仿真模型，并在此基础上预测典型城市的政策组合对系统演化的影响，以期为政策决策与优化提供参考项。此外，政策具有一定的周期性和时效性。根据政策效果递减法则可知，政策的效果将随着时间推移而减弱，因此政策也需要不断调整以适应建筑工业化发展各阶段的需要。

3.“政策+市场”双向影响

建筑工业化推进政策的制定既要关注政策本身，同时也应当关注市场对该政策的认可度和接受度。目前中国的建筑工业化发展处于较为特殊的时期，跳过了国外从“量”到“质”再到“可持续”的阶段性过渡，而是量质并重，同时还需要考虑可持续发展的要求，因此即使是在政策驱动的模式下，也不应忽视市场的驱动作用，而应该在制定政策的过程中充分考虑如何调动市场的驱动作用。根据新加坡和中国香港地区的发展经验，它们最初均通过组屋或公屋等公共住房推广建筑工业化发展。其中，新加坡的预制技术的优越性在建屋发展局的公共项目中显现，私人部门也越来越多地运用工业化建筑方法；中国香港的预制技术也随着公屋建设得到快速发展，并通过征税等方式倒逼企业(例如，2005 年中国香港开征建筑废物处置费)，预制装配化的推广会减少废物的产生，建筑商使用预制部件的积极性就被调动起来了。

我国整体建筑工业化发展处在初期，为了增加企业的合法性和市场的规模效益(彭壁玉，2007)，市场应该鼓励更多的企业参与。一方面，政府可以通过战略性措施培育龙头企业并推动全产业链发展，打造具有总承包能力的产业集团或联盟。龙头企业的标杆作用将带动中小型企业，形成良好的市场氛围，使企业自发地参与建筑工业化项目。另一方面，政府应该保证建筑工业化市场的有序和健康发展，其可以通过资质与能力审查和法规管理等手段对建筑工业项目的市场准入和相关企业的资质进行管理，并加强项目质量监督等。在交易成本过高而市场不足以降低成本影响的情况下，政策作为外部力拉动市场，逐步形成市场的调整和监控(Rothschild，1999)。政府政策的推动是建筑工业化发展初期的必经阶段，但最终将依靠终端消费市场的带动。因此，随着政府引导建筑工业化市场机制的完善，可以淡化政府财政政策的支持，充分发挥市场机制。

(二)建筑工业化针对不同推进地区的一般性政策建议

1. 建筑工业化重点、积极以及鼓励推进地区的目标规划与政策协调

由第八章的模拟仿真结果分析，部分城市的政策对企业激励作用与发展目标定位不符，或政府对所制定政策的作用效果推测与结果估计存在偏差。例如，在地区层面上，北京市发展目标为到 2018 年实现装配式建筑占新建建筑比例的 20%以上，到 2020 年这一指标为 30%以上。而沈阳市提出的工作计划明确提出了，到 2020 年力争全市装配式建筑要占到新建建筑比例的 50%以上。作为积极推进地区的沈阳市也是激励政策出台最密集的城市，其城市政策对企业转型推动力甚至大于北京与上海等重点推进地区。但全国不同区域建筑市场建设量与市场价格等存在差异，各地区建筑工业化发展应根据城市特点和实际需求进行。

为了建筑工业化的稳步发展，防止企业恶性竞争而导致的低质量建筑，避免出现以前的错误，各地区应该根据实际情况规划发展目标，并划分阶段性发展重点与配套政策。这与国家层面提出的发展理念相符，《“十三五”装配式建筑行动方案》提出到 2020 年，我国装配式建筑要占新建建筑的 15%以上，2017 年《国务院办公厅关于大力发展装配式建筑的指导意见》提出力争用 10 年时间，使装配式建筑要占新建建筑的 15%以上。根据国办发〔2016〕71 号的指导意见，我国明确将推广装配式建筑的地区划分为三类：重点推进地区、积极推进地区以及鼓励推进地区。根据各地常住人口数，装配式建筑的重点推进地区包括京津冀、长三角、珠三角三大城市群；积极推进地区为常住人口超过 300 万的其他城市，如沈阳、成都、武汉和重庆等(表 9.8)；其余城市为鼓励推进地区。

表 9.8 重点、积极推进地区及其城市分类

地区		具体城市
重点推进地区	京津冀城市群	北京市、天津市、石家庄市、唐山市、保定市、秦皇岛市、廊坊市、沧州市、承德市、张家口市等
	长三角城市群	上海市、(江苏省)苏州市、无锡市、常州市、镇江市、南京市、扬州市、南通市、泰州市、盐城市、(浙江省)杭州市、宁波市、嘉兴市、舟山市、绍兴市、湖州市、台州市、金华市、(安徽省)安庆市、合肥市、马鞍山市、芜湖市、滁州市、铜陵市、池州市、宣城市等
	珠三角城市群	广州市、深圳市、清远市、佛山市、茂名市、东莞市、汕头市、中山市、揭阳市、珠海市、汕尾市、江门市、肇庆市、阳江市、惠州市等
积极推进地区		重庆市、郑州市、武汉市、沈阳市、成都市、哈尔滨市、西安市、长春市、昆明市、太原市、大连市、青岛市、长沙市、乌鲁木齐市、济南市等

在发展过程中，各个城市在达到相应的装配式建筑新建建设量要求的同时，应该保证建设项目的质量和安全，政府需要从发展规划的产能布局、标准体系健全、技术体系完善和增强企业配套等方面培育建筑工业化市场。例如，长沙市给出了 300～4000 元/m^2 的项目财政补贴政策，但模拟结果显示长沙的政策对企业转型的推动作用并不理想，企业转型率最低。从城市和地区角度，政府在推动市场自发地进行装配式建筑建设，需要从项目、企业(包括产业基地)和消费者入手。住房需求并不代表对装配式建筑的需求，消费者的需求也需要引导，一方面政府要对企业进行激励，推动其转型并进行建筑工业化项目开发，

另一方面政府需要帮助消费者对建筑工业化优势的认识以提高需求。《国务院办公厅关于大力发展装配式建筑的指导意见》(国办发〔2016〕71 号)中提及，装配式建筑原则上应采用工程总承包模式，可按照技术复杂类工程项目招投标。政府从供需两端进行建筑工业化市场培育：政府可以通过保障性住房建设与市场示范工程进行试点；在土地政策中将建筑工业化作为土地出让以及土地招、拍、挂的重要条件，鼓励更多的企业参与建筑工业化。

2. 对处在初级阶段的后起城市发展的建议：谨慎定位，善于借鉴

对于建筑工业化尚处于初创阶段的城市而言，直接借鉴先行城市的经验，在已有的建筑工业化地方政策的基础上进行选择和调整，是较为可行的办法。对于重点推进地区的城市，在政策制定的过程中可以结合区域实际考虑采用北京模式或上海模式，例如，对于房价高的城市，选择提供面积奖励的北京模式很可能取得较好的效果，而对于规划控制比较严格的城市，实施面积奖励政策可能就会面临更大的阻力。对于积极推进地区的城市，不建议直接借鉴长沙模式或沈阳模式，建议首先在充分考虑城市具体情况(如政府财政情况、企业实力、房价水平、企业对于技术革新的态度等)的基础上制定合理的建筑工业化推进目标，再考虑在沈阳或如皋模式的基础上根据当地企业对技术革新的态度进行适当的政策删减或替换，但删减或替换的结果应满足“强激励政策”与“弱激励政策”并存。对传统建造方式依赖性较高的城市，也可考虑借鉴滕州模式。对于鼓励推进地区的城市，也建议首先在充分考虑城市具体情况的基础上制定合理的建筑工业化发展目标，再考虑在滕州模式的基础上根据当地企业对技术革新的态度进行适当的政策删减或替换，或在长沙模式的基础上进行适当的增加和修改。

3. 对部分建筑工业化先行城市的政策建议：稳扎稳打，加强规范

对于北京、上海、沈阳和深圳等先行城市而言，其激励政策、技术、市场等相对更加成熟，基本已进入建筑工业化发展阶段，建筑工业化企业数量相对较多，产业链相对而言较为完整，建设规模也已达到更高的水平。从一定程度而言，这些城市已经进入发展阶段，建筑工业化加速发展。因此建议这些城市加快相关的标准、规范、流程等制定，加强对市场行为的规范，重视构配件的部品化、标准化工作，具体标准的制定可参考前述日本、美国、瑞典等国家的做法。根据发达国家经验，丹麦注重模数并制定了《全国建筑法》规定模式标准；美国出台了作为国家级强制性建筑标准的《国家工业化住宅建造及安全标准》；新加坡执行《易建设计规范》考察建筑设计对劳动力使用的影响，包括《预制混凝土和预制钢筋建筑指导》、《预制钢筋手册》、《结构预制混凝土手册》和《尺寸标准化》。当传统企业向建筑工业化转型数量达到一半时，可以认为此时企业种群的生长速度达到最大，无须政策激励亦可实现其增长，因此可以逐步撤销政府的激励政策，以减轻政府的财政压力。

三、我国传统建筑业向建筑工业化转型升级具体政策措施优化

针对我国建筑工业化发展中存在的产业发展表象和内核问题，结合发达国家与地区建筑工业化发展经验，本书提出政策制定中应该以“强激励政策与弱激励政策”双重作用，并对政策进行“定性与定量”结合分析，发挥 “政策与市场”的双向作用。基于城市政

策体系的角度，对重点、积极以及鼓励推进地区进行目标规划与政策之间的协调优化，解决产业发展问题中城市定位模糊和企业发展不协调带来的产能过剩问题，并针对先行与后起发展城市的政策制定分别提出谨慎定位与政策规范优化的针对性建议。本节对我国传统建筑业向建筑工业化转型升级具体政策措施存在的问题进行分析并提出优化，以及对各类型企业发展和产业链完善等方面的政策措施进行分析。

(一)环境要素对应的政策措施优化

基于第五章分析，我国建筑工业化的环境因素包括社会、生态、市场和技术等 6 类政策对象，具体政策措施包括法律法规、技术标准与规范，以及土地政策、评奖评优、财政政策、税收优惠、奖励优惠、金融支持与政府项目等激励性政策。但现有单个政策措施及其执行中仍存在诸多问题，包括作用对象单一、政策执行力度较弱以及具体实施手段缺乏等。对于各项政策措施存在的具体问题，结合现有研究和发展经验有针对性地提出解决方案。

1. 激励性政策现存问题与优化方向

激励性政策中包含“金融支持”、“财政政策”和“税收政策”等，激励企业参与建筑工业化项目，在产业中也有助于扩大综合税基，因为较低的税率可以促进产业的发展。但是不合理的激励政策，将导致企业不合理发展与恶性竞争。因此，在进行税收等激励政策设计时，政府应该结合市场和参与主体进行综合考虑，同时在政策实施过程中进行检测和控制。根据相关行为者在创造价值和稳定价值之间达到一个折中，从而使相关的政策措施取得回报最大化。政策对象是建筑工业化产业链上的所有参与方，环境投入不仅需要对技术研发、生产者进行补贴，还需要政府倡导并对消费者进行补贴，增强客户购买力。我国建筑工业化的激励政策主要针对生产者，包括土地出让前置、差异化容积率奖励、城市建设配套费减缓优惠等政策。而只有较少几个省份提到对消费者进行补贴，更多的省份主要还是通过“舆论宣传”提高消费者意识，但潜在需求转化为实际需求仍需要进一步的激励措施。未来政策应该更多地关注消费者环节，在提高其认知与接受度并对需求产生积极影响的同时，通过消费者补贴等增强客户购买力。结合现有研究与已出台政策的梳理分析，本书提出各政策措施中存在的关键问题，并结合研究与经验提出优化建议，具体内容如表 9.9 所示。

表 9.9 我国传统建筑业向建筑工业化转型升级政策措施优化

政策措施	现有条款概览	存在的问题	优化建议
土地政策	1. 省国土资源厅研究制定促进建筑产业现代化发展的差别化用地政策，在土地计划保障等方面予以支持。 政策来源：《安徽省人民政府办公厅关于加快推进建筑产业现代化的指导意见》	土地保障具体措施不清晰	在土地出让条件中明确建筑工业化比例要求
	2. 在土地供应时，可将发展装配式建筑的相关要求列入建设用地规划条件和项目建设条件意见书中，纳入供地方案，并落实到土地使用合同中。 政策来源：《山东省人民政府办公厅关于贯彻国办发〔2016〕71 号文件大力发展装配式建筑的实施意见》《东营市人民政府办公室关于大力发展装配式建筑的实施意见》	没有给定具体的土地供应比例或者范围	在土地出让条件中明确建筑工业化比例要求

续表

政策措施	现有条款概览	存在的问题	优化建议
评奖评优	1. 评选优质工程、优秀工程设计和考核文明工地以及申报绿色建筑标识、康居示范工程时，将建筑产业现代化推进情况和成效作为各种评选、评优的重要考核内容，优先考虑采用建筑产业现代化方式施工的项目。 政策来源：《市政府关于加快推进建筑产业现代化促进建筑产业转型升级的实施意见》《滁州市人民政府办公室关于印发滁州市大力推进装配式建筑实施方案的通知》	没有给出收益的企业范围	明确评奖评优政策覆盖的企业性质，明确不同的奖项适用的企业类型
财政政策	1. 项目财政补贴　40,60,100,300,400(元/m^2)	各地出台的项目财政补贴参差不齐，制定依据不明	评估补贴额度的科学性，考虑该额度的激励程度，从而思考该政策的必要性
税收政策	1. 优先推荐拥有成套装配式建筑技术体系和自主知识产权的优势企业申报高新技术企业，由市科技、财政、税务等部门依法依规给予其高新技术产业政策及相关税收优惠政策。 政策来源：《西安市人民政府办公厅关于印发西安市加快推进装配式建筑发展实施方案的通知》《抚州市人民政府关于加快推进装配式建筑发展的实施意见》	主要针对成熟的建筑工业化企业，对于新生企业的支持不够	针对积极参与建筑工业化项目各个环节的企业，都要给予一定的税收优惠，不宜区分成熟企业和起步企业
奖励优惠	1. 省经济和信息化委加大建筑产业现代化产品推广力度，对预制墙体部分认定为新型墙体材料并享受有关优惠政策。 政策来源：《安徽省人民政府办公厅关于加快推进建筑产业现代化的指导意见》《四川省人民政府关于推进建筑产业现代化发展的指导意见》	没有说明优惠政策给予的企业类型	新型墙体材料优惠政策补贴给建筑开发企业
	2. 对建成国家级、省级建筑产业现代化示范项目、示范园区除享受上级新型工业化示范园区相关政策外，市、县按规定将给予相应的政策支持。 政策来源：《南通市政府关于印发加快推进建筑产业现代化促进建筑业转型升级的实施意见》	没有说明政策的对象企业，没有点出具体的支持内容	具体说明支持政策方面以及政策内容
	3. 2016～2020年，每年从市城建资金中安排1000万元用于建筑产业现代化推进引导，重点支持采用装配式建筑技术的建设项目。 政策来源：《南京市政府关于加快推进建筑产业现代化促进建筑产业转型升级的实施意见》	没有给出奖励的企业类型	城建资金具体落到建设主体上，可以是开发企业、施工单位或构件厂等
金融支持	1. 鼓励金融机构对建筑产业现代化产品的消费贷款和开发贷款给予利率优惠，开发适合建筑产业现代化发展的金融产品，支持以专利等无形资产作为抵押进行融资。 政策来源：《安徽省人民政府办公厅关于加快推进建筑产业现代化的指导意见》《宣城市人民政府办公室关于加快推进建筑产业现代化发展的实施意见》	贷款利率优惠幅度没有具体说明，容易造成该政策无实际效用	明确指出消费贷款和开发贷款的优惠范围
	2. 使用住房公积金贷款购买装配式住宅，按照差别化住房信贷政策积极给予支持，最高贷款额度可上浮20%，具体比例由各地确定。 政策来源：《山东省装配式建筑发展规划(2018—2025)》	仅限于公积金贷款，没有考虑商业贷款	贷款优惠的范围应扩大至所有贷款类型，即不区分公积金贷款和商业贷款
政府项目	1. 具备装配式建筑技术应用条件的政府性投资项目，率先采用装配式建筑技术进行建设。在保障房和拆迁安置房建设中逐步扩大装配式建筑技术应用规模。 政策来源：《合肥市人民政府关于加快推进建筑产业化发展的实施意见》《扬州市关于加快推进建筑产业化发展的指导意见》	政策强制性较弱，执行度容易较低	将“率先”改为“必须”，加强政策力度

续表

政策措施	现有条款概览	存在的问题	优化建议
各企业类型及集群	1. 优先推荐拥有成套装配式建筑技术体系和自主知识产权的优势企业申报高新技术企业。 具体政策条款：《沈阳市人民政府办公厅关于印发加快推进现代建筑产业发展若干政策措施的通知》《包头市人民政府办公厅关于印发包头市发展装配式建筑实施方案的通知》	主要针对成熟的建筑工业化企业，对于新生企业的支持不够	针对所有从事装配式建筑技术体系研发、试验、实践的项目都可以申报
	2. 列为装配式建筑产业基地的企业研发投入符合条件的，按规定给予财政补助。 具体政策条款：《威海市人民政府办公室关于大力发展装配式建筑的实施意见》《日照市人民政府办公室关于大力发展装配式建筑的实施意见》	未纳入基地的企业无法获得补助	除了装配式建筑产业基地的企业，其他企业研发投入符合条件的，也应该给予财政补助
	3. 支持施工总承包企业积极参与住宅产业化项目建设，引导本地相关建筑、建材龙头企业，向部品研发、生产、安装方向转型。 具体政策条款：《济南市人民政府办公厅关于加快推进住宅产业化工作的通知》	主要针对施工总承包企业、建材企业，对开发、设计转型关注度不够	支持工程总承包企业（可以是施工单位、设计单位、开发单位等任意单位牵头）
产业链条	1. 装配式建筑原则上应采用工程总承包模式，可按照技术复杂类工程项目招投标。 具体政策条款：《六安市人民政府办公室关于印发六安市大力发展装配式建筑实施方案的通知》《北京市人民政府办公厅关于加快发展装配式建筑的实施意见》	政策力度不够，难以发挥作用	将“原则上采用”改为“必须采用”
	2. 装配式建筑项目原则上采用工程总承包模式，把项目设计、采购、施工全部委托给工程总承包商负责组织实施，培育发展一批具有工程管理、开发、设计、施工、生产、采购能力的工程总承包企业。 具体政策条款：《北京关于在本市装配式建筑工程中实行工程总承包招投标的若干规定（试行）》《德州市关于大力推进装配式建筑发展的实施意见》	政策力度不够，缺乏强制性条款；具体的培育措施缺乏	将“原则上采用”改为“必须采用”

此外，我国建筑工业化不能长期依赖金融和税收等激励措施，其不仅需要大量的政府财政支出，同时组织的学习潜力将通过战略改变自己的行为方式以规避一些政策效果，从而使政策的效率逐渐缩小。在交易成本过高而市场不足以降低成本影响的情况下，政策作为外部力拉动市场，逐步形成市场的调整和监控。随着政府引导建筑工业化的发展和市场机制的完善，政府可以淡化政府财政政策的支持，充分发挥市场力作用。并且建筑工业化发展需要稳步推进并充分发挥政府管理和行业自律，不能过快追求量上的突破和相关指标成绩，保证建筑质量和安全，为民众提供可靠的居住空间。

2. 相关法律法规的制定与补充

我国虽然已经成立了建筑工业化相关机构，制定了综合性发展政策，但尚未形成系统的行业管理体制和政策机制。建筑工业化不仅是建造方式的改变，还涉及设计、生产与施工方式，建筑材料与技术标准等全过程，但我国现行的工程建设管理法规和制度主要针对现场施工作业方式设计，其中分项招标、分段验收、设计、生产和施工各环节相互割裂。在现有管理框架下，建筑工业化项目的技术衔接常常存在矛盾和空白，项目管理也存在真空地带，导致建设成本增加、建设效率降低和工程质量无法保证等问题。例如，各类型部品部件的计价定额和计价模式仍需进一步探索；建筑工业化项目工程总承包相适应的部品生产、物流运输、分包管理和竣工运输等制度还有待健全。我国亟须建立建筑工业化发展行业管理与政策机制，以保障我国建筑工业化的健康发展。

建筑工业化与传统建筑施工的生产流程存在差异，并具有“制造”和“建造”的双重性。目前尚未出台统一的针对建筑工业化的图纸审批流程及规范以及验收规范，对于构件的质量管理也还没有形成一套统一的科学方法，是像传统施工一样在构件厂设置驻场监理进行质量监督，还是像制造业一样设置第三方质检机构，对构件质量进行统一的检测和认定，还没有定论。我国建筑工业化需要建立一套针对建筑工业化的构件生产及验收标准，以及从审批到竣工验收的可操作性流程。此外，我国政府需要逐步建立健全建筑工业化相关法律法规体系，并结合节能减排、科技创新和污染防治等方面的政策，加大对建筑工业化发展的支持力度。在中国人居环境奖评选、国家生态园林城市评估、绿色建筑评价等工作中增加装配式建筑方面的指标要求。

2. 技术标准与规范逐步完善，并建立人才培养体系

装配式木结构/钢结构/混凝土建筑技术标准等三部国家标准出台，并于2017年6月1日实施，其作为我国装配式建筑建造方式的技术规范与标准的顶层设计，具有先进性和前瞻性，但仍需要等待市场的检验。这些标准将作为我国装配式建筑建造方式的技术规范与标准的顶层设计。但接下来还需逐步编制配套的图集、工法、手册、指南等。由于各地建筑业的发展情况和建设要求存在差异性，因此地方的建筑工业化设计、施工规范和验收标准，以及部品标准体系也需要根据自身需求进行相应调整，进一步编制标准规范的条文说明以确保标准的实施。另外，国内各企业的结构体系与企业标准不同，各自单打独斗，产品只能实现企业内部的标准化，较难形成市场的通用化以及监督管理。我国政府需要加大对结构体系、链接方式和创新的监管与培育，保证质量，也鼓励合格的企业与行业规范推广应用，加快技术创新和推广。

对建筑人员的培训和教育是一个非常紧迫且关键的问题。目前很多建筑从业人员缺乏装配式的建筑设计及工程实施相关经验，缺乏对标准的理解及应用整体的概念。加强装配式建筑技术交流、专业人员培训，以及引入有经验的专业咨询机构，保证工程质量。建议企业与高校进行合作，由高校为企业进行人员教育，而企业为高校提供科研经费，进行新技术、新产品的研发，确定一套通用的部品体系，实现部品的标准化、批量化生产，降低企业成本。在人才培养的过程中，不仅要注重对综合性管理人才的培养，还要抓住建筑工业化的关键环节——设计职能的变化，重视对设计人员的培养。而产业化工人的技能培训则由职业技术学校负责。

本 章 小 结

从日本、美国、瑞典、新加坡与中国香港地区的建筑工业化发展经验总结，大都经历了初创、发展、成熟和稳定阶段，发展重点从以数量为中心转变为以品质和可持续为中心。结合第八章的演化结果和企业种群数量增长特点，中国建筑工业化未来10年的发展可以分为三个阶段，2017～2019 年为产业的初创阶段，2020～2023 年为产业的发展阶段，2024～2026 年为产业的成熟阶段。在建筑工业化转型升级过程中，政府在初创期扮演主

导角色，在发展期主要扮演规制者角色，到成熟期的政府角色弱化，主要依靠市场的自我调节作用。

各发达国家和地区建筑工业化转型升级的经验包括：①政府进行技术发展与整合，以政府项目为主推进技术扩张；②通过强制技术要求、建筑垃圾收费等强制政策倒逼市场，引导企业进行建筑工业化技术研发与应用；③因地制宜进行技术拓展，均衡发展预制混凝土结构、装配式钢结构与现代木结构建筑；④完善建筑工业化产业链整合，积极发挥市场和行业作用。

我国建筑工业化的发展路径并不能完全借鉴其发展经验，而应该与我国自身的发展情况相结合。截止到 2018 年 6 月，我国 121 个地级市、27 个省以及 4 个直辖市共出台 366 项政策、技术文件，其中政策措施文件共 294 项，技术标准规范 72 项。目前我国建筑工业化产业主要的发展推动主体为政府，政府的发力点主要在建筑工业化生态系统环境，经历由被动要求到主动引导的转变，企业促进政策是我国早期建筑工业化发展的主要形式。此外，我国建筑工业化的发展具有其整体性的特征，也因为各个省份所具备的不同情况与条件，我国建筑工业化发展路径可以基本分为三种：诱导式发展、强制式发展以及主动式发展。

结合第八章企业和企业的案例论证和模拟仿真结果，我国建筑工业化产业转型升级发展存在产业发展的表象和内核问题，具体表象问题包括城市定位不清晰、市场与企业发展不匹配、政策范围及对象问题，内核问题包括产业链横向发展不均衡和产业链纵向发展不一致。政府在解决传统建筑业向建筑工业化转型过程中的诸多问题时都扮演着重要角色，转型升级政策框架分为政策原则、政策对象及政策措施三个层次。并结合发达国家与地区发展经验，我国建筑工业化政策制定应该以“强激励政策与弱激励政策”双重作用，并对政策进行“定性与定量”结合分析，发挥 “政策与市场”的双向作用。

最后，针对政策措施及其执行中仍存在的作用对象单一，政策执行力度较弱以及具体实施手段缺乏等问题，对我国传统建筑业向建筑工业化转型升级具体政策措施进行了分析并提出优化方案。

参 考 文 献

阿尔弗雷德·韦伯. 2011. 工业区位论 [M]. 李刚剑, 陈志人, 张英保, 译. 北京: 商务印书馆.

白东艳. 2001.系统科学与思维方式的变革 [D]. 广州：广州中医药大学.

仓蔚静.2006.基于企业生态位理论的竞争者识别与竞争策略研究 [D].上海：同济大学.

陈海涛. 2011. 武汉市住宅产业化推进机制研究 [D].武汉：武汉理工大学.

陈敬贵. 2006.企业演化机制研究 [D].成都：四川大学.

陈天乙. 1995.生态学基础教程 [M]. 天津：南开大学出版社.

陈振基, 吴超鹏, 黄汝安. 2006.香港建筑工业化进程简述 [J]. 墙材革新与建筑节能, (5): 54-56.

程友玲. 1989.英国工业化住宅建设——从“国际式”风格到多元化 [J]. 世界建筑, (6): 21-4.

初旭. 2013.董事会治理对企业战略转型驱动及实施保障的影响研究 [D].天津：南开大学.

邓宏钟. 2002.基于多智能体的整体建模仿真方法及其应用研究 [D].长沙：国防科学技术大学, 2002.

邓晓虹, 赵亚平, 黄满盈. 2011.中国金融服务贸易国际竞争力的影响因素——基于“钻石模型”的实证分析[C].国际服务贸易论坛.

邓振平. 2014.试论双因素理论在企业管理中的应用 [J]. 沿海企业与科技, (5): 37-38.

董岚. 2006.生态产业系统构建的理论与实证研究 [D].武汉：武汉理工大学.

范昕, 徐艳梅.2014. 组织惯例演化的博弈分析 [J]. 数学的实践与认识, 44(2): 31-40.

高祥. 2007.日本住宅产业化政策对我国住宅产业化发展的启示 [J]. 住宅产业, (6): 89-90.

耿朝辉, 王玲.2006. 中国住宅产业化发展的驱动力分析 [J]. 住宅产业, (12): 100-2.

郭戈. 2009.建筑学:建筑设计及其理论 [D].上海：同济大学.

郭立新, 陈传明. 2010. 模块化网络中企业技术创新能力系统演进的驱动因素——基于知识网络和资源网络的视角 [J]. 科学学与科学技术管理, 31(2): 59-66.

郭妍, 徐向艺.2009. 企业生态位研究综述:概念、测度及战略运用 [J]. 产业经济评论, 8(2): 112-26.

郭琰.2007. 瑞典集合住宅研究 [D].天津：天津大学, 2007.

何芳. 2010.完善我国住宅产业化政策的研究 [D].北京：首都经济贸易大学.

侯家营. 2000.增长极理论及其运用 [J]. 审计与经济研究, (6): 57-60.

黄磊. 2013.吉林省传统产业转型升级问题研究 [D].长春：吉林大学.

黄祖辉, 王鑫鑫, 宋海英.2010. 浙江省农产品国际竞争力的影响因素——基于双钻石模型的对比分析 [J]. 浙江社会科学, 2010(9): 19-27.

纪颖波, 周晓茗, 李晓桐. 2013.BIM 技术在新型建筑工业化中的应用 [J]. 建筑经济, (8): 14-16.

纪颖波. 2009.商品住宅工程质量强制保险研究 [D].天津：天津大学.

纪颖波. 2011a.建筑工业化发展研究 [M]. 北京：中国建筑工业出版社.

纪颖波. 2011b.我国住宅新型建筑工业化生产方式研究 [J]. 住宅产业, (6): 7-12.

纪颖波. 2011c.新加坡工业化住宅发展对我国的借鉴和启示 [J]. 改革与战略, 27(7): 182-184.

纪颖波. 2012.新型建筑工业化前路漫漫 [J]. 施工企业管理, (6): 34-36.

贾根良. 2006.复杂性科学革命与演化经济学的发展 [J]. 学术月刊,(2): 77-82.

贾根良. 2004.理解演化经济学 [J]. 中国社会科学, (2): 33-41.

姜连馥, 孙改涛. 2009.基于工业生态学的建筑业生态链构建及代谢分析研究[J].科技进步与对策, 26(21): 53-55.

姜腾腾. 2015.绿色建筑背景下基于BIM技术的建筑工业化发展机制研究 [J]. 土木建筑工程信息技术, 7(2): 56-60.

姜阵剑. 2004.国内外住宅产业化的对比分析 [J]. 建筑经济, (9): 51-53.

蒋勤俭. 2014.中国建筑产业化发展研究报告 [J]. 混凝土世界, (7): 10-20.

蒋浙安. 1999.英国政府在战后住宅业发展中的作用 [J]. 史学月刊,(4): 87-91.

焦春丽. 2008.系统科学方法与思维方式的变革 [D].广西：广西师范大学.

李博. 2000.生态学 [M]. 北京：高等教育出版社.

李大宇, 米加宁, 徐磊.2011. 公共政策仿真方法:原理、应用与前景 [J]. 公共管理学报, 8(4): 8-20.

李钢. 2006.基于企业基因视角的企业演化机制研究 [D].上海：复旦大学.

李纪华. 2012.我国住宅工业化发展制约因素及对策研究 [D].重庆：重庆大学.

李靖华, 朱文娟, 毛俊杰.2013. 制造商-客户关系对制造商服务化进程的影响:基于资源依赖理论 [J]. 商业研究, 55(10): 88-95.

李清文, 陆小成. 2008.产业集群生态位整合的突变级数评价实证分析 [J]. 科技进步与对策, 25(12): 72-76.

李荣帅, 龚剑. 2014.发达国家住宅产业化的发展历程与经验 [J]. 中外建筑, (2): 58-60.

李贤柏. 2006.企业DNA理论模式的研究价值 [J]. 重庆师范大学学报,(6): 81-85.

李晓桐. 2015.基于社会网络分析的建筑工业化利益相关者关系研究 [D].北京：北方工业大学.

李兴华. 2003.科技企业集群的自组织机制与条件探讨 [J]. 中国科技论坛, (6): 57-60.

李秀婷. 2014.基于分子计算的中小企业演化机制研究 [D].济南：山东师范大学.

李雪松. 2007.企业业务转型的实施管理与转型绩效的实证研究 [D].重庆：重庆大学.

李艳葆. 2000.论亚里士多德的"四因说" [J]. 辽宁科技大学学报, 23(1): 71-3.

李烨, 陈劲. 2009.企业业务转型的内涵、外延及其程度刻画 [J]. 现代管理科学, (4): 16-19.

李烨, 李传昭, 王涛.2006. 不确定环境下企业脱胎换骨式业务转型的一个优化决策模型 [J]. 科技管理研究, 26(3): 208-211.

李烨. 2005.动态环境下企业业务转型与持续成长研究 [D].重庆：重庆大学.

李怡娜, 叶飞.2011. 制度压力、绿色环保创新实践与企业绩效关系——基于新制度主义理论和生态现代化理论视角 [J]. 科学学研究, 29(12): 1884-1894.

李勇, 郑垂勇. 2007.企业生态位与竞争战略 [J]. 当代财经, 2007(1): 51-56.

李忠富, 关柯. 2000.中国住宅产业化发展的步骤、途径与策略 [J]. 哈尔滨建筑大学学报, 33(1): 92-96.

李忠富. 2000.国外住宅科技状况与发展趋势 [J]. 住宅科技, (3): 34-35.

李忠富. 2003. 住宅产业化发展阶段与定位分析 [J]. 中国住宅设施, (1): 18-19.

梁嘉骅, 葛振忠, 范建平.2002. 企业生态与企业发展 [J]. 管理科学学报, 5(2): 34-40.

梁小青. 2004.日本住宅产业发展的主要政策及措施 [J]. 中国建设信息, (23): 57-59.

刘曾荣, 李挺. 2004.复杂系统理论剖析 [J]. 自然杂志, 26(3): 149-151.

刘东卫, 蒋洪彪, 于磊.2012. 中国住宅工业化发展及其技术演进 [J]. 建筑学报, (4): 10-18.

刘贵富. 2006.产业链基本理论研究 [D].长春：吉林大学.

刘洪伟, 和金生.2003. “双因素”问题的理论分析 [J]. 南开管理评论, 6(5): 30-5.

刘桦. 2007.基于建设项目的组织群体生态理论与应用研究 [D].西安：西安建筑科技大学.

刘美霞. 2010.住宅工业化&住宅产业化 [J]. 城市开发, (12): 31-33.

刘宁宁, 沈大伟, 宋言东.2013. 我国传统产业转型升级国内研究综述 [J]. 商业经济研究, (34): 109-111.

刘婷, 平瑛. 2009.产业生命周期理论研究进展 [J]. 湖南农业科学, (8): 93-96.

刘岩. 2014.基于生态理论的物流产业成长研究 [D].长春：吉林大学.

刘禹. 2012.建筑工业化是中国建筑业发展的必由之路 [J]. 中国建设信息化, (10): 36-40.

刘长发, 曾令荣, 林少鸿, 等.2011. 日本建筑工业化考察报告(节选一)(待续) [J]. 居业, (1): 67-75.

娄成武, 田旭. 2013.中国公共政策仿真研究:现状、问题与展望——基于 CNKI 相关文献的统计分析 [J]. 中国行政管理, (3): 24-29.

陆瑾. 2005.产业组织演化研究 [D].上海：复旦大学.

陆文军. 2011.上海将住宅产业化模式引入保障房建设 [J]. 中外企业文化, (10): 21-22.

罗杭, 张毅, 孟庆国.2015. 基于多智能体的城市群政策协调建模与仿真 [J]. 中国管理科学, 23(1): 89-98.

罗珉. 2001.组织理论的新发展--种群生态学理论的贡献 [J]. 外国经济与管理,23(10): 34-7.

罗伯特・K.殷. 2014.案例研究方法的应用 [M]. 周海涛, 等, 译. 重庆：重庆大学出版社.

迈克尔・波特.2007. 国家竞争优势 [M]. 李明轩, 邱如美, 译: 北京：中信出版社.

毛超. 2013.我国住宅工厂化建造的动力机制研究 [D].重庆：重庆大学.

孟刚. 2006. 建筑产业化技术与系统综合研究 [D].上海：同济大学.

孟娜, 吴超.2009. 安全管理力学分析方法(SMMA)及其应用研究 [J]. 中国安全科学学报, 19(4): 55.

缪壮壮. 2015.新型城镇化背景下我国建筑产业化发展研究 [D].青岛：青岛理工大学.

牛津研究院. 2015.全球建筑业 2030 报告 [R]. 英国.

潘璐. 2008. 中国住宅产业化面临的障碍性问题分析和对策研究 [D].重庆：重庆大学.

彭璧玉.2007. 资源分割与产业组织的演化 [J]. 学术月刊, 2007(2): 87-91.

钱辉, 张大亮.2006. 基于生态位的企业演化机理探析 [J]. 浙江大学学报, 36(2): 20.

钱学森. 2007.论系统工程(新世纪版)[M]. 上海：上海交通大学出版社.

钱言, 任浩. 2006. 基于生态位的企业竞争关系研究 [J]. 财贸研究, 17(2): 123-127.

钱言. 2007.基于生态位理论的企业间关系优化研究 [D].上海：同济大学.

秦宏, 孟繁宇.2015. 我国远洋渔业产业发展的影响因素研究——基于修正的钻石模型 [J]. 经济问题, (9): 57-62.

卿雄志, 吴荣华. 2010.关于旅游发展的力学模型初探 [J]. 旅游论坛, 3(6): 635-639.

邱泽奇. 1999.在工厂化和网络化的背后——组织理论的发展与困境 [J]. 社会学研究, (4): 3-27.

阮雅婕, 司晓悦, 宋丽滢, 等.2015. 基于系统动力学的“单独二孩”政策仿真研究 [J]. 人口学刊, 37(5): 5-17.

台冰. 2007.发展高技术与改造传统产业关系的新视角 [J]. 科技管理研究, 27(9): 22-4.

滕越. 2016.建筑工业化产业链的利益相关者关系研究 [D].重庆：重庆大学.

王冬. 2015.我国新型建筑工业化发展制约因素及对策研究 [D].青岛：青岛理工大学.

王峰, 黄震亚.2000. 住宅产业化发展阶段与定位分析 [J]. 工程管理学报, (2): 22-3.

王鹏. 2008.构建粤港澳跨行政区域创新系统驱动因素分析 [J]. 产经评论, 21(9): 26-9.

王蒲生, 张帆, 张玉岩. 2010.全球生产方式演变下的住宅产业化 [J]. 特区经济, (9): 226-9.

王珊珊. 2014.城镇化背景下推进新型建筑工业化发展研究 [D].济南：山东建筑大学.

王小平. 2006.钻石理论模型述评 [J]. 天津商业大学学报, 26(2): 33-6.

王义.2009. 企业效率与企业基因的关系研究——DEA 模型的运用 [D].厦门：厦门大学.

王子龙, 谭清美, 许箫迪.2007. 产业系统演化模型及实证研究 [J]. 统计研究, 24(2): 47-54.

文林峰. 2016.大力推广装配式建筑必读:制度・政策・国内外发展 [M]. 北京：中国建筑工业出版社.

文林峰. 2017.装配式混凝土结构技术体系和工程案例汇编 [M]. 北京：中国建筑工业出版社.

文涛，顾凡. 2003.双因素理论与企业激励机制 [J]. 经济与管理，(10)：22-23.

吴集. 2006.多智能体仿真支撑技术、组织与 AI 算法研究 [D].长沙：国防科学技术大学.

吴彤. 2001.自组织方法论研究 [M]. 北京：清华大学出版社.

吴钊. 2015.数字出版产业的生态位解构 [J]. 重庆社会科学，(11)：102-107.

夏秋. 2000.略论国外与国内住宅产业发展方向 [J]. 四川建筑，(4)：21-23.

向吉英. 2007.产业成长及其阶段特征——基于“S”型曲线的分析 [J]. 学术论坛，(5)：83-87.

项保华，张建东.2005. 案例研究方法和战略管理研究 [J]. 自然辩证法通讯，27(5)：62-66.

肖磊. 2009.基于技术变革的价值生态系统研究——内涵、结构及演化 [D].成都：电子科技大学.

肖文金. 2006.我国汽车产业发展模式研究 [D].长沙：湖南师范大学.

肖兴志，韩超，赵文霞，等.2010. 发展战略、产业升级与战略性新兴产业选择 [J]. 财经问题研究，(8)：40-47.

谢芳芸. 2017.我国建筑工业化产业生态系统演化及企业转型路径研究 [D].重庆：重庆大学.

谢夫海. 2014.住宅产业化协同创新影响因子与机制研究 [D].北京：中国矿业大学(北京).

谢佩洪，阎海燕，张敬来.2010. 企业战略理论主流研究方法透析 [J]. 科学学与科学技术管理，31(3)：119-123.

谢雄标，严良. 2009.产业演化研究述评 [J]. 中国地质大学学报，9(6)：97-103.

邢小强，仝允桓，陈晓鹏.2011. 金字塔底层市场的商业模式:一个多案例研究 [J]. 管理世界，(10)：108-124.

徐伟青，谢亚锋. 2011.企业业务转型研究现状与展望 [J]. 科技管理研究， 31(9)：129-132.

徐振斌，孙艳丽. 2004.新型工业化与产业转型 [J]. 商周刊，(9)：34-48.

许芳，李建华. 2005.企业生态位原理及模型研究 [J]. 中国软科学，(5)：130-139.

许芳. 2006.和谐社会理念下的企业生态机理及生态战略研究 [D].长沙：中南大学.

闫安，达庆利.2005. 企业生态位及其能动性选择研究 [J]. 东南大学学报，7(1)：62-66.

杨虎涛. 2006.演化经济学中的生物学隐喻——合理性、相似性与差异性 [J]. 学术月刊，(6)：89-94.

杨建梅. 2013.企业战略研究的系统方法论 [J]. 系统工程理论与实践,33(9)：2271-2279.

杨龙，王永贵.2013. 顾客价值及其驱动因素剖析 [J]. 管理世界,(6)：146-147.

杨显怡. 2013.我国城镇化背景下基于全产业链的住宅产业化发展研究 [D].重庆：重庆大学.

杨毅，赵红. 2004.企业集群的生态学诠释 [J]. 工业技术经济，23(5)：72-74.

杨永恒，王永贵，钟旭东.2002. 客户关系管理的内涵、驱动因素及成长维度 [J]. 南开管理评论，5(2)：48-52.

叶红雨，张珍. 2012.基于生物进化的企业演化机理分析 [J]. 科技管理研究，32(6)：218-21.

叶明，武洁青. 2013.关于推动新型建筑工业化发展的思考 [J]. 住宅产业，(z1)：11-14.

叶伟巍，梅亮，李文，等.2014. 协同创新的动态机制与激励政策——基于复杂系统理论视角 [J]. 管理世界，(6)：79-91.

余中元. 2013.开发区土地集约节约利用驱动因素及评价——基于社会生态系统视角 [J]. 国土资源科技管理，30(4)：15-21.

张光明，谢寿昌.1997. 生态位概念演变与展望 [J]. 生态学杂志,16(6)：46-51.

张鸿辉. 2011.多智能体城市规划空间决策模型及其应用研究 [D].长沙：中南大学.

张敬文，阮平南. 2010.企业战略网络的生态特征及生态演化模型 [J]. 统计与决策，(9)：168-170.

张珺. 2011.国际住宅工业化研究的现状分析 [J]. 现代物业，10(6)：30-31.

张良珂. 2013.把握建筑工业化在绿色建筑行动中的发展契机 [J]. 建设科技，(14)：50-51.

张明星，孙跃，朱敏. 2006.种群生态理论研究文献综述 [J]. 华东经济管理，20(11)：126-129.

张少伟. 2013.我国房地产业实施住宅产业化的策略研究 [D].济南：山东大学.

张铁山, 洪媛, 许炳.2010. 日本住宅产业化发展的经验与启示 [J]. 商业经济研究, (6): 116-118.

张文春. 2010.影响外国直接投资的因素与税收激励理论综述 [J]. 经济与管理评论, 26(5): 94-99.

张昕怡, 刘晓惠.2012. 新加坡装配式组屋建设的经验与启示 [J]. 住宅科技, 32(4): 21-23.

章凯. 2003.激励理论新解 [J]. 科学管理研究, 21(2): 89-92.

章荣武. 2006."钻石模型"及其应用 [D].厦门：厦门大学.

赵进. 产业集群生态系统的协同演化机理研究 [D].北京：北京交通大学.

郑方园. 2013.保障性住房的工业化设计研究 [D].济南：山东建筑大学.

周晖, 彭星闾. 2000.企业生命模型初探 [J]. 中国软科学, (10): 110-115.

周静敏, 苗青, 李伟, 等. 2012.英国工业化住宅的设计与建造特点 [J]. 建筑学报, (4): 44-9.

周立华, 王天力, 张明晶. 2013.演化与企业演化机制的探析 [J]. 长春工业大学学报:社会科学版,25(6): 23-26.

周萍. 2006.基于工业生态学理论的建筑业可持续发展模式研究 [D]. 杭州：浙江工业大学.

曾令荣, 吴雪樵, 张彦林. 2012.建筑工业化——我国绿色建筑发展的主要途径与必然选择 [J]. 居业, (3): 94-96.

曾赛星, 王浣尘. 2001. 香港公共房屋的演进及工业化生产 [J]. 住宅科技, (6): 38-40.

Arif M, Egbu C.2010. Making a case for offsite construction in China [J]. Engineering Construction & Architectural Management, 17(6): 536-548.

Bergdoll B, Christensen P. 1988. Home Delivery: Fabricating the modern Dwelling. Basel: Brirkauser.

Bertalanffy L V. General System Theory [M]. New York: G. Braziller.

Blismas N, Pasquire C, Gibb A.2006. Benefit evaluation for off - site production in construction [J]. Construction Management & Economics,24(2): 121-130.

Blismas N, Wakefield R. 2007.Drivers, constraints and the future of offsite manufacture in Australia [J]. Construction Innovation, 9(1): 72-83.

Carroll G, Hannan M T. 1995.Organizations in Industry: Strategy, Structure and Selection [M]. New York: Oxford University Press.

Chiang Y H, Chan H W, Lok K L. 2006.Prefabrication and barriers to entry—a case study of public housing and institutional buildings in Hong Kong [J]. Habitat International, 30(3): 482-499.

Cook O F. 1906.Factors of species-formation [J]. Science, 23(587): 506-507.

Egan S J. 1998. Rethinking Construction[J]. Health Estate, 53(8): 11.

Eisenhardt K M. 1989.Building theories from case study research [J]. Academy of Management Review, 14(4): 532-550.

Gao S, Low S P.2014. Lean Construction Management: the Toyota Way [M]. Switzerland:Springer.

Gibb A G F.1999. Off-site Fabrication: Prefabrication, Pre-assembly and Modularisation [M]. State of New Jersey :John Wiley & Sons.

Goodier C, Gibb A G F.2007. Future opportunities for offsite in the UK[J]. Construction Management and Economics, 25 (6):585-595.

Hampson K D, Brandon P.2011. Construction 2020: A Vision for Australia's Property and Construction Industry [M]. Brisbane, Australia: CRC Construction Innovation.

Hannan M T, Freeman J.1984. Structural inertia and organizational change [J]. American Sociological Review, 49(2): 149-164.

Hannan M T, Freeman J. 1977.The population ecology of organizations [J]. American Journal of Sociology, 82(5): 929-964.

Helbing D.2012. Agent-Based Modeling [M]. Berlin Heidelberg: Springer.

Hockenbury D.2012. Psychology [M]. United States: Worth Publishers.

Humphrey J, Schmitz H. 2000.Governance and upgrading: linking industrial cluster and global value chain research [R]. University of Sussex.

Helbing D, Szolnoki A, PERC M, et al. 2010.Evolutionary establishment of moral and double moral standards through spatial interactions [J]. PLoS computational biology, 6:e1000758.

Jaillon L C. 2009.The evolution of the use of prefabrication techniques in Hong Kong construction industry [C]. Proceedings of the IEEE International Symposium on It in Medicine and Education.

Jaillon L, Poon C S. 2008.Sustainable construction aspects of using prefabrication in dense urban environment: a Hong Kong case study [J]. Construction Management & Economics, 26(9): 953-966.

Lawson R M, Ogden R G, Bergin R.2011. Application of modular construction in high-rise buildings [J]. Journal of Architectural Engineering,18(2): 148-154.

Lovell H, Smith S J. 2010.Agencement in housing markets: the case of the UK construction industry [J]. Geoforum, 41(3): 457-468.

Malthus T R. 1798.First Essay on Population [M]. London: Macmillan.

Mao C, Shen Q, Hong Y, et al.2012. Impacts of prefabrication on productivity and environment: an empirical case study in china [C]. International Conference on Construction & Real Estate Management.

Mao C, Shen Q, Shen L, et al. 2013.Comparative study of greenhouse gas emissions between off-site prefabrication and conventional construction methods: two case studies of residential projects [J]. Energy & Buildings, 66(5): 165-176.

May R, Mclean A.1976. Theoretical ecology: principles and applications [J]. Wbsaunders Company Philadelphia Pa, 23(16): 1147-1152.

Minsky M. 1991.Society of mind: a response to four reviews [J]. Artificial Intelligence, 48(3): 371-396.

Nawi M N M, Lee A, Kamar K A M, et al.2011. A critical literature review on the concept of team integration in industrialised building System (IBS) project [J]. Malaysian Construction Research Journal, 9(2): 1-17.

Neale R, Price A, Sher W. 1993. Prefabricated Modnles in Construction: A Study of Current Pactice in the United Kingdom[M].England: Chartered lnstitute of Building.

Pan W, Gibb A G F, Dainty A R J. 2007.Perspectives of UK housebuilders on the use of offsite modern methods of construction [J]. Construction Management & Economics, 25(2): 183-194.

Pan Y H. 2007.Application of industrialized housing system in major cities in China : a case study of Chongqing [D]. Hong Kong: Hong Kong Polytechnic University.

Pan Y H. 2006. Application of industrialized housing system in major cities in China-a case stndy of China[D]. Hong Kong: Hong Kong Polytechnic University.

Panhuis T M, Butlin R, Zuk M, et al. 2001.Sexual selection and speciation [J]. Trends in Ecology & Evolution, 16(7): 364-371.

Park M, Ingawale-Verma Y, KIM W, et al. 2011.Construction policymaking: with an example of singaporean government’ s policy to diffuse prefabrication to private sector [J]. Ksce Journal of Civil Engineering, 15(5): 771-779.

Pettigrew A M.1990. Longitudinal field research on change: theory and practice [J]. Organization Science, 1(3): 267-292.

Richard R B. 2005.Industrialised building systems: reproduction before automation and robotics [J]. Automation in Construction, 14(4): 442-451.

Rothschild M L. 1999.Carrots, sticks, and promises: a conceptual framework for the management of public health and social issue behaviors [J]. Journal of Marketing, 63(4): 24-37.

Rundle H D, Nosil P. 2005.Ecological speciation [J]. Ecology Letters, 8(3):336-352.

Steinhardt D A, Manley K, Miller W. 2013.Profiling the nature and context of the Australian prefabricated housing industry [R]. Building Construction Management & Project Planning.

Tansley A G.1935. The use and abuse of vegetational concepts and terms [J]. Ecology, 16(3): 284-307.

Tatum C B, Vanegas J A, Williams J M. 1986.Constructability Improvement Using Prefabrication, Preassembly, and Modularization [R]. Bureau of Justice Statistics.

Tatum C B.1986. Potential mechanisms for construction innovation [J]. Journal of Construction Engineering & Management,112(2): 178-191.

Taylor M D. 2010.A definition and valuation of the UK offsite construction sector [J]. Construction Management & Economics, 28(8): 885-896.

Tiong R L K, Chew D A S, Xu T, et al.2005. Development model for competitive construction industry in the People's Republic of China [J]. Journal of Construction Engineering & Management, 131(7): 844-853.

Turner G F. 2000.The ecology of adaptive radiation [J]. Heredity, 86(6): 749-750.

Vernon R. 1966.International investment and international trade in the product cycle [J]. Quarterly Journal of Economics,80(2): 190-207.

Warszawski A. 1999.Industrialized and Automated Building Systems: A Managerial Approach [M]. New York: Routledge ,

Weber M. 1968.Economy and Society: An Interpretive Sociology [M]. New York: Bedminister Press.

Zhang X, Skitmore M, Peng Y. 2014.Exploring the challenges to industrialized residential building in China [J]. Habitat International, 41(41): 176-184.